RAPPORTS

DES

DÉLÉGUÉS LYONNAIS

ENVOYÉS

A L'EXPOSITION UNIVERSELLE DE LONDRES

LYON. — IMPRIMERIE DE VEUVE MOUGIN-RUSAND

RAPPORTS

DES

DÉLÉGUÉS LYONNAIS

ENVOYÉS

A L'EXPOSITION UNIVERSELLE DE LONDRES

983

LYON

PUBLIÉ PAR LA COMMISSION OUVRIÈRE

AU MOYEN D'UNE SOUSCRIPTION GÉNÉRALE

—

1862

A

M. ARLÈS-DUFOUR

LA

COMMISSION OUVRIÈRE

AUX LECTEURS

La première idée qui nous était venue, avant de publier ce travail, avait été de faire résumer l'ensemble des rapports par un homme à qui cette tâche fût facile, et qui suppléât au manque de savoir-dire d'ouvriers, dont l'instruction n'est qu'élémentaire, généralement du moins. A cet effet, nous nous étions adressés à M. Martin-Rey, qui, dans quelques articles bien sentis, avait parfaitement développé la pensée généreuse émanée de M. Arlès-Dufour, et dont le talent reconnu nous offrait une sérieuse garantie. Autorisés par son acceptation, nous avions annoncé une préface aux souscripteurs. Nous sommes aujourd'hui forcés de manquer à notre promesse. Par suite de graves considérations, qu'il ne nous appartient pas de juger, M. Martin-Rey se déclare dans l'impossibilité absolue de nous satisfaire ; c'est ce qui ressort suffisamment de la lettre suivante, adressée à l'un de nous :

A M. le président de la Commission ouvrière.

« Monsieur,

« Vous attendiez de moi une préface, vous l'aviez annoncée au public. Pour répondre à l'honneur que m'avaient fait messieurs les délégués, en me priant de résumer l'ensemble de leurs rapports, je m'étais empressé d'en faire l'analyse et d'en chercher la synthèse. Mon travail fort avancé, veuillez le dire à messieurs vos collègues, était prêt à vous être livré, lorsque m'est parvenue l'objection d'un homme sérieux, dont la compétence est reconnue de vous tous.

« Votre livre n'a pas de précédents ; il a été conçu, écrit, imprimé, édité par des ouvriers, et à leurs dépens. Toute participation d'un publiciste étranger à la main-d'œuvre ne pourrait que lui enlever son caractère distinctif et nuire au succès d'estime et de singularité qui lui est réservé.

« Par ce motif bien senti, je jette au panier les feuilles qui vous étaient destinées.

« Agréez, etc.

« MARTIN-REY. »

Nous regrettons le concours de M. Martin-Rey, dont l'autorité aurait été d'un grand poids pour nous. Nous ne pouvons malheureusement combler cette lacune, parce que, lors même que nous l'oserions, il nous est impossible d'être à la fois juge et partie dans une question qui nous intéresse directement. Que le lecteur veuille donc suppléer au résumé absent par une indulgence raisonnée, et qu'il accueille ce volume comme l'expression des sentiments, des croyances de travailleurs, et non comme une œuvre où la forme revêt la pensée d'un prisme éclatant qui ne voile souvent que de faux points de vue. Les délégués ont été guidés par l'intérêt national, cela résultera clairement de la lecture de leurs rapports. S'ils ont été rudes quelquefois, il ne faut s'en prendre qu'à la nature de leurs habitudes, qu'on n'a pas encore cherché à ennoblir par des moyens en rapport avec le progrès. Si, au contraire, d'autres se sont montrés brefs, timorés, peut-être, il faut en accuser un restant d'organisation vicieuse, qui tend à disparaître de jour en jour, mais qui, cependant, fait encore sentir son influence funeste à Lyon. Nous voulons parler de certaines industries retardataires, dans lesquelles les patrons ont conservé une autorité de Moyen-Age en désaccord avec l'esprit du siècle. Chacun a son pain quotidien à gagner ; aussi avons-nous été les premiers à engager quelques délégués à garder le silence prudent qui leur avait été recommandé, sous peine de se voir privés d'un travail qu'on ne retrouve pas toujours.

Ce livre est, du reste, un début. Aucun gouvernement n'avait osé, jusqu'à ce jour, tenter un pareil essai, et les classes ouvrières avaient été laissées dans un oubli profond. Le succès qu'ont obtenu les délégations nous fait espérer que le gouvernement actuel ne s'arrêtera pas en si beau chemin et qu'une série de réformes ou d'améliorations répondra aux vœux exprimés par les auteurs des rapports. L'ouvrier se tient toujours à la hauteur de la confiance qu'on lui montre, et c'est une grande erreur de ne pas croire au bon sens populaire. Il se manifeste lorsque les circonstances l'exigent. Nous pouvons le dire, nous, qui avons vu les délégués du travail s'acquitter de la mission qui leur avait été confiée, avec un calme, une dignité, un sentiment de convenance dont ne se seraient jamais doutés ces gens aux yeux desquels la classe ouvrière n'est composée que de machines ou d'auxiliaires indignes d'intérêt.

Bien loin de croire que notre livre soit complet, nous sommes persuadés qu'il s'y est glissé quelques erreurs de fait ou d'appréciation. Mais on comprendra qu'un séjour de dix journées à Londres ne pouvait suffire à examiner tout un système d'organisation. Nous nous étonnons même que tant d'observations aient été recueillies, et cela nous confirme dans la haute idée que nous avons du bon sens populaire. En tous cas, les erreurs n'ont pas été commises sciemment; elles ont pour cause de faux renseignements ou un manque de souvenir, qui a pu parfaitement se produire lors de la rédaction des rapports, faite par bribes, pendant des instants dérobés au sommeil, et sous l'influence des suites d'un travail énervant.

A tous égards, ce volume mérite un accueil sympathique. Il a plus coûté de temps et de peines que les meilleures élucubrations de nos grands écrivains. Puisse-t-il servir de précédent, et, en éternisant le principe des délégations, produire des résultats heureux pour la masse des travailleurs!

C'est à **M.** Arlès-Dufour qu'est due la première initiative des délégations. Un article du 29 septembre 1861, publié par un journal de Lyon, et reproduit ou apprécié par l'*Opinion nationale* et le *Temps*, faisait connaître le désir exprimé par l'honorable membre de la Commission impériale, de voir propager par la presse, au sein de nos populations ouvrières, l'idée d'une cotisation spéciale, telle qu'elle se pratique en Angleterre, dans le but de subvenir aux frais de voyage d'un certain nombre d'ouvriers délégués par leurs pairs à l'Exposition de 1862.

Une légère inexactitude de détails motiva, de la part de M. Arlès-Dufour, une réplique qui achevait de faire comprendre sa pensée, et dans laquelle on remarque les phrases suivantes :

« Déjà, en 1855, le prince Napoléon, comprenant l'utilité et la portée industrielle et sociale de ces visites, fit tout ce qui dépendait de lui et de sa haute position pour les provoquer et les solliciter....

« Nos voisins, et jusqu'ici nos maîtres dans les questions et les matières industrielles, ont bien compris que les visites des patrons et des ouvriers exercent sur les progrès de l'industrie une influence directe et immédiate : ils nous ont donné l'exemple en 1851 : nous les avons un peu suivis en 1855, tâchons de les dépasser ou de les égaler en 1862.

« Pour cela, il ne faut pas compter seulement sur la bonne volonté de la Commission impériale : il faut, tout en lui demandant son patronage, s'aider soi-même, comme font si bien les Anglais : pousser les chefs d'industrie, afin qu'ils engagent leurs contre-maîtres et leurs ouvriers à se cotiser, pour, ensuite, choisir ou élire eux-mêmes leurs délégués : ce mode est en effet le plus propre à donner à la délégation un grand caractère de dignité et d'indépendance.... »

Cette lettre, commentée par une feuille parisienne, et plus spécialement à Lyon, par l'écrivain dont nous regrettons la préface, provoqua l'attention des travailleurs sérieux et leur ouvrit toute une série d'idées nouvelles. En même temps que les ouvriers de la capitale adressaient, en février, une demande au prince Napoléon, il s'en rédigeait une, à Lyon, destinée au même objet et formulée à peu près dans les mêmes termes. La seule différence notable est qu'elle était remise à M. le Préfet du Rhône, au lieu de l'être au Président de la Commission impériale. Voici le texte de cette demande :

« MONSIEUR LE SÉNATEUR,

« Lors de l'Exposition de 1851, il avait été facilité à des ouvriers lyonnais d'aller à Londres : les délégués de cette époque ne réalisèrent pas les espérances qu'on avait conçues, et le résultat fut moins profitable qu'il ne devait l'être. Cela tenait à deux causes : d'abord à ce que les ouvriers, excellents juges lorsqu'il s'agit d'apprécier le savoir-faire et la compétence de leurs confrères, n'avaient que peu ou point été consultés; puis encore à ce qu'il n'avait pas été rigoureusement exigé du délégué qu'à son retour il rendît compte aux membres de sa corporation des divers progrès ou améliorations qu'il avait été à même de constater.

« Les ouvriers de Paris, en soumettant un projet à S. A. I. le prince Napoléon, ont eu en vue de combler cette lacune, révélée par les premiers errements de 1851. Leur proposition a été agréée, et la Commission impériale leur a alloué, comme complément des cotisations, une somme de vingt mille francs, à laquelle viendront s'ajouter vingt autre mille francs, que monsieur le Préfet de la Seine a demandés au Conseil municipal de Paris.

« Nous nous adressons à vous, monsieur le Sénateur, et vous prions d'être notre organe auprès du Prince présidant la Commission impériale, afin d'exposer le vœu que la ville de Lyon, si intéressante sous le rapport de son industrie, puisse, de même que Paris, envoyer à l'Exposition de Londres des délégués ouvriers choisis par leurs collègues.

« Nous ne nous étendrons pas sur les avantages qui peuvent résulter pour l'industrie lyonnaise de l'adoption de cette mesure : votre sagesse, monsieur le Sénateur, les prévoit mieux que nous.

« Nous avons l'honneur de soumettre à votre sanction le projet suivant, et, si vous l'adoptez, nous vous prions de le transmettre à S. A. I. le prince Napoléon, en usant de votre haute influence pour l'appuyer.

PROJET

POUR FACILITER A UN CERTAIN NOMBRE D'OUVRIERS FRANÇAIS
DE VISITER L'EXPOSITION UNIVERSELLE DE LONDRES.

« Considérant qu'il y a utilité, dans l'intérêt de l'industrie française, à ce qu'un certain nombre d'ouvriers puissent visiter les grandes Expositions qui ont lieu successivement;

« Que l'exemple donné par la France pourra être suivi par les autres nations, et que ce sera ainsi un mode nouveau de resserrer les liens entre les divers peuples;

« En vue de l'Exposition universelle de Londres de 1862;

« Il sera facilité à un nombre de .... ouvriers français, demeurant à Lyon, d'aller visiter cette Exposition.

« Les ouvriers se choisiront entre eux dans leurs ateliers. Pour les corps de métiers où les choix ne pourraient être faits dans les ateliers, un local sera mis à leur disposition par l'autorité.

« Une Commission ouvrière, formée d'ouvriers de sociétés de secours mutuels professionnelles, au nombre de...., et intermédiaire entre la Commission impériale française et les divers corps de métiers, sera chargée des détails d'exécution de ce projet.

« La Commission ouvrière, d'après le nombre total fixé par la Commission impériale, dressera une répartition par branches d'industrie pour que chaque corps de métier puisse équitablement en profiter, et elle proclamera le choix.

« Il serait utile qu'il y eût trois délégués ouvriers par chaque grande industrie exposante. Ce serait à la Commission ouvrière à désigner, après entente avec le secrétaire général de la Commission impériale française, les industries lyonnaises qui devront rentrer dans cette catégorie, en raison de l'importance des produits envoyés à l'Exposition.

« Pour les corps de métier de moindre importance, la Commission ouvrière proposerait un groupement des industries analogues.

« Les fonds nécessaires seront faits par souscriptions volontaires provoquée dans les ateliers. Ils seront complétés par la Municipalité et par la Commission impériale.

« Les délégués seront obligés d'adresser, après leur retour, au président de la Commission impériale française, le résumé de leurs observations, en signalant les améliorations pratiques qu'ils jugeraient pouvoir être utilement encouragées dans leurs corps de métiers respectifs.

« Voilà, monsieur le Sénateur, le projet que les signataires ont adopté : il est le résumé fidèle de l'opinion de tous les membres des diverses corporations que nous avons pu voir. Nous serions bien heureux si votre suffrage venait lui donner la valeur qui lui manque pour passer à l'état de réalité.

« Nous avons l'honneur, etc.

> « Ant. Coignet, chef d'atelier tisseur ; Faure, chef d'atelier tisseur ; Monet, chef d'atelier tisseur ; Mazier, typographe, président de la 31e société de secours mutuels ; P. Richard, typographe ; Mancel, chapelier, président de la 6e société de secours mutuels ; Milcent, chapelier-approprieur, président de la 149e société de secours mutuels ; Laurent, apprêteur sur étoffes, vice-président de la 94e société de secours mutuels ; Domenget fils, président de la 4e société de secours mutuels, dite des ouvriers fondeurs, doreurs et argenteurs sur métaux ; Joseph Kletzler, mécanicien ; Villard, chaudronnier ; Bonavent, ébéniste ; Vignat, sellier-carrossier ; Boni, graveur sur bois.»

Cette demande, insérée dans les journaux, était suivie de la ligne suivante :

« Nous tenons compte ouvert aux adhésions. »

M. le Sénateur répondit aux signataires qu'il prenait en haute considération la demande qui lui était adressée, qu'il l'avait transmise à S. A. I. le prince Napoléon, et qu'une réponse définitive leur serait adressée plus tard.

On était alors au commencement de mars, et nous n'entendîmes parler de rien pendant deux mois, si ce n'est que nous fûmes convoqués par M. le président de la Chambre de commerce, afin de lui fournir des renseignements sur la manière dont nous entendions la praticabilité des délégations par élection. Nous répondîmes en détaillant les opérations de la Commission ouvrière de Paris, que son secrétaire avait eu la complaisance de nous faire connaître, et dont l'esprit se trouvait, au reste, exposé dans une brochure que nous laissâmes à la Chambre de commerce.

Enfin, le 26 mai, sur l'invitation de M. le secrétaire de la Chambre, nous nous rendîmes de nouveau au palais Saint-Pierre, où M. Brosset, président, déclara les signataires de la demande constitués en Commission ouvrière.

Voici le procès-verbal de cette séance :

« Cejourd'hui, 26 mai 1862, au secrétariat de la Chambre de commerce de Lyon, se trouvaient réunis : MM. Mazier, typographe, président de la 31e société de secours mutuels; Richard, typographe; Laurent, apprêteur sur étoffes; Milcent, chapelier, président de la 149e société de secours mutuels; Mancel, chapelier, président de la 6e société de secours mutuels; Vignat, sellier-carrossier; Coignet, chef d'atelier tisseur; Faure, chef d'atelier tisseur, et Monet, chef d'atelier tisseur;

« Tous signataires de la pétition adressée à monsieur le Sénateur chargé de l'administration du Rhône, relativement aux délégations à envoyer à l'Exposition;

« M. Brosset aîné, président de la Chambre de commerce, président du Jury du Rhône pour l'Exposition de Londres, présidant la séance;

« Et M. Tisseur, secrétaire de la Chambre de commerce, remplissant les fonctions de secrétaire.

« A l'ouverture de la séance, M. le Président expose que, dans une précédente réunion, un projet de programme à soumettre à M. le Sénateur avait été arrêté au sujet des délégations ouvrières. Ce projet a été en effet soumis à M. le Sénateur, qui lui avait donné son adhésion.

« Mais, postérieurement à cette approbation et au moment de l'exécution, on s'est aperçu que ce programme s'éloignait en quelques points de celui qui avait été adopté à Paris, notamment en ce qu'il subordonnait le droit de nommer des délégués à l'acquittement préalable d'une souscription minime, il est vrai, mais qui pourrait être un obstacle au suffrage universel.

« On a dû dès lors demander des renseignements exacts sur ce qui s'était fait à Paris.

« En suite de ces renseignements, un nouveau programme a été dressé, duquel il résulte en substance que les signataires de la pétition seraient constitués en Commission ouvrière, et que c'est à elle qu'appartiendrait la direction de cette affaire.

« M. le Président donne lecture de ce programme, qui restera annexé au procès-verbal de la séance.

« Cette lecture est suivie de la lecture d'une dépêche de M. le Sénateur, en date du 6 mai, adressée à M. Brosset aîné, président de la Chambre, contenant approbation du nouveau programme et autorisant M. Brosset aîné à constituer en Commission ouvrière pour les délégations à l'Exposition de Londres les signataires de la pétition lyonnaise.

« Les signataires de la pétition sont au nombre de quatorze, savoir :

« MM. Ant. Coignet, chef d'atelier tisseur ;

« Faure, chef d'atelier tisseur ;

« Monet, chef d'atelier tisseur ;

« Mazier, typographe, président de la 31ᵉ société de secours mutuels ;

« Mancel, chapelier, président de la 6ᵉ société de secours mutuels ;

« Milcent, chapelier, président de la 149ᵉ société de secours mutuels ;

« Laurent, apprêteur sur étoffes, vice-président de la 94ᵉ société de secours mutuels ;

« Domenget fils, président de la 4ᵉ société de secours mutuels, dite des ouvriers fondeurs, doreurs et argenteurs sur métaux :

« Joseph Kletzler, mécanicien ;

« Villard, chaudronnier-mécanicien :

« Bonavent, ébéniste ;

« Vignat, sellier-carrossier :

« Boni, graveur sur bois ;

« Et P. Richard, typographe.

« En suite de la dépêche de M. le Sénateur et du pouvoir qu'elle confère à M. le Président de la Chambre de commerce, M. le Président déclare constitués en Commission ouvrière les quatorze signataires susnommés de la pétition susdite, à l'effet de procéder conformément au programme approuvé par M. le Sénateur, et dont il a été donné lecture.

« La Commission est autorisée à fonctionner immédiatement ; elle donnera avis de la formation de son bureau à M. le Président de la Chambre, aussitôt que ce bureau aura été constitué.

« M. le Président lui annonce qu'il mettra à sa disposition, pour les opérations électorales, la salle de l'ancienne Bourse, dans le palais des Arts.

« M. le Président, après avoir recommandé la plus stricte impartialité à la Commission, exprime la confiance qu'elle remplira son mandat avec zèle, et que les délégations ouvrières, organisées pour la première fois sur le suffrage universel, donneront des résultats profitables à la classe ouvrière et aux intérêts généraux de la fabrique lyonnaise.

« L'ordre du jour étant épuisé, la séance est levée.

Brosset aîné, président.

Tisseur, secrétaire.

ANNEXE AU PROCÈS-VERBAL DE LA SÉANCE
Projet de programme présenté à M. le Sénateur chargé de l'administration du département du Rhône, et approuvé par lui.

« Les délégations ouvrières de Paris ont été organisées de la manière suivante :

« Les ouvriers signataires de la pétition relative aux délégations ouvrières ayant présenté leur pétition à S. A. I. le prince Napoléon, il leur a été répondu que la Commission ouvrière pouvait fonctionner immédiatement ; que le secrétaire de la Commission impériale s'était concerté, à cet effet, avec M. le préfet de police ; que la Commission impériale mettrait à la disposition de la Commission ouvrière une somme de vingt mille francs, et que M. le préfet de la Seine proposerait au Conseil municipal l'allocation d'une pareille somme de vingt mille francs ; que la Commission ouvrière enverrait à Londres autant de délégués que les fonds assurés et à recueillir le permettraient.

« Le Président de la Commission impériale a exprimé en même temps le désir que les signataires de la demande formassent la Commission ouvrière, comme ayant pris l'initiative du projet, et il a recommandé que la plus grande impartialité présidât aux actes de la Commission ouvrière.

« Conformément à cette autorisation, les signataires de la pétition se sont immédiatement constitués en Commission ouvrière. Le bureau a été formé, et avis a été donné de sa composition à S. A. I. le prince Napoléon.

« La Commission ouvrière a de suite pris les dispositions qui lui ont paru propres à assurer l'exécution de son mandat.

« D'après le programme arrêté par elle et publié dans les journaux, c'est elle qui indique les lieux, jours et heures des réunions, nomme les membres des bureaux ; elle s'entend à ce sujet, s'il y a lieu, avec les présidents des sociétés de secours mutuels, quand les corps d'état ont des sociétés de secours mutuels.

« Les procès-verbaux d'élection lui sont transmis, et elle proclame les candidats ; un de ses membres, ou un membre suppléant, désigné par elle, assiste aux opérations électorales, etc., etc.

« En suite de ce précédent, qui peut, ce semble, sans inconvénient, être suivi à Lyon, M. le président de la Chambre de commerce a préparé et présenté à l'approbation de M. le Sénateur chargé de l'administration du département du Rhône le résumé des dispositions ci-après :

« Les signataires de la pétition adressée à M. le Sénateur, pour les délégations ouvrières, seraient autorisés à se constituer immédiatement en Commission ouvrière. Après avoir formé le bureau, ils en donneraient avis à M. le Sénateur et à M. le président de la Chambre de commerce, président du Jury du Rhône pour l'Exposition.

« M. le Sénateur proposerait à la Commission municipale de mettre à la disposition de la Commission ouvrière une somme de ..... M. le président de la Chambre de commerce proposerait, de son côté, à la Chambre de mettre également à la disposition de la Commission ouvrière une somme de .....

« Une allocation serait demandée à S. A. I. le prince Napoléon, président de la Commission impériale pour l'Exposition.

« La Commission ouvrière provoquerait, de son côté, des souscriptions pour augmenter le fonds commun destiné à pourvoir aux dépenses des délégués.

« La Commission ouvrière dresserait, de concert avec le président de la Chambre, le tableau des industries lyonnaises qui devraient être représentées par des délégués ; elle fixerait les jours, lieux et heures des élections, après s'être entendue à cet effet avec le président de la Chambre ; elle nommerait les bureaux électoraux, recevrait les procès-verbaux d'élections et dresserait la liste définitive des délégués proportionnellement aux fonds réunis ; elle fixerait le montant de l'indemnité à allouer aux délégués pour frais de voyage, de séjour, etc., etc.

« Chaque délégué devra rédiger un rapport où seront consignées les observations que lui auraient suggérées ses visites à l'Exposition. Ce rapport sera transmis à la Commission ouvrière, et par celle-ci à M. le président de la Commission exécutive du Jury du Rhône, président de la Chambre de commerce.

BROSSET AÎNÉ.

TISSEUR.

Nous devons déclarer que la plupart d'entre nous ne s'attendaient pas à une semblable décision et regrettaient de s'être mis en avant, car ils ne se dissimulaient point les tracas de toutes sortes qui allaient les assaillir. Cependant la considératien d'intérêt général, et, avouons-le, un sentiment d'amour-propre, le désir de bien faire, nous stimulèrent. Nous procédâmes immédiatement à la formation de notre bureau de la manière suivante :

> MM. Pierre Richard, *président ;*
> Monet et Domenget, *secrétaires ;*
> Vignat, *trésorier* (1).

Un obstacle imprévu se présenta dès le premier jour. La Commission impériale et la Chambre de commerce devaient bien mettre par la suite des fonds à notre disposition ; mais nous nous en trouvions privés pour subvenir aux premières démarches et aux premiers frais généraux. C'est à l'aide de nos propres avances, et à nos risques et périls, que nous sortîmes de cette position. La 149ᵉ société de secours mutuels (chapeliers approprieurs) vint, en outre, à notre aide avec une générosité digne d'éloges, en nous prêtant le local de ses séances, où nous avons pu nous réunir pendant six mois, sans lasser la patience et le dévoûment des honorables membres de cette société. Au nom des travailleurs, nous ne saurions trop les remercier.

Le bureau de la Commission ouvrière, dans les vingt-quatre heures de son installation, rédigea, fit imprimer et distribuer dans les ateliers des diverses professions, une circulaire dont voici la teneur :

A TOUS LES TRAVAILLEURS.

« Au mois de mars dernier, des ouvriers de diverses industries adressèrent à M. le Sénateur Vaïsse, préfet du Rhône, une demande tendant à ce que des délégués ouvriers fussent envoyés à l'Exposition de Londres. La demande, qui fut agréée par l'administration, a pour but l'application du suffrage universel, et tous les ouvriers seront appelés à prendre part à l'élection des délégués du corps de métier auxquels ils appartiennent.

---

(1) Par des motifs particuliers, M. Vignat donna, le 18 juin suivant, sa démission de trésorier et de membre de la Commission ouvrière. Il fut remplacé dans ses fonctions par M. Milcent.

« Les signataires de la demande ont été constitués en Commission, le 26 mai, par M. le président de la Chambre de commerce, autorisé par M. le préfet du Rhône.

« La Commission a arrêté les dispositions suivantes, reproduites déjà par les journaux de la localité, dispositions qui donneront une idée suffisante du mode de procéder adopté par elle.

« D'après les assurances données à la Commission ouvrière, le Conseil municipal et la Chambre de commerce accorderont une subvention pour l'envoi de délégués ouvriers à l'Exposition de Londres. Cette somme sera augmentée par une allocation de la Commission impériale.

« La ville de Lyon, si intéressante sous le rapport de son industrie, pourra donc être dignement représentée par la classe des travailleurs.

« Afin d'étendre le plus possible les ressources destinées à l'envoi des délégués, nous invitons dès à présent les ateliers à provoquer des souscriptions, dont le montant sera reçu les lundis, mercredis et vendredis, de huit à dix heures du soir, rue Thomassin, 51, au deuxième.

« Les souscriptions seront publiées.

« Dans les corps de métier où existent une ou plusieurs sociétés de secours mutuels, les membres des bureaux sont invités à s'entendre, pour l'élection des délégués, avec la Commission ouvrière.

« La Commission ouvrière désignera le bureau électoral des corps de métiers qui n'ont point de société de secours mutuels.

« Tout ouvrier d'un corps de métier aura droit de prendre part au vote pour l'élection des délégués de ce corps de métier.

« La plus grande impartialité devra présider à l'inscription des candidats et à l'élection des délégués.

« Il ne pourra être choisi dans un même atelier plus d'un délégué par branche d'industrie.

« Un des membres de la Commission ouvrière assistera aux opérations électorales. Les procès-verbaux seront transmis à la Commission ouvrière, qui proclamera la validité de l'élection.

« Le nombre de délégués sera proportionné au chiffre des sommes allouées, à l'importance des industries et en tenant compte des avantages que certains corps de métiers peuvent recueillir d'une visite à Londres, au point de vue des améliorations pratiques.

« Une liste supplémentaire sera formée des candidats qui auront obtenu le plus de voix après les élus, et, si les souscriptions permettent d'augmenter le nombre des délégués, la Commission ouvrière les désignera dans chaque industrie et selon l'ordre des suffrages.

« Il sera remis par la Commission ouvrière à chaque délégué : 1° un billet d'aller et retour ; 2° les frais de séjour ; 3° une indemnité de dépla-

cement; de sorte que la famille n'ait pas à souffrir de l'absence de son
chef.

« La mission des délégués sera :

1° D'établir une comparaison entre les produits français et les produits
étrangers, en indiquant si le produit français est inférieur ou supérieur
au produit étranger, et en en recherchant la cause ;

2° De s'enquérir des provenances des matières premières et de signaler,
aussi exactement que possible, les prix de revient, les salaires et les prix
de vente ;

3° De remarquer ce qu'il y aurait, selon eux, à faire pour supporter la
concurrence sans que ce soit au détriment de l'ouvrier ;

4° De signaler les noms des ouvriers qui auraient exécuté les travaux
exposés les plus remarquables ;

5° En outre, de visiter, autant que possible, les ateliers et d'y étudier
l'emploi des machines, des outils et les procédés de fabrication.

« Les rapports faits par les délégués de chaque industrie seront remis
par eux à la Commission ouvrière pour être transmis à la Chambre de
commerce de Lyon.

« L'élection des délégués sera, pour chaque corps de métier, annoncée
plusieurs jours à l'avance, avec le mode, le jour et le lieu indiqués par
la Commission ouvrière.

« La Commission ouvrière répondra, les jours indiqués plus haut, à
toutes les questions qui lui seront adressées.

« Toutes les professions tiendront certainement à l'honneur d'être représentées à l'exposition de Londres, les unes pour sortir de leur état de
malaise ou d'infériorité, les autres pour garder leur prééminence et soutenir la réputation industrielle et artistique du nom français.

« La Commission ouvrière lyonnaise, suivant le programme adopté
par celle de Paris, est chargée de faire procéder au choix des délégués,
de proclamer les élus, de provoquer des souscriptions, d'organiser les
départs, de recevoir les rapports. Pour atteindre le but auquel elle aspire,
elle a besoin du dévoûment des hommes de bonne volonté.

« Que tous les hommes d'intelligence viennent donc nous aider de leur
savoir et de leurs lumières.

« Il est de la dignité des travailleurs de participer aux dépenses que
nécessitera l'envoi de leurs délégués, dont il faut augmenter le nombre
autant que les ressources le permettront.

« Que tous ceux que la gêne n'a pas trop cruellement atteints versent
donc leur obole, individuellement ou par atelier.

« Que le choix des électeurs se porte sur des praticiens consommés, sur
les hommes les plus capables et les plus considérés de toutes les professions.

« Que nul ne montre d'indifférence surtout. La Commission sera heureuse si de toutes parts les travailleurs l'aident à accomplir sa tâche. Elle se met à la disposition des ouvriers qui désireront de plus amples renseignements. » — *(Suivaient les signatures des membres de la Commission.)*

Nous terminâmes à la hâte nos plans d'organisation, et nous nous mîmes à l'œuvre. La tâche était rude. Indépendamment des réunions de chaque soir, qui duraient souvent jusqu'à minuit, il était nécessaire que nous fissions des démarches dans la journée, soit pour inviter les ouvriers à se présenter devant la Commission, soit po' r faire connaître le but auquel nous visions. Ce travail rebuta plusieu's de nos collègues, qui, en se retirant, ne nous laissèrent que six : MM. Richard, Monet, Domenget, Milcent, Faure et Coignet. Cette retraite ne nous donna que plus de courage, et nous décidâmes que, dussions-nous travailler une partie des nuits, nous ne reculerions pas devant la mission que nous avions acceptée. Il se présenta fort heureusement quelques hommes dévoués qui nous aidèrent de leur concours, et parmi lesquels nous citons avec reconnaissance MM. Henri Mancel, Perrachon et Pettex.

Voici la marche que nous suivîmes :

La Commission ouvrière, après avoir prévenu de son existence les présidents-ouvriers des sociétés de secours mutuels, adressa des lettres aux ouvriers des principaux ateliers de Lyon, en les invitant de déléguer les plus capables d'entre eux à une réunion dont le jour et l'heure étaient fixés. Chaque profession se trouvait ainsi représentée par vingt ou trente personnes, desquelles nous formions un bureau électoral. Ce bureau avait pour objet de rechercher les ouvriers intelligents de l'industrie et, après examen, d'en dresser une liste de candidats à la délégation, sans que cette opération préliminaire pût influencer le vote général qui devait suivre. Afin d'empêcher l'esprit de coterie, un membre de la Commission assistait le plus souvent aux séances des bureaux électoraux, et toujours aux élections.

Nous décidâmes qu'aucun de nous ne pourrait accepter la délégation dans le métier auquel il appartenait, voulant en cela conserver une entière indépendance (1).

______

(1) Il fut arrêté plus tard que les membres de la Commission ouvrière pari-

Il ne suffisait pas d'installer des bureaux électoraux, il fallait encore les seconder par la publicité. La Commission fit imprimer des circulaires pour la plupart des professions, invitant les électeurs à venir prendre part au scrutin ou à se mettre sur les rangs en qualité de candidats. Les opérations s'étendirent alors sur une vaste échelle, un mouvement général s'opéra, et de tous côtés nous arrivèrent des adhérents. Dans une seule soirée, huit cents travailleurs se présentèrent au local de la Commission pour former les bureaux électoraux de plusieurs corps de métier.

Pourtant les germes d'une opposition sourde et systématique se manifestaient dans plusieurs professions, que la liberté laissée aux délégations plongeait dans l'étonnement. Il faut dire aussi qu'un esprit de méfiance était suscité et entretenu par certains que nous connaissons parfaitement, mais que nous ne voulons pas nommer ici; la plupart, du reste, n'appartiennent pas aux classes ouvrières. Nous résolûmes de ne pas répondre aux calomnies, aux propos de toute sorte débités sur le compte de la Commission, et si une seule fois nous avons manqué à notre résolution, en ripostant par un démenti formel à une lettre publiée dans un journal, c'est que l'attaque avait été trop directe et qu'elle pouvait faire naître une suspicion qu'aurait augmentée notre silence.

Le temps qui nous restait pour organiser les délégations n'était pas considérable, si l'on se représente que, du 26 mai au 26 juillet, il a fallu former les bureaux électoraux de trente-sept industries, provoquer et régulariser les souscriptions, surveiller les élections, etc. La généralité des ouvriers n'étant pas préparée à l'exercice d'un droit nouveau de suffrage, qui la surprenait presque, il devint nécessaire d'apaiser de petites jalousies, de concilier les intérêts et les points de vue divers, d'aviver le dévoûment de l'un, de prouver à l'autre ses torts, sous peine de voir se détruire dès l'origine le principe que nous prétendions ériger en pratique.

---

sienne feraient partie des ouvriers envoyés à Londres. Dans les premiers jours de juillet, une décision semblable fut prise par la Chambre de commerce, à l'égard des membres de la Commission de Lyon.

(1) Un fait curieux à constater, c'est qu'au moment où la masse des travailleurs semblait hésiter, les brodeuses se présentaient devant la Commission ouvrière, afin de jouir du principe des délégations. La Chambre de commerce, consultée, ne jugea pas à propos de donner suite à leur demande.

Ce n'est pas à nous à faire notre panégyrique, en racontant ici tout ce qu'il nous fallut de ténacité, de vouloir, pour arriver à des résultats satisfaisants; à cet égard, nous garderons le plus profond silence. Ouvriers, nous avons cru servir la cause des ouvriers. L'événement a prouvé que nous ne nous trompions pas. Par un mot seulement nous répondrons à un bruit qui, pour avoir trouvé peu d'écho, a dû cependant rencontrer quelques crédules. Des gens mal intentionnés ont colporté que nous étions les agents de la Chambre de commerce, sinon d'une autre administration. Nous affirmons n'avoir été et n'être les agents d'aucune autorité. En agissant pour nous et nos cotravailleurs, nous n'avons servi personne que nous-mêmes, et jamais il n'est venu à notre pensée qu'on pût nous offrir une rémunération, que nous n'accepterions pas.

Les premières élections se firent le 26 juin, dans la salle de l'ancienne Bourse, au palais Saint-Pierre, qui avait été mise à la disposition de la Commission ouvrière. D'autres leur succédèrent, et le 27 juillet, les dernières eurent lieu. Nous avons à regretter l'abstention de quelques professions, qui n'ont pu ou voulu prendre part au mouvement général.

Le 25 juillet, les fonds suivants furent remis entre les mains de la Commission ouvrière :

10,000 fr. par la Commission impériale,
6,000 fr. par le Conseil municipal,
6,000 fr. par la Chambre de commerce,

formant un total de 22,000 fr., qui, joint à des souscriptions se montant à environ 3,000 fr., donnèrent un chiffre de plus de 25,000 fr.

Nous proposâmes à la Chambre de commerce, qui l'accepta, le droit de désigner elle-même six délégués professeurs, dont l'indemnité serait prise sur la somme ci-dessus. Ce nombre de six fut plus tard réduit à cinq.

La Commission ouvrière de Paris, avec laquelle nous nous étions mis en relations, nous avait offert, par l'intermédiaire de son secrétaire, de profiter des dispositions qu'elle avait prises à Londres. Moyennant un prix modique, les délégués devaient trouver la nourriture et le logement. Convaincus que cette proposition généreuse nous présentait une foule d'avantages, tant sous le rapport de l'économie que sous celui résultant de la réunion des travailleurs de Paris et de Lyon, nous acceptâmes, sauf ratification par les délégués, auxquels liberté complète a toujours été laissée.

L'administration du chemin de fer de Lyon, de son côté, mit à notre disposition des billets à prix réduits, au moyen desquels le voyage, aller et retour, de Lyon à Londres, ne coûta plus que 55 fr. 55 cent.

Après supputation des dépenses probables, nous jugeâmes qu'une somme de 360 fr. accordée à chaque délégué était suffisante ; 285 fr. étaient remis au moment du départ, et les 75 fr. restant, considérés comme indemnité de famille, s'échangeaient contre le rapport, après le retour. Rien ne nous a donné lieu d'être mécontents de ce mode de procéder, et nous avons pu nous convaincre que l'allocation offrait des ressources sinon exagérées, du moins s'équilibrant avec les dépenses de chaque envoyé.

La liste des délégués fut arrêtée définitivement vers la fin de juillet, d'après les fonds que nous avions à notre disposition, et en tenant compte du dernier vote, qui devait avoir lieu le 26. Par suite de l'indifférence de plusieurs corps de métier, nous augmentâmes le nombre des délégués des industries principales, en procédant d'après l'importance numérique de ces industries ou leur intérêt reconnu à visiter l'Exposition. Cette liste fut ainsi dressée :

PREMIER GROUPE

Tulliste à la chaîne. . .	MM.	JACQUEMET.
Tulliste bobiniste.		MONIN.
Dessinateurs.		SEYS.
		BARQUI.
		REIGNIER (1).
Passementier.		FERRA.
Tireur d'or		ETIENNE NUGOZ (2).

(1) M. Reignier, suppléant, fut appelé à faire partie des délégués, en remplacement de M. Roux, indisposé au moment du départ.

(2) Les passementiers, les guimpiers et les tireurs d'or ayant été groupés ensemble, le bureau électoral, d'accord avec la Commission ouvrière, décida que, si la majorité des suffrages favorisait un passementier, le second délégué serait le guimpier ou le tireur d'or qui aurait obtenu le plus de voix ensuite,

Tissus métalliques . . .	MM. BUHLER.
Tisseurs	BOUDOIS. COCHARD. BOUVIER. SAUZION. PHILIPPE FAURE. AUDIBERT. BERGERON. ROUX. BUREL.
Apprêteur	BERNARD PÈRE.
Imprimeurs sur étoffes. .	ROUGE. DE SAINT-JEAN (1).
Teinturiers	ARNAUD. PEYRON. PIVOT.

DEUXIÈME GROUPE

Mécaniciens pour la fabrique.	DEMURE. SALLETTE. · BAL.
Ebéniste	MOUGIN.
Tapissier.	CHÊNE.
Chapelier fouleur . . .	ROY FILS.
Chapelier approprieur. .	RODDE.
Typographe	DÉCLÉRIS.
Lithographe.	LAUVIN.
Bijoutier en faux. . .	CUSIN.
Bijoutier en fin. . . .	LATÉS.
Joaillier	CONDAMIN.
Ouvrier en bronzes. . .	PERRICHON.
Orfévre	VIOLET.

---

et *vice versâ*. C'est ainsi que M. Nugoz, tireur d'or, fut compris au nombre des délégués, malgré que M. Chataignier, passementier, vint dans l'ordre d'élection immédiatement après M. Ferra.

(1) Une des dispositions de la première circulaire aux travailleurs portait que deux délégués d'une même industrie ne pouvaient être choisis dans le même atelier. M. Mollard, qui avait obtenu le plus de voix après M. Rouge, mais qui travaillait dans la même maison, fut, pour ce motif, remplacé par M. de Saint-Jean, suppléant.

Ferblantier	MM. RENAUD.
Graveur	GEORGES FORSTER.
Doreur (1)	FIALON.

TROISIÈME GROUPE

Serruriers	GILBAULT. FRANCKAM.
Mécaniciens	LAURENT. LANFREY. BARBIER.
Chaudronnier	BIGOT.
Mégissier.	MATHIEU.
Corroyeur	DUMOULIN.
Cordonnier	HERVÉ.
Menuisier en voitures. .	MEYER.
Charron.	BOUVARD.
Sellier-bourrelier . . .	BOULMIER.
Peintre en voitures. . .	RACINE.
Forgeron.	PAUL HUDRY.
Balancier	JOANNY GROBON.
Charpentier (2). . . .	CALLÈDE.
Délégués de la Chambre de commerce	D. GIRARDON. G. FORTIER. A. LOIR. P. LORENTI. VANDEL.

---

(1) Les ouvriers de cette industrie, très-peu nombreux à Lyon, ne se présentèrent devant la Commission ouvrière que vers le milieu de juillet, alors que les fonds avaient reçu presque totalement leur destination. Ils offrirent de participer par moitié à l'envoi d'un délégué. La Commission accepta, sur le vu d'une liste de souscription, montant à 181 fr. Après l'élection du délégué, soit que la rentrée de cette souscription nécessitât des démarches et des frais, soit que les souscripteurs manquassent à leur promesse, soit par d'autres circonstances que nous ne connaissons pas, le versement effectué entre les mains de la Commission ne fut que de 100 fr. Nous mentionnons ce fait, sans prétendre y attacher aucune idée de reproche, mais seulement parce qu'il a donné lieu à quelques commentaires dans lesquels la vérité était dénaturée.

(2) Malgré plusieurs tentatives de la Commission, les charpentiers ne se sont présentés qu'à la fin de juillet, au moment où les fonds étaient épuisés. Ils ont souscrit eux-mêmes la somme nécessaire à leur délégué, qui s'est dispensé de remettre un rapport à la Commission, lors de son retour.

Les départs se suivirent à dix jours d'intervalle, de manière à ce que les délégués du second groupe arrivent à Londres au moment où ceux du premier en partaient, et ainsi de suite. La Commission ouvrière de Paris ne nous avait pas trompés en nous assurant de confortables aménagements et une nourriture saine pour un prix modique. Le seul reproche que nous ayons eu à faire contre le choix de notre hôte, c'est que son domicile était éloigné de l'Exposition, et encore cet éloignement était-il compensé par la tranquillité du quartier, qui offrait un grand avantage aux délégués, dont le devoir était de résumer chaque soir leurs impressions du jour.

Un interprète fut emmené de Lyon. Sa mission, délicate et toute de conscience, consistait principalement à accompagner les délégués dans la visite des ateliers et à les seconder dans leurs travaux, car il ne pouvait être d'aucune utilité dans l'Exposition, où quarante mille personnes se heurtant, obligeaient les visiteurs à se séparer les uns des autres.

Nous n'avons pas l'intention de faire le récit des moindres incidents du voyage à Londres. Par ce résumé succinct, notre intention a seulement été de donner une idée des opérations de la Commission ouvrière, sans entrer dans des détails que la Chambre de commerce trouvera relatés dans nos procès-verbaux (1). Nous insisterons cependant sur la bonne réception qui nous a été faite par les Anglais de toutes les classes. On ne saurait imaginer de quelle aménité ils ont fait preuve à notre égard, combien de complaisance ils ont manifestée, et les soins empressés que les travailleurs ont prodigué à leurs collègues de France. Nos voix inéloquentes empruntent les accents du cœur pour les remercier comme ils le méritent. Si quelques-uns d'entre eux visitent notre patrie, nous faisons des vœux pour que leur réception soit proportionnée à celle que nous avons reçue de leur part.

La Commission ouvrière témoigne hautement sa profonde reconnaissance à M. Le Play et à M. Spiers, de la Commission impériale. Ce dernier surtout, auquel la délégation lyonnaise avait été recommandée par M. Arlès-Dufour, s'est montré d'une complaisance

---

(1) Peut-être nous déciderons-nous plus tard à publier une brochure relative aux délégations, dont les matériaux sont rassemblés dès à présent.

au-dessus de toute expression. Grâce à sa sollicitude éclairée, les délégués ont pu voir à Londres en dix jours ce qui aurait demandé plusieurs mois, sans être muni de recommandation spéciale. Tous les termes que nous emploierions pour peindre le dévoûment, l'urbanité, la rare prévoyance de M. Spiers ne sauraient approcher de la vérité.

Nous ne nous montrerons pas ingrats non plus envers les personnes qui nous ont secondé, soit par l'autorité de leur parole, leurs marques de sympathie, ou leurs concours pécuniaire, soit en se chargeant de la partie des travaux qui précédait les opérations électorales. Notre reconnaissance leur est acquise à jamais.

Et maintenant il ne nous reste plus qu'à remettre entre les mains de la Chambre de commerce les pouvoirs éphémères qu'elle nous avait confiés. Dans le cours de notre mission, nous avons toujours cherché à nous conformer à ses intentions, exprimées dans le procès-verbal du 26 mai. La Commission ouvrière a, du reste, été favorisée par des conseils bienveillants, dont elle remercie la susdite Chambre, et par une liberté d'action complète, dont elle sait gré à l'autorité préfectorale; conseils et liberté qui ont puissamment contribué à la réussite des délégations lyonnaises.

Ce n'est pas impunément qu'on sort du sentier battu de la routine, et plusieurs d'entre nous ont rudement payé leur qualité de membres de la Commission ouvrière. C'est le sort de tous ceux qu'animent des pensées d'amélioration, nous ne prétendions donc pas échapper à la loi commune. Notre récompense sera suffisante, si les rapports donnent des résultats pour le présent et facilitent le travail des délégués à venir.

POUR LA COMMISSION OUVRIÈRE :

P. RICHARD, Président.

J.-M. MONET, Secrétaire.

Du mois de juin au mois d'octobre, la Commission a tenu 76 séances, auxquelles se sont présentés près de 3,000 ouvriers; elle a assisté à 82 réunions de bureaux électoraux et à 37 opérations de vote. — Ont été présents aux séances de la Commission : MM. Richard, 64 fois; Monet, 69 fois; Milcent, 48 fois; Domenget, 42 fois; Faure, 33 fois; Coignet, 26 fois; Vignat, 7 fois; Mancel père, 5 fois; Laurent, 1 fois.

COMMISSION OUVRIÈRE LYONNAISE

Etat général des Recettes et Dépenses, jusqu'au 1er Novembre 1862.

RECETTES

Allocation de la Commission impériale	10,000	»
Allocation du Conseil municipal	6,000	»
Allocation de la Chambre de commerce de Lyon	6,000	»
Souscriptions. — Chapeliers fouleurs (a)	16	»
Typographes	33	75
Tisseurs, plieurs, etc.	299	60
Tissus métalliques	103	35
Bronzes	48	50
Ferblantiers	47	»
Tullistes	346	50
Carrossiers	548	75
Apprêteurs sur étoffes	184	75
Passementiers	152	10
Bijoutiers en fin	200	25
Cordonniers	4	»
Mécaniciens	108	25
Tapissiers	8	60
Graveurs sur planches plates	180	»
Serruriers	331	40
Orfévres	22	50
Bijoutiers en faux	39	45
Mécaniciens pour la fabrique	96	35
Doreurs sur bois	100	»
Charpentiers	360	»
Souscriptions diverses	249	60
TOTAL des recettes	25,480	35

DÉPENSES

Allocation à 61 délégués	21,960	»
Allocation à 6 membres de la Commission	2,160	»
Indemnité à M. Glover, interprète	600	»
Frais généraux de voyage et à Londres	200	»
Frais généraux d'impression	185	35
Fournitures de bureau et timbre	40	45
Eclairage, chauffage, etc.	13	30
Frais au palais Saint-Pierre	20	»
Frais au bureau de la Commission	30	»
Ports de lettres	4	50
TOTAL des dépenses	25,213	60

RÉCAPITULATION

RECETTES	25 480	35
DÉPENSES	25,213	60
RESTE EN CAISSE (b)	266	75

Le caissier, MILCENT.

(a) Le détail des listes de souscription ayant été publié par les journaux de la localité, nous nous bornons a en rappeler le total, sans nommer à nouveau les souscripteurs, parmi lesquels on remarquait des notabilités de toutes les classes de la société. M. Ch Willemin a bien mérité des travailleurs par son zèle à recueillir une partie importante des souscriptions.

(b) Cette somme, après déduction des dépenses ultérieures, est destinée à augmenter les fonds consacrés à l'impression des rapports.

RAPPORTS

DÉLÉGUÉS LYONNAIS

APPRÊTAGE SUR ÉTOFFES

Ce que j'ai d'abord remarqué en pénétrant dans l'Exposition, c'est la mauvaise disposition qui a présidé à l'étalage de nos produits lyonnais. L'espace est évidemment trop restreint, et le jour, tombant mal, éclaire les étoffes d'une manière douteuse. Il est donc très-difficile de se rendre compte de la valeur du travail, beaucoup de produits perdant de moitié à être vus dans ces conditions défavorables.

De plus, comme les étoffes étaient toutes enfermées et que je n'ai pu les palper, première condition pour bien juger, il m'a été impossible d'apprécier l'apprêt autrement que par la vue, mode de procéder imparfait et produisant de médiocres résultats. Chacun sait que l'apprêtage donne à l'étoffe une certaine épaisseur dont on ne peut bien juger que par le toucher.

Néanmoins, les satins, les taffetas unis ou façonnés m'ont semblé de beaucoup inférieurs aux nôtres, pour le brillant ou pour l'étendage. Je ferai une exception pour quelques produits anglais, entre autres pour des satins forts, qui sont aussi beaux que les satins français, sous le rapport du brillant. Peut-être après tout que, si les vitrines de nos exposants eussent été placées dans des conditions plus favorables, on eût pu constater une différence dans ces produits, car nous avons conservé une supériorité marquée pour les apprêts, en général.

Les moires antiques d'Angleterre, par suite d'une meilleure exposition, paraissent d'un brillant plus complet que celles de France, mais les effets de moire sont moins jolis et ne peuvent soutenir de comparaison.

Ce qui me paraît occasionner la supériorité du brillant anglais, c'est que tous les articles de l'exposition britannique sont très-forts, aussi l'effet produit est-il remarquable.

Il faut confesser notre infériorité relativement aux laines et cotons. Les étoffes anglaises possèdent un brillant magnifique, et elles sont mieux étendues que celles exposées par nos nationaux. J'attribue ce résultat à l'excellence des filatures anglaises et à des moyens supérieurs de fabrication que nous n'avons pas à notre disposition.

Les ateliers d'apprêtage de Londres m'ont semblé disposés moins avantageusement que les nôtres; ceux que j'ai pu visiter ne m'ont rien offert de particulier : les outils et les ustensiles sont identiquement pareils à ceux que nous employons.

Les prix des façons sont probablement dirigés par la concurrence : les renseignements incomplets que j'ai pu recueillir me les feraient supposer semblables à ceux de Lyon.

BERNARD PÈRE.

BALANCERIE

.... Malgré la difficulté d'obtenir des renseignements dans un pays
dont on ignore la langue, je me suis efforcé de remplir le mandat honorable que m'avaient confié mes collègues, et je donne le résultat de mes
observations exempt de toute partialité.

J'ai remarqué que la plupart des balanciers en général, et les Anglais
en particulier, ont apporté dans la construction des instruments de pesage
qu'ils ont exposés un soin et un luxe que nous sommes loin de retrouver
dans les instruments qu'ils livrent journellement au commerce.

Ce soin et ce luxe inusités, je les comprendrais seulement dans les objets de parure et d'ornementation, et non dans des objets appelés à un
service actif et exposés à toutes les intempéries. Il m'a semblé enfin que
ce fini, ce luxe, cette ornementation ne remplissaient pas le but cherché,
c'est-à-dire l'exposition d'appareils simples, précis et à bon marché. Or,
je dois déclarer que la dernière de ces conditions a été totalement mécon-
nue, car ces instruments, si coquets et de tant belle apparence, doivent
revenir à leurs fabricants à un prix plus élevé qu'ils ne les vendent. En
outre, la cherté de ces appareils, en empêchant d'en mettre l'usage à la
portée de tous, paralyse la propagation du système décimal, adopté déjà
par beaucoup de nations, mais dont quelques-unes, je ne sais pourquoi,
n'ont pas encore encouragé l'application.

En 1855, les membres du jury récompensèrent les instruments de pesage qui réunissaient les qualités suivantes :

Simplification de l'instrument.
Sensibilité et précision.
Fabrication sérieuse.
Bon marché.

Ces qualités, recherchées en 1855, paraissent être oubliées en 1862. Les instruments se compliquent ou restent au moins stationnaires, les fioritures s'étendent au détriment de la précision et de la durée, la fabrication sérieuse fait place à une affaire de décoration et de clinquant. Le bon marché, qualité qui constitue le véritable progrès, est entièrement sacrifié à l'effet à produire dans une exposition.

Je ne saurais trop insister sur ces mots « instruments de pesage à bon marché. » Par leur mise à exécution, je vois les transactions commerciales devenir plus loyales ; le vendeur et l'acheteur s'entendent sans difficultés : les produits de nos paysans, comme ceux de nos gros manufacturiers, ne sont plus l'objet d'une estimation à la merci du plus ou moins de connaissances de celui qui achète, ou du plus ou moins de loyauté de celui qui vend ; la ménagère peut se rendre un compte exact des denrées qu'elle acquiert, et ceci, je crois, est une des mille et une sources d'économie domestique.

Je ne prétends pas dire que tous les instruments exposés soient dans les conditions désignées plus haut, mais que, à part quelques fabriques de France et de Belgique, les autres n'ont pas assez approprié leur confection à l'usage pour lequel tel ou tel instrument était destiné.

Les nouvelles inventions en balancerie m'ont paru très-rares, et celles que j'ai pu observer chez les étrangers compliquent seulement les appareils, sans produire de compensation. La France s'est tenue en dehors de cette voie : sa fabrication, plus sérieuse, la place au premier rang de l'industrie ; elle rend honneur aux premiers inventeurs qui se sont immortalisés par leurs découvertes :

A l'illustre professeur Roberval, qui eut la première idée de la balance à suspension en dessous :

A M. Quintenz, qui appliqua le système décimal à la bascule ;

A M. Fortin, pour la balance de précision ;

A M. Joseph Béranger, pour ses balances de comptoir, ses bascules dans les rapports de 1 à 100 et divers autres instruments servant aujourd'hui de types à un grand nombre de balanciers.

C'est à ces quatre inventeurs que nous devons d'être sortis de la routine, et, lorsqu'on compare les anciens modes de pesage avec ceux de notre époque, on se reporte aux incertitudes et aux peines sans nombre qui ont dû entraver nos ancêtres dans leurs transactions commerciales. Rappelons-nous ces balances au fléau en bois, ces romaines à longues branches et sans oscillation, ces espèces d'instruments à ressorts si défectueux, nous serons alors étonnés de l'immense progrès que la France a réalisé en aussi peu de temps.

Pourtant cette branche d'industrie est aujourd'hui encore peu considérée ; c'est à peine s'il en est question dans les cours de mécanique ou même dans le monde industriel, qui ne peut cependant se passer de son concours pour les opérations commerciales.

Cette digression terminée, je passe à l'examen des instruments de pesage figurant à l'Exposition.

M. Deleuil, de Paris, a exposé quelques balances de haute précision, fabriquées avec un grand soin, et dont la justesse et la sensibilité ne laissent rien à désirer. Dans toutes les expositions cette maison a brillé par la variété et la bonne confection de ses produits ; c'est donc à juste titre qu'elle a obtenu une récompense cette année, mais ses produits m'ont semblé moins complets qu'en 1855. J'ai surtout regretté de n'y pas voir figurer une balance à peser les pièces d'or, inventée par M. le baron Séguier et exécutée par M. Deleuil. Tous les gens de l'art ont examiné cette balance avec un vif intérêt.

D'autres balanciers de divers pays ont exposé des balances de haute précision, montées sur acier ou sur agate. Je n'en donnerai pas la description, par la raison que, à part quelques modifications insignifiantes de formes, elles se ressemblent à peu près toutes et que la seule différence est due au plus ou moins de goût des ouvriers qui les ont fabriquées. Les leviers et les axes reposent toujours sur le même système, sans s'écarter des lois de la balancerie.

J'ai examiné avec soin un instrument de pesage d'un système tout-à-fait nouveau : c'est une bascule portative, dite élastique, dont la portée est de 500 kilos. Le tablier et le mécanisme intérieur reposent sur dix ressorts d'acier fixés verticalement entre des pièces rivées appartenant au bâtis. L'inventeur a, par ce moyen, évité totalement les coussinets et les couteaux, employés habituellement. C'est donc sur la flexion de ces dix ressorts que l'inventeur fait reposer son mode de pesage. Quant à la forme extérieure et à la manière de se servir de l'instrument, elles ne diffèrent en rien de celles des autres bascules portatives. On applique un cadran muni d'une aiguille tantôt à la tringle de puissance, tantôt à un fléau ordinaire tracé et terminé par un plateau pour les poids.

Cet instrument, dont l'oscillation est très-saccadée, ne peut être ni sensible ni de longue durée ; les secousses que le tablier est appelé à recevoir

énerveront bientôt les ressorts, les détendront, et, la température aidant.
les résultats différeront. Du reste, c'est l'opinion générale émise sur l'emploi des ressorts en balancerie ; c'est à peine si le gouvernement français
les tolère dans la fabrication des dynamomètres qui ne donnent que des
résultats approximatifs. Il est difficile de détrôner la bascule à couteaux et
à coussinets. Tous les essais de ce genre ont été, jusqu'à ce jour, infruc-
tueux, et le seront tant que l'on ne renoncera pas à l'emploi des ressorts.
Les résultats obtenus par les couteaux, même arrondis par un long usage,
sont encore plus vrais que ceux obtenus par un ressort ayant à peine
servi.

J'ai aussi remarqué une nouvelle application au dynamomètre du ressort à boudin. Cette invention, due à M. Burk, de Paris, consiste dans
un accouplement assez ingénieux de deux paires de ressorts, dont
l'une est tendue et l'autre détendue. L'inventeur prétend que cette
constante opposition rend ses ressorts insensibles aux influences atmosphériques et à l'énervement produit par les fortes charges. Je suis loin
de partager l'opinion de M. Burk ; il existe une grande difficulté dans le
réglage de l'instrument, qui se fait au moyen d'une multitude de chiffres
encastrés dans deux coulisses circulaires, que l'on déplace de droite à
gauche ou de gauche à droite, jusqu'à ce que l'écartement entre chacun
d'eux corresponde au mouvement d'une aiguille se mouvant sur un arc,
sous la pression de la charge.

Ce dynamomètre, que je considère comme très-ingénieux, ne peut pas,
à mon avis, s'utiliser sérieusement pour les besoins du commerce ; je le
mentionne seulement à titre de nouveauté.

Il existe bien encore à l'Exposition d'autres applications des ressorts
aux instruments de pesage, mais elles ne sont ni nouvelles ni préférables
aux moyens usités dès longtemps.

Viennent ensuite les bascules, parmi lesquelles j'en ai remarqué une
que le fabricant, de Paris, a jointe à une grue, ou treuil, servant à monter ou à descendre la charge à peser. Cette charge, qui paraît devoir être
de préférence un tonneau ou une caisse, est reçue à une certaine hauteur sur un cadre en fer retenu contre le montant de la grue au moyen
d'un câble passant par une poulie supérieure et venant s'enrouler sur le
cylindre du treuil. Le cadre peut ainsi descendre à volonté jusque sur la
bascule, au pied de l'appareil. A cet endroit, ses dimensions lui permettant d'envelopper le bâtis de la bascule, celle-ci reçoit la charge sur son
tablier au moment où elle abandonne le cadre, ou panier de fer, qui l'a
descendue.

Cet instrument me paraît convenable, malgré que j'appréhende une
rupture de la corde ou du chien retenant le rouleau du treuil ; car, chaque

fois qu'un accident de ce genre arrivera, les couteaux de la bascule seront brisés, les leviers tordus et l'appareil entier hors de service.

M. Lucien van der Elst, balancier belge, a exposé une bascule de voiture à quatre roues, de la portée de quinze à vingt mille kilos, avec un nouveau genre de callage pour cet embrayage. L'inventeur a placé sous chacun des deux grands leviers un autre levier de même forme, mais beaucoup plus mince; les têtes des deux leviers reposent dans des supports, au moyen de tourillons; les becs sont liés à un excentrique placé dans le dé central de la maçonnerie. Cet excentrique est fixé à un axe en fer, dont l'extrémité libre est munie d'un arbre vertical longeant la tringle de puissance; la partie supérieure de cet arbre porte aussi un autre engrenage, qui reçoit à son tour le mouvement d'une tige horizontale parallèle au fléau, que l'on fait mouvoir au moyen d'une manivelle placée près de la manette d'arrêt de l'appareil démonstratif.

Lorsqu'on fait mouvoir la manivelle, les deux leviers minces, dont j'ai parlé plus haut, décrivent un léger arc de cercle sur leur axe de rotation, jusqu'à ce qu'ils viennent rencontrer quatre petits tasseaux adhérents aux quatre paliers du tablier, et soulever ce dernier d'une quantité suffisante pour lui faire abandonner les couteaux sur lesquels il reposait avant l'opération.

La puissance de cet embrayage repose dans le grand rapprochement qui existe entre le point d'appui des leviers et leur point de résistance, et le grand éloignement de la force qui agit. La bonne confection de cet embrayage et sa solidité bien comprise sont des causes de puissance à joindre aux précédentes. Je n'hésite pas à déclarer que, si l'appareil fonctionne aussi bien avec une charge qu'il fonctionne non chargé, il est appelé à rendre de grands services.

Il faut signaler aussi, comme une heureuse découverte, la bascule au dixième de M. Naubert-Obact, de Belgique. Cette bascule, que j'avais déjà vu figurer à l'Exposition de 1855, est un perfectionnement de la bascule Quintenz, dont elle ne diffère qu'en ce que le tablier est supporté par deux tringles de puissance, déterminant ainsi les quatre points d'appui du tablier. Ce système est excellent et sa fabrication ne laisse rien à désirer.

C'est ici l'occasion de citer les nombreux instruments de pesage exposés par la maison Catenot-Béranger, de Lyon. Le détail en serait trop long. aussi je me bornerai à signaler les instruments qui, par leur importance comme fabrication ou nouveauté, méritent une mention spéciale.

C'est d'abord une bascule spéciale, dite *peso-mesureur*, à l'usage du pesage et du mesurage simultanés des céréales. Cette invention, la seule que j'ai vue de ce genre, et qui est due à M. Catenot, permet de peser et de mesurer toutes espèces et qualités de blé en garenne ou en sac, avec une exactitude mathématique que l'on était loin d'obtenir par les autres systèmes destinés à remplir le même but. Cet instrument, après un examen sérieux, a obtenu l'approbation du gouvernement français et est appelé aujourd'hui à figurer dans les halles, marchés et ports où se fait le commerce de grains.

On remarque ensuite un pont à bascule, dit à mécanisme latéral, à l'usage des fermes, des cheptels et du poids public, qui, par sa construction spéciale, permet de se passer de la coûteuse maçonnerie indispensable aux autres systèmes de ponts à bascule. Ce pont est simplement formé de deux caissons latéraux renfermant un mécanisme; entre ces deux caissons, prend le tablier, à fleur de terre. La voiture ou le bétail à peser se place sur ce tablier, que l'on a formé au moyen de deux essieux, sur lesquels sont jetés quelques plateaux boulonnés. Un communicateur rotatif met en rapport ce tablier avec l'appareil démonstratif.

La grande économie résultant pour l'acheteur de l'acquisition d'un tel instrument me fait présumer de son succès. L'invention en est encore due à M. Catenot.

A côté des objets précédents se trouve un grand pont à bascule, à l'usage du pesage des locomotives. Ce pont se compose de dix appareils démonstratifs, communiquant à cinq tabliers métalliques au moyen d'un simple levier en fer remplissant en même temps la fonction de communicateur. La fabrication en est sérieuse et paraît l'emporter sur les autres instruments de ce genre.

La même maison a encore exposé une bascule à angles métalliques et deux petits modèles de ponts à bascule, dont l'un offre le type de ceux qu'elle fournit aux compagnies de chemins de fer, et l'autre, un essai de bascule simplifiée pour peser les vagons.

Je ne peux passer sous silence un instrument nouveau et ingénieux destiné à la marine, et provenant de la même fabrique. C'est une bascule en l'air, à un seul point de suspension, à trois leviers groupés, et dont le jeu est rendu apparent au moyen d'une plaque de cristal. Destinée, m'a-t-on dit, au Conservatoire des Arts et Métiers, cette bascule remplace avantageusement la romaine à deux côtés, dont l'oscillation est due à M. Dérand, ancien balancier de Lyon.

L'exposition de M. Catenot-Béranger est complétée par une série de balances-pendules d'une grande variété de formes et de forces, dont le genre est aujourd'hui recherché par le commerce français et étranger. La grande série d'objets exposés a dû, je n'en doute pas, être appréciée des membres du Jury.

M. Sagnier, de Montpellier, a exposé un pont à bascule, à trois tabliers et six appareils démonstratifs. Cet instrument est très-exact, mais il est trop compliqué de mécanisme intérieur et de maçonnerie.

Parmi les produits anglais, j'ai examiné particulièrement ceux de MM. Pooley et fils, de Liverpool, de M. Richard Kitchin, et de divers autres fabricants. Les plus remarquables sont deux grands ponts à bascule, à trois tabliers et six appareils démonstratifs. Le premier de ces ponts est muni d'une espèce de cric servant d'embrayage, et tous les fléaux sont mis en liberté par un système de tringle unique, qui remplace les manettes d'arrêt adaptées d'ordinaire à chaque fléau. Ce système de tringle n'abrége ni temps ni travail de fabrication, et me semble en pratique plus nuisible qu'utile.

Le second pont à bascule possède aussi six appareils démonstratifs groupés de deux en deux, et n'ayant ensemble que trois colonnes dans lesquelles passent les deux tringles de puissance de chaque tablier. Chacun des fléaux est muni d'une crémaillère, sur laquelle s'engrène un pignon placé dans l'intérieur du boulon curseur; ce pignon lui-même porte une aiguille indicatrice tournant sur un cadran tracé, qui appartient aussi au curseur, mais qui n'a aucune communication avec le pignon. Ce système d'engrenage, assez ingénieux, a pour but d'indiquer les fractions, et ce but serait assez bien rempli, si la fragilité des pièces n'en rendait le service difficile et inapplicable dans maintes circonstances.

J'ai, du reste, vu en France quelque chose d'identiquement semblable, mais qui a été abandonné depuis quelques années.

Je passerai sous silence les diverses bascules à cadran, dont le mécanisme repose sur les ressorts, tourillons ou engrenages. J'ai déjà donné plus haut mon opinion sur ces objets, que je considère comme des dynamomètres ordinaires.

Quant aux bascules portatives anglaises, leurs leviers en fonte obligent les fabricants à les munir de pédales, ou espèces d'embrayages, afin d'obvier au cassant de la fonte. Cette fonte, moulée avec soin, ne manque toutefois pas d'apparence; par contre, elle n'offre aucune sécurité dans un grand usage.

Je terminerai cet exposé en citant, pour sa bonne exécution, la partie du pont à bascule pour locomotives exposée par M. Schembert, d'Autriche. Le travail, bien soigné, ne présente, du reste, rien de particulier comme système, si ce n'est un cric à chaîne dont chaque tringle de puissance a été munie.

Voilà tout ce que les moyens dont j'ai pu disposer m'ont permis d'étudier dans l'Exposition. Ma mission consistait, en outre, à pénétrer autant que possible dans les ateliers : je ne l'ai pas oublié, et j'ai pu me convaincre que, sauf une ou deux maisons de valeur relative, la fabrication anglaise était extrêmement minime et les ateliers sans importance.

En Angleterre, les instruments de pesage ne paraissent être considérés que comme un accessoire sans importance; pour s'en convaincre, il suffit d'assister à une ou deux opérations de pesage dans quelques magasins de détail et de voir avec quelle indifférence le poids de la marchandise est constaté, et cela au moyen d'instruments défectueux dont, en France, on refuserait l'emploi.

En terminant, je manifeste le regret de n'avoir pas eu à signaler un plus grand nombre d'exposants lyonnais, parce que je considère notre cité comme la première pour la fabrication des instruments de pesage à l'usage du commerce.

J. GROBON.

BIJOUTERIE ET JOAILLERIE

Bijouterie en fin

Ayant accompli la mission qui m'a été conférée par le suffrage des ouvriers bijoutiers de Lyon et par la bienveillance de messieurs les membres de la Chambre de commerce de cette ville, je viens rendre compte de mes impressions.

J'ai été surpris de voir la bijouterie si faiblement représentée à l'Exposition. La France et l'Angleterre, qui sont les deux plus grands centres de fabrication pour cette industrie, n'ont exposé qu'un assez petit nombre de bijoux, parmi lesquels je n'ai rien remarqué qui méritât d'être particulièrement signalé à votre attention. On y voit la beauté unie à la richesse, mais il est à regretter que la nouveauté y fasse complètement défaut.

La ville de Pforzheim (grand-duché de Bade) a fourni quatorze exposants, dont cinq ont reçu la médaille. A mon avis, leurs bijoux sont inférieurs, pour le travail et le bon goût, à ceux de notre pays. On ne voit figurer dans leurs vitrines aucune pièce fantaisie. Le prix réduit auquel ils peuvent établir et céder leurs produits est, sans doute, le seul motif qui leur a valu des récompenses. En général, leur bijouterie est en couleur.

Pour le genre et l'exécution, l'Allemagne le cède de beaucoup à l'Angleterre. La plupart des bijoux anglais sont en couleur et se font remarquer par un vif et bel éclat.

J'ai cherché à me procurer quelques renseignements sur la manière dont les Anglais font leur préparation pour obtenir une couleur si riche. J'ai appris que les substances qu'ils emploient ne sont pas autres que celles dont nous nous servons, mais ils ont une façon particulière d'apprêter les objets. Avant la mise en couleur leur bijou est adouci et, sans le recuire, ils le plongent dans la préparation. Lorsque la couleur commence à prendre, ils le frottent à la gratte-bosse, avec de l'eau de réglisse, puis ils le replongent jusqu'à ce qu'il ait acquis la couleur voulue, et ils le soumettent de nouveau à l'action de la gratte-bosse, en substituant cette fois de la bière à l'eau de réglisse.

Il n'est peut-être pas inutile de faire remarquer ici qu'en adaptant la brosse de laiton à un tour, on obtient un poli infiniment plus net.

J'ai demandé à quelques personnes compétentes s'il existait dans les ateliers de bijouterie de Londres quelques moyens particuliers d'accélérer le travail, mais, sur ce point, je n'ai rien appris que nous ne connussions déjà chez nous. Si la production, en Angleterre, est plus prompte qu'ailleurs, cela tient surtout à ce qu'on y conduit toutes choses sur une grande échelle.

Je crois devoir dire quelques mots de la position des ouvriers bijoutiers de Londres. Ils gagnent en moyenne 8 fr. 40 par jour et ne travaillent que neuf heures et demie.

L'Italie, la Suisse et le Danemark se sont présentés à ce grand rendez-vous des peuples travailleurs, mais ils n'ont rien offert de remarquable à l'attention du public.

En France, la ville de Paris seule a pris part, pour la bijouterie, à l'Exposition internationale. Les produits de notre capitale sont généralement supérieurs à ceux des autres nations, par le goût, l'ingéniosité et la haute élégance qui président à leur exécution.

Parmi les bijoux que j'ai admirés, ceux qui ont le plus fixé mon attention appartiennent aux maisons Strom, Mellerio frères, veuve Oges, Philippe Lhomme, Maret et Beaugrand.

Je regrette vivement de n'avoir pas à présenter de détails plus intéressants et plus complets, mais j'ai dû me renfermer dans la bijouterie proprement dite, et, ainsi que je l'ai dit au commencement de ce rapport, la bijouterie n'est point sortie des voies ordinaires ; elle n'a rien produit d'imprévu.

Je terminerai en exprimant ma reconnaissance aux honorables membres de la Chambre de commerce pour la confiance qu'ils ont daigné m'accorder et à mes confrères pour le témoignage d'estime et de sympathie qu'ils m'ont donné en me choisissant comme délégué.

E. Latès.

Joaillerie

La mission des délégués était :

1° D'établir une comparaison entre les produits français et les produits étrangers, en indiquant si le produit français est inférieur ou supérieur au produit étranger et en en recherchant la cause;

2° De s'enquérir des provenances des matières premières et de signaler aussi exactement que possible les prix de revient, les salaires et les prix de vente;

3° De remarquer ce qu'il y aurait, selon eux, à faire pour supporter la concurrence sans que ce soit au détriment de l'ouvrier;

4° De signaler les noms des ouvriers qui auraient exécuté les travaux exposés les plus remarquables;

5° De visiter autant que possible les ateliers et d'y étudier l'emploi des outils et machines et les procédés de fabrication.

Ce programme me paraît raisonnable et je l'ai suivi autant qu'il m'a été possible, en regrettant de n'avoir pu faire davantage.

Voici le résultat de mes observations :

Parmi les nations qui ont exposé des produits de joaillerie, il ne faut en compter que trois d'importance, l'Angleterre, la France et l'Autriche: les autres sont peu ou point représentées. L'Angleterre l'emporte sur toutes par la richesse des objets. Les maisons Garrard, Hunt et Roskel. Harry Emmanuel, Hancock, ont peut-être pour plus de trente millions dans leurs vitrines. Il est vrai que la première de ces maisons a exposé les diamants de la reine, le Koh-i-noor, gros brillant monté en broche. et trois gros magnifiques rubis de Lahore, montés en collier or et émail, dans le style indien.

La vitrine de MM. Hunt et Roskel contient les pierreries du marquis de Westminster et un beau bouquet de corsage, joaillerie en brillants, monture fleurs et feuillage rose.

La maison Harry Emmanuel a exposé les joyaux suivants : cinq étoiles en brillants pour parure de tête, cotées 500,000 fr. ; une broche rubans en brillants, avec une émeraude au milieu, pouvant peser 300 carats, 250,000 fr. ; un assortiment de beaux brillants, émeraudes, perles et opales, montés en riches parures, d'un travail parfait, mais n'ayant rien d'extraordinaire comme dessin et comme nouveauté; jolis émaux de couleur.

L'Angleterre a conquis une supériorité incontestable pour la mise en couleur de l'or mat. Avant de le passer à la couleur, l'ouvrier le tient très-propre et le gratte-bosse au tour, en le mouillant avec de la bière, du vinaigre ou des acides. Plusieurs Français ont déjà essayé ce procédé sans y réussir complètement. Loin d'ajouter foi à la croyance que l'atmosphère spéciale de l'Angleterre aide au résultat, je crois qu'il a pour cause la différence de titre du métal. L'or employé par les Anglais est au titre de 600 millièmes et, par conséquent, il prend mieux la couleur que le nôtre, qui n'est toléré qu'à 750 millièmes, titre le plus bas.

Le seul bijou que j'ai vu en joaillerie est un cristal creux culasse taillé, serti dans un entourage de brillants et roses ; dans le milieu de ce cristal perforé est une applique en pierres de couleur, telles que des rubis, des émeraudes et des turquoises, opérant une reverbération dans les facettes du cristal. Il y a de ces bijoux montés en broches et en médaillons.

La France, ou plutôt Paris, brille sous le rapport du travail, du bon goût et des jolis articles. D'après les pièces exposées, on tendrait à remplacer le feuillage par l'ornement. Citons les maisons principales.

M. Rouvenat. — Grande broche très-bien exécutée, représentant un dragon et un faucon, en brillants et émeraudes, monture alternée d'or et d'argent. Cette broche a été vendue au vice-roi d'Egypte. — Broche style Henri II, en brillants et émeraudes. — Couronne d'épis et de marguerites, en brillants, des brillants jaunes au milieu des fleurs, les épis sur or et les marguerites sur argent.

M. Mellerio. — Une broche avec un saphir, le plus beau du monde, entouré de quatorze gros brillants. — Un bandeau-ornement grec, d'un joli travail. — Une superbe coquille en brillants, saphirs et perles.

MM. Marret et Beaugrand. — De jolies broches, des bandeaux et des colliers, dont l'un, en pierres fines, est évalué 462.500 fr. — Un bandeau en brillants et des ornements du seizième siècle.

MM. Caillot et Petiteau ont des bijoux admirables, style grec et style oriental.

L'Autriche a fourni son contingent. M. Kobek, de Vienne, a exposé une très-belle plume d'autruche, en brillants, d'une joaillerie délicate, à côté de laquelle se trouvent six autres pièces bien exécutées.

Viennent ensuite la Prusse, l'Italie, l'Espagne, la Belgique, la Suisse et le Danemark, qui n'ont que très-peu de joaillerie, et encore d'une médiocre exécution. Je dois cependant faire remarquer que l'Allemagne a dans ses vitrines de fort jolies pièces de bijouterie, telles que des broches, des bracelets en or poli ou de couleur, avec des sujets, serpents, lions et chevaux, entourés d'ornements en feuillage ; on y trouve, en outre, beaucoup de bijoux estampés de Pforzheim, qui ne se font plus en France.

A mon avis, en me résumant, notre pays possède une petite supériorité sous le rapport de la bijouterie et de la joaillerie, malgré le grand nombre d'artistes-ouvriers parisiens et lyonnais qui vont passer la belle saison à Londres, ou même s'y fixer. Mais cette supériorité ne sera que temporaire si la désertion continue.

Les joailliers et les bijoutiers sont attirés en Angleterre par des salaires doubles de ceux qui nous sont accordés en France. Le plus médiocre ouvrier gagne 8 fr. 75 par jour et les bons ouvriers reçoivent jusqu'à 18 fr. 75. Si l'on m'objecte qu'il fait plus cher vivre en Angleterre, je répondrai que je ne le crois pas et, qu'en tous cas, le gain est mieux proportionné. Une économie que je dois signaler est celle qui résulte des matières premières. Dans tous les pays étrangers l'or est à un moindre titre que celui de France, ce qui fait une balance à l'élévation du salaire. Je ne parlerai pas de la concurrence, elle est matériellement impossible dans une industrie toute de mode et d'art.

J'ai séjourné pendant huit mois à Londres et j'ai pu voir le mode de travail employé dans les ateliers : il est absolument identique au nôtre pour la joaillerie; mais les bijoutiers sont mieux outillés ; ils divisent leur main-d'œuvre absolument comme à Paris, c'est-à-dire que chaque ouvrier a sa spécialité : l'un fabrique la broche, l'autre le bracelet, un troisième la bague, etc. Les produits sont plus vite faits et d'une meilleure exécution. Les renseignements que j'ai pris à mon dernier voyage m'ont convaincu que ce mode était toujours en vigueur.

Je comptais joindre à ce résumé quelques dessins que j'ai relevés à Londres pendant mon court séjour, trop court, puisqu'il était interdit de dessiner devant les vitrines, mais le temps m'a manqué pour les achever. Aussitôt qu'ils le seront, je les mettrai à la disposition de la Chambre de commerce, si elle le désire, ainsi que j'en donnerai connaissance à mes confrères.

En terminant, qu'il me soit permis de remercier la Commission ouvrière de son concours éclairé et bienveillant.

Condamin.

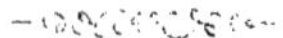

BIJOUTERIE EN FAUX

Fier des suffrages de mes confrères, je me suis attaché à remplir ma mission avec un zèle scrupuleux ; mais on doit comprendre quelles étaient les difficultés résultant de la différence de mœurs et de la différence de langage. Il est mille détails qu'on peut recueillir dans une conversation, parce qu'un sujet en amène un autre, et sur lesquels on ne peut qu'insuffisamment se renseigner lorsque le secours d'un interprète est nécessaire. J'ai fait cependant toutes les démarches qu'il m'a été possible de faire, de concert avec un adjoint à la délégation ; aussi j'ai conscience d'avoir accompli le devoir qui m'était incombé.

Le travail que je présente est de peu d'étendue, par la raison que la bijouterie fausse, dont j'avais à m'occuper, ne se fabrique pas à Londres, mais à Birmingham, où je n'ai pu me rendre à cause de l'éloignement.

L'Exposition possède très-peu de produits de notre spécialité lyonnaise, ni même de variété s'en rapprochant. Je n'y ai vu que ceux de la maison Robinéau fils, avec lesquels, à mon grand regret, je n'ai pu comparer aucun de nos produits, Lyon n'ayant pas exposé. Cela est d'autant plus fâcheux, que M. Lorrain-Durafour, un des fabricants les plus importants de l'Europe, aurait pu figurer avec avantage à l'Exposition et soutenir brillamment notre réputation. Le défaut de place a, m'a-t-on dit, fait rejeter plusieurs demandes adressées par le chef de cette maison, à l'effet d'être classé au nombre des exposants.

L'ensemble des produits de M. Robineau ne présente rien de remarquable. Les médaillons et les médailles à deux ou trois trous, argent et cuivre, sont d'une fabrication peu soignée en général : les médailles argentées sont très-blanches et d'un bel argentage.

Le peu de bijouterie prussienne exposée se rapproche du genre de nos articles, sans être jolie ; la gravure en est lourde et la fabrication mal soignée. J'ai toutefois remarqué une faible collection de perles en verre soufflé, assez belles et d'une bonne régularité.

La pierrerie de Bohême, une des matières de première nécessité dans notre industrie, et qui forme un des principaux articles de la bijouterie lyonnaise (la bague ou l'épingle), nous est pour ainsi dire inabordable, à cause de l'élévation des droits douaniers, sans que cette prohibition profite aux quelques verriers manufacturiers qui fabriquent ou plutôt retaillent les pierres, dans les environs de Saint-Claude.

Les pierres destinées aux bijoux ne se font pas en France : tirées des provinces bohémiennes, elles coûtent sur place de 2 fr. à 2 fr. 50 le kilo, auquel prix il faut joindre le chiffre exorbitant de 7 fr. 50 prélevé par la douane, ce qui, avec le transport et la retaille, dont les verriers comtois ont conservé le monopole, nous les fait revenir de 11 à 12 fr. le kilo. Ce prix, trop élevé, nous empêche de les employer, et chaque jour voit diminuer la fabrication d'un des plus importants produits de la bijouterie lyonnaise, dont la réputation était cependant colossale dans les pays étrangers. L'Allemagne nous oppose un bon marché qui amènera notre ruine, puisque, en réduisant les salaires au plus minime chiffre, nous ne pouvons soutenir la concurrence. Je ne donnerai qu'un exemple à l'appui de mon dire : la bague à pierre, que M. Lorrain-Durafour et les autres fabricants de Lyon ne peuvent fournir au-dessous de 1 fr. 60 c. à 1 fr. 65 c. la grosse, est livrée par les Allemands au prix de 75 centimes. Moins de la moitié !

Paris et Lyon étant les deux villes qui emploient la plus grande quantité de pierres de Bohême, il serait à désirer que les droits d'entrée fussent supprimés pour elles. C'est une somme énorme que 7 fr. 20 c. payés pour une marchandise coûtant 2 fr. seulement. Si l'on songe que les produits de la bijouterie à pierre, tels que les bagues, les épingles, les boucles d'oreilles et les bracelets, se vendent non-seulement en France, mais font l'objet d'un commerce étendu à l'étranger, puisque l'exportation en a lieu dans la proportion de 90 % de la fabrication, on se rendra facilement compte du tort que nous cause le prix excessif des pierres et du grand nombre d'affaires qu'il empêche de réaliser à nos fabricants.

En portant ces faits à la connaissance publique, je pense provoquer l'attention de la Chambre de commerce, qui, je n'en doute pas, signalera à M. le Ministre le moyen de remédier à un état de choses aussi déplorable.

Il était de mon devoir d'étudier attentivement la nature de l'acier, base fondamentale de nos travaux. L'acier anglais m'a paru être d'une qualité supérieure à celui de France ; son emploi est plus avantageux, il est gras et doux, de grain moins sec, ne se casse pas autant, et il offre l'avantage de n'égrener point après la trempe, chose très-importante, surtout dans la fabrication de nos médailles dites à la virole.

L'acier de la fabrique de MM. Libert et Cie, de Boulogne-sur-Mer (classe 32, n° 3168), dont j'ai vu et apprécié les échantillons, m'a paru réunir ces conditions. Cet acier, laminé à froid, ne doit se forger que chauffé à la couleur cerise et seulement sur le plat, afin de conserver toutes ses qualités. Ainsi travaillé, il prend parfaitement la trempe, devient très-dur trempé à faible chaleur et ne se refoule pas ; il acquiert en plus, comme la généralité des aciers anglais, un poli fin et brillant. Il en résulte que, indépendamment de l'économie de fabrication, l'ouvrier à la tâche, n'étant pas obligé de repolir son tas, réalise un bénéfice qu'on peut évaluer à un dixième du travail produit.

Ce poli s'obtient à l'aide de l'oxyde d'étain.

L'acier Hunsmann présente les mêmes avantages et des qualités semblables.

Ces aciers, rendus dans notre localité, ne coûteraient guère plus que ceux des fabriques avoisinantes, et je suppose même, sans cependant l'affirmer avant des essais sérieux, qu'on aurait bénéfice à les employer de préférence aux autres ; sinon, la fabrication y trouverait du moins des avantages réels.

Les meilleurs aciers proviennent de Sheffield ; quant aux cuivres, leur centre de commerce est à Birmingham.

L'aluminium employé dans les médailles produit des résultats heureux et satisfaisants. Les gravures viennent sans difficulté sur ce métal tendre, qui prend parfaitement le poli. Il se récrouit au frappage suffisamment pour posséder la consistance nécessaire et produit de jolies médailles, surtout lorsqu'elles sont frappées en virole. Avec l'aluminium on peut fabriquer des médailles inoxydables bien plus légères que celles de cuivre, et qu'on pourrait établir et vendre à un prix tenant le milieu entre celui de la médaille de cuivre et celui de la médaille d'argent.

L'aluminium en lingots vaut 120 fr. le kilo ; allié au dixième avec le cuivre de Sibérie, il produit un joli bronze très-dur et inoxydable, et devient excessivement beau à la dorure ; employé pour coussinets, il présente un précieux avantage, en ce que l'huile ne *grippe* pas. En somme, ce métal est destiné à une foule d'emplois.

L'exposition de M. Lambert, de Paris (classe 31, n° 2986) offre de jolis échantillons de paillons de différentes couleurs, au prix de 13 fr. les cent feuilles, de 21 sur 33 centimètres.

Les expositions de MM. Mangin aîné et Cⁱᵉ, de Paris (classe 32, n° 3164), et de M. Lepaye, de Paris (classe 32, n° 3163), laissent voir de très-belles limes en acier fondu.

La dorure anglaise de divers genres est sous tous les rapports de beaucoup supérieure à la dorure française : la bijouterie est dorée de couleur mate très-belle; mes nombreuses tentatives pour rechercher les causes de cette supériorité n'ont pas été couronnées de succès. Plusieurs nationaux m'ont assuré que ce résultat était dû à une certaine influence de l'atmosphère de Londres. Je ne me prononcerai pas à cet égard. Je dois cependant faire connaître une recette obtenue à grand'peine, destinée à la mise en couleur de cent grammes de bijouterie d'or :

Alun.	200 grammes.
Salpêtre.	70 —
Sel blanc.	70 —

Il est expressément recommandé de ne pas introduire d'acide muriatique dans ce mélange.

Le titre de loi anglais ne dépasse pas habituellement 16 carats, ou 666 millièmes.

L'acier vaut à Londres 200 fr. les cent kilos.

Les cuivres anglais valent à Londres de 235 à 240 fr. les cent kilos, soit 240 ou 245 fr., rendus franco à Paris.

Les cuivres Chili propres au laminage coûtent à Paris de 240 à 245 fr., suivant la qualité.

Les cuivres jaunes en planches valent à Londres 265 fr. les cent kilos.

Le fil cuivre similor n° 12 vaut 330 fr. les cent kilos.

Le maillechort laminé, 660 fr. les cent kilos.

L'étain de Norwége, 330 fr. les cent kilos.

Le zinc, 66 fr. les cent kilos.

N'ayant pu visiter d'atelier de bijouterie fausse, puisque, ainsi que je l'ai dit, toute la fabrique a son siége à Birmingham, je me suis rabattu sur les ateliers de gravure et d'estampage pour l'équipement militaire. Les tas et les matrices se trempent par les procédés usités à Lyon, c'est-à-dire à la chute; l'outillage, comprenant les moutons, les découpoirs, est généralement inférieur au nôtre et tenu en mauvais état. Les Anglais, dont le charbon de terre contient moins de soufre que le nôtre, recuisent leur cuivre même à un foyer : il est par suite moins oxydé que celui dont nous nous servons. Ils emploient pour leurs soudures des lampes à gaz, dont la flamme vive et chaude abrége considérablement le travail. Le prix de la graisse que nous employons couvrirait au-delà celui de la dépense de gaz, et on bénéficierait toujours par l'accélération du travail et le temps qu'on pourrait mettre à le soigner mieux.

Les ouvriers estampeurs de Londres sont généralement employés aux pièces ; ils travaillent de huit à dix heures par jour, sans jamais excéder ce chiffre, et gagnent par semaine environ 60 shellings, c'est-à-dire 72 francs. Quittant le travail tous les samedis à deux heures, par suite d'une coutume anglaise, les ouvriers n'ont en fait de présence à l'atelier que cinq jours et demi sur sept.

Les ouvriers anglais sont pour la plupart payés toutes les semaines, et les salaires ne s'accordent pas journellement, mais hebdomadairement, contrairement à l'usage qui nous régit.

Je dois, avant de terminer, faire un éloge mérité des artisans anglais auxquels nous nous sommes adressés. Malgré la difficulté de converser avec eux et la nécessité de nous faire accompagner par un truchement, nos seuls titres de délégués nous ont fait accueillir cordialement, et nous n'avons rencontré que franchise et complaisance.

Je regrette de n'avoir pu obtenir davantage de matériaux pour donner plus de valeur à ce modeste travail. Tel qu'il est, je prie mes camarades de l'agréer et de croire que j'ai fait tout ce que ma mission m'indiquait.

CUZIN.

BRONZES

Selon l'engagement que j'avais pris en acceptant le titre de délégué, j'ai examiné sérieusement les produits de l'industrie à laquelle j'appartiens, exposés par chaque nation.

L'Angleterre n'est représentée que par quelques lustres et candélabres en feuilles, de style grec, dans lesquels n'entre que peu de ciselure et point de modelure. Cette puissance est bien loin d'égaler la France, surtout sous le rapport des bronzes d'art.

L'Autriche, la Prusse et la Belgique peuvent être placées sur la même ligne ; toutes trois ont exposé des objets semblables, c'est-à-dire des lustres en bronze fondu, style gothique, bien inférieurs, et de modèles surannés que nous avons délaissés depuis longtemps.

La France et surtout Paris ont conservé une prédominance remarquable sur les autres pays, qui ne peuvent soutenir aucune comparaison. Rien n'égale les productions parisiennes, telles que groupes, statues, candélabres, lustres, style gothique et renaissance.

J'ai admiré une corbeille portée par un groupe d'enfants, de la maison Denière, de Paris.

Des bronzes d'art fort remarquables sortent des maisons Barbedienne, Paillard, Graux-Marly, Ranigo frères et Bachelet.

MM. Chaumont et Languereau ont exposé de grands candélabres, des lustres, style renaissance et Louis XV, d'un beau travail et d'un fini achevé. Je n'ai rien vu qui soit semblable dans les vitrines étrangères.

Ce qui m'a bien étonné, c'est que Lyon, si renommé pour ses bronzes d'église, n'ait rien exposé de ce genre.

Au résumé, les produits français sont d'une supériorité éclatante, et il me parait que nous n'avons rien à envier aux autres puissances, comme art ou moyens d'exécution.

J.-B. PERRICHON.

CARROSSERIE

Menuiserie en voitures

Chargé par la Commission de recueillir tous les renseignements relatifs à la confection des caisses de voitures anglaises, j'ai visité d'abord et avec un grand soin les produits de ce genre contenus dans l'Exposition ; mais, ne pouvant encore me former un jugement exact et suffisant, je me suis rendu successivement dans les principaux ateliers de la ville, et voici les détails qui m'ont paru mériter l'attention de la Chambre de commerce :

1° Les caisses de voitures fabriquées à Londres ont une certaine supériorité sur les produits français, ce qui provient de deux causes : d'abord des bois employés, qui sont le frêne et l'acajou, ensuite du fini du travail, bien plus minutieux que le nôtre. Toutes les parties des caisses sont à entailles et fixées avec des vis, tandis que les mêmes parties sont, à Lyon, clouées et collées. Les caisses anglaises sont aussi mieux ferrées, ce qui les rend plus lourdes, mais plus solides.

Quant aux bois, l'acajou, dont on se sert de préférence, m'a paru l'emporter sur le noyer, bois que l'on emploie d'ordinaire en France pour les panneaux, l'acajou se prêtant mieux aux volontés de l'ouvrier ; de plus, les bois anglais sont moins chers que ceux de France.

Le mètre cube de frêne, en première qualité, coûte à Londres 100 fr. : en France, on le paie de 100 à 140 fr.

Les panneaux d'acajou en trois lignes sont cotés à Londres 20 centimes le pied carré.

Cette part faite à la supériorité anglaise, je déclare que l'exécution est tout à l'avantage des Français, grâce à un outillage mieux entendu et composé de pièces plus délicates ; les outils anglais sont généralement massifs et beaucoup plus grands que les nôtres, ils sont aussi moins variés, mais leur coupant (l'acier) est d'une trempe meilleure que celle de l'acier français.

L'ouvrier de Londres travaille lentement, nous sommes plus habiles ; puis, au lieu de préparer et de finir toutes les pièces d'une caisse avant de les monter, il les détaille, les finit, les ajuste et les monte une à une. Notre procédé, qui consiste à préparer et achever, d'après un plan, la totalité des pièces, pour ne les monter qu'ensuite, me paraît devoir être préféré ;

2° A Londres, le prix de revient des caisses de voitures s'établit de la manière suivante :

Landau. — Pour l'ouvrier, 375 à 400 fr. ; pour le patron, 650 fr. — Prix de la voiture achevée, 4,800 fr.

Calèche et *sociable*, ou *vis-à-vis*. — Pour l'ouvrier, 200 fr. ; pour le patron, 362 fr. — Prix de la voiture achevée, 3,000 fr.

Phaéton et *poney-chaise*. — Pour l'ouvrier, 125 fr. ; pour le patron, 250 fr. — Prix de la voiture achevée, 2,500 fr.

La journée de l'ouvrier varie entre 7 fr. 50 et 10 fr. ;

3° Un des principaux moyens de supprimer la concurrence est de nous procurer des bois de frêne aussi beaux et aux mêmes prix que ceux de Londres ; de remplacer dans les panneaux le noyer par l'acajou, enfin de n'employer que des outils en bon acier, ce qui nous a manqué de tout temps. A l'aide de ces améliorations, nous pourrions égaler les produits anglais et même les dépasser en bonne confection.

L'aspect général des voitures fabriquées à Londres est d'une lourdeur qui jure auprès de nos voitures françaises, si sveltes et si légères. A mon retour, je me suis rendu dans les ateliers parisiens, où j'ai constaté cette supériorité d'une façon toute spéciale ;

4° Parmi les carrossiers anglais remarquables par leurs travaux, je puis citer MM. Nurse et Cie, Adelberg, G. Briggs et Cie, Hall et fils, Edward fils et Chamberlayne, Rigby et Robinson, Margan's, etc.

Telles sont les observations que j'ai été à même de recueillir, en mettant tous mes soins à en contrôler l'exactitude. Comme complément, je renvoie aux rapports particuliers de mes collègues et au résumé collectif que nous avons dressé de concert.

J. MEYER.

Charronnage

Après avoir examiné attentivement les produits de la carrosserie anglaise et ceux des autres nations, j'ai reconnu, dans certains détails, les voitures anglaises supérieures aux voitures françaises. En abordant chaque partie de la carrosserie, je me ferai mieux comprendre, et nous pourrons mieux constater la supériorité ou l'infériorité de l'une et l'autre nation, qui sont seules dignes d'être mises en parallèle.

Caisses. — Les caisses de voitures ont des coupes élégantes, des contours gracieux et parfaitement exécutés. J'ai remarqué que les menuisiers anglais mettent beaucoup de renflement et de devers, ce qui donne des places plus spacieuses, sans augmenter la largeur des trains et les voies des roues. Il ne faut cependant mentionner que les voitures sortant des meilleurs ateliers de Londres, et par conséquent les mieux finies, car beaucoup d'autres laissent à désirer.

Dans les principaux ateliers de Paris, j'ai trouvé des voitures dont la confection des caisses et l'exécution générale pouvaient parfaitement rivaliser avec celles des voitures anglaises.

Les causes de notre infériorité dans la partie que je viens de signaler sont, selon moi, premièrement dans l'emploi du bois que nous ne pouvons nous procurer en France, à moins d'y mettre un prix du tiers plus élevé. Le bois employé à Londres pour la confection des caisses et surtout des panneaux est l'acajou commun. C'est un bois qui n'est pas nerveux, qui ne se tourmente ni ne se fend, aussi les surfaces des caisses conservent-elles leur forme primitive. Son prix est approximativement à Londres d'un tiers plus bas que celui du noyer en France. Quelques bonnes maisons de Paris en ont déjà fait emploi, mais sa cherté y a fait renoncer.

L'acajou provient des colonies anglaises et est importé par la marine britannique. Notre commerce ne pourrait-il se procurer ce bois à un prix égal, au lieu de le retirer d'Angleterre? A Londres, le prix en est de 100 fr. le mètre cube; chez nous, le noyer servant au même usage vaut 140 fr.

La deuxième cause de notre infériorité est que l'ouvrier, étant mieux rémunéré, peut mettre plus de temps à parfaire son travail, ensuite il devient plus habile par la pratique continuelle du même travail. La carrosserie est exploitée sur une grande échelle, l'ouvrier a toujours de nouveaux modèles sous les yeux. Le dessin linéaire appliqué à cet art étant une chose familière à la plupart des carrossiers anglais, ils peuvent créer souvent et appliquer les améliorations qu'ils jugent nécessaires.

Charronnage. — Cette partie de la voiture est moins bien comprise. Le travail en est lourd et peu en rapport avec la caisse ; cependant les principales maisons de carrosserie ont exposé des voitures dont les trains sont bien exécutés. Je citerai : MM. Peters et fils, un brougham ; Aldevert, un landau ; Booker et fils, une sociable ; Roch et fils, un diorapha d'hiver et d'été. Il en est d'autres qu'il est inutile de mentionner, dont les noms ont été publiés à la distribution des récompenses.

Ces constructeurs ont introduit différentes améliorations dans les trains et les ont exécutés avec assez de légèreté. Parmi les améliorations, il faut mettre en première ligne la manière de disposer les lisoirs en cintrant le lisoir de dessous et laissant le dessus tout droit, ou même en cintrant en sens inverse, ce qui procure l'avantage de pouvoir reculer l'avant-train, tout en laissant la faculté de disposer plus convenablement les pièces supérieures. Une autre amélioration consiste à placer la cheville ouvrière dans une fourchette qui se trouve assemblée au milieu du lisoir, procédé permettant de supprimer les lisoirs cintrés.

Les sculptures sont simples. Des volutes ovales, dites à tête de poisson, terminent les bouts des pièces en bois. Cette mode est généralement adoptée à Londres et à Paris : les traverses de derrière et les crosses sont simples et du même genre de sculpture.

Les roues sont assez bien faites : on se sert le plus de rais ronds.

Différents systèmes de roues sont exposés, entre autres des roues faites à la mécanique, mais ces dernières sont grossières et de peu de solidité. Il est vrai qu'elles ne coûtent que la moitié du prix des roues ordinaires.

Paris possède des fabriques de roues qui peuvent lutter avec avantage comme prix et confection ; pourtant je conseillerai toujours l'emploi des roues faites à la main, sous le rapport de la solidité et de la durée.

Je m'abstiendrai de parler d'autres innovations, qui n'apportent aucun avantage dans la pratique. Je conclus que, pour le charronnage, nous n'avons rien à envier aux étrangers.

Forge. — Je ne dirai que peu de mots sur cette partie de la voiture, qui est traitée par un de mes collègues.

Les ferrures de voitures n'ont rien de particulier, cependant plusieurs tentatives d'amélioration ont été faites, surtout dans la forme des ressorts. J'ai remarqué un petit omnibus-breack, appelé vagonnette, et pouvant contenir huit personnes, dont les ressorts ont la même élasticité à deux ou trois qu'à huit. Ce résultat est obtenu par un deuxième ressort placé à l'intérieur du premier et lui venant en aide aussitôt que la charge est plus forte. Ce ressort ne porte que dans le milieu du premier. On pourra l'utiliser dans beaucoup de voitures.

Dans plusieurs véhicules anglais, les ressorts horizontaux de derrière sont cintrés en contre-bas sur les bouts, ce qui facilite le montage de la voiture, en la mettant plus près de terre malgré l'usage de roues hautes.

Quelques voitures anglaises présentent de jolis travaux de forge; mais, dans la plupart, il reste à désirer sur ce point.

Matières premières. —Les prix des fers d'Angleterre, de Suède, et des aciers pour ressorts, de Sheffield, sont environ les mêmes que ceux de France.

Les prix proportionnels des voitures peuvent, je crois, s'établir sur la base suivante :

> Un landeau anglais bien confectionné, 4,800 fr.
> La même voiture à Lyon ou à Paris, 4,400 fr.

Salaires.—Les salaires journaliers de Londres sont ainsi fixés :

> Un premier ouvrier forgeron, 8 à 10 shellings (1).
> Un premier ouvrier charron, 8 à 10   —
> Un premier ouvrier sellier,   4 à 5   —

Ces ouvriers font dix heures de travail par jour et cinquante-cinq heures par semaine. On ne travaille qu'une demi-journée le samedi.

Voici les prix de Lyon :

> Un premier ouvrier forgeron, 5 fr.   » à 6 fr. 50 c.
> Un premier ouvrier charron, 4 fr. 50 à 5 fr. 50 c.
> Un premier ouvrier sellier,   4 fr.   » à 5 fr.   » c.

Les moyens que je propose pour soutenir la concurrence sont, après mûres réflexions, les suivants :

1° Instituer à Lyon une école gratuite de dessin linéaire appliqué à notre industrie, avec des hommes de l'art pour professeurs, ou tout au moins encourager la fondation de cette école, soit par la concession gratuite d'une salle, soit par d'autres moyens;

2° Autoriser des réunions d'ouvriers, qui auraient pour but l'étude mutuelle; par l'examen de plans, de dessins venant de Paris ou d'Angleterre, et la lecture d'ouvrages spéciaux, chacun pourrait acquérir une instruction première, et compléter, en les soumettant à la discussion, ses idées d'invention ou d'amélioration;

3° La connaissance de la langue anglaise étant d'une grande utilité, il serait à désirer qu'on en établît un cours gratuit, qui pourrait être pro-

---

(1) En monnaie française, le shelling vaut de 1 fr. 20 à 1 fr. 25 c.

fessé dans le local des réunions, concurremment avec le cours de dessin ;

4° Transport par la marine française des bois propres à notre industrie, afin d'éviter l'élévation de prix que leur fait subir leur passage par
les mains des Anglais ;

5° Organisations fréquentes d'excursions ouvrières par la Chambre de
commerce, en déléguant des hommes capables et en se servant du mode
employé pour la délégation présente.

BOUVARD.

Sellerie-Carrosserie

Il résulte de ma conviction que les produits anglais sont les plus
dignes de fixer notre attention par différents points. Les cuirs vernis, particulièrement ceux pour capotes, sont d'une souplesse parfaite,
d'un très-beau noir ; le vernis, ne portant aucune épaisseur, craint moins
l'action de la chaleur ou celle du froid ; il est, en outre, beaucoup plus
dur et ne se raie pas, lors même qu'il est lavé par une main mal habile.

Pour la fabrication de leurs peaux vernies, les Anglais font choix de
jeunes sujets, dont ils préparent la peau à demi-nourriture (terme de corroyeur) ; ils la lissent ensuite sans trop l'étirer, la vernissent et la grè-
nent. Malgré tous ces soins, la peau se livre au prix de 70 fr. les 4 mètres
carrés. En France, les cuirs employés pour voitures proviennent généralement de taureaux ou forts bœufs, dont on fend la peau en deux ou même
en trois parties. La fleur est préparée pour les capotes, c'est-à-dire étirée le
plus possible et grénée avant de vernir, car je crois que le vernis employé ne pourrait subir cette opération. De la même dimension que les
cuirs anglais sus désignés, ces vernis coûtent de 82 à 86 fr. Ils ont l'inconvénient de se retirer beaucoup, parce qu'ils ont trop été étirés lors de
leur fabrication.

Les draps anglais sont de belles nuances, souples et bien tondus ; ils
peuvent rivaliser avec les draps français, si l'on ne dépasse pas 12 fr. 50.
En qualités supérieures, les draps français sont préférables . mais
comme nuances j'accorde la primauté aux draps anglais.

Les galons sont simples de dessin et légers de fabrication ; ceux ombrés sont d'une nuance mal rendue. Les Anglais comprennent bien ce défaut, aussi ils emploient plutôt des galons d'une couleur bien tranchée, telle que jaune, blanc, bleu ou vert, le moins possible, toutefois. Ils suppriment le tirant de glace et la crémaillère dans beaucoup de leurs voitures, les prix en étant de 2 fr. 70 le mètre pour le large. Je n'ai rien vu d'avantageux dans cette partie.

Les garnitures de maroquin bleu ou vert ont la préférence pour les voitures découvertes dites sociables. Les peaux sont très-grandes (1 mètre 20 à 1 mètre 30 de long sur 1 mètre de large), plus douces que les nôtres, bien égalisées et sans aucune veine au centre de la peau ; le brillant en est moins vif, mais il se conserve plus longtemps. Le prix d'un beau maroquin est d'environ 8 fr. La même grandeur, en France, se paie 12 fr.

La toile-cuir, dite américaine, possède une remarquable perfection pour la souplesse et peut résister aux plus fortes gelées, en même temps qu'elle est extrêmement maniable. Elle imite encore toutes espèces de peaux, la vache, le maroquin, la peau de chagrin, au point de tromper l'œil d'un praticien. Son prix est plus bas qu'en France. D'après les renseignements pris à l'Exposition, elle se trouverait chez MM. Vilson, Valker et Cie, Shakespeare street, au prix de 3 fr. 10 c. les 92 centimètres, sur une largeur de 115 centimètres, quelle que soit la couleur.

Les toiles à parquets sont d'une force extraordinaire et solides au dernier point ; elles sont, en revanche, d'un mauvais dessin, de médiocres couleurs et n'ont pas de brillant. Les lanternes et poignées de voitures sont, à Paris, beaucoup plus belles.

Les cuirs forts vernis, pour extérieur, sont très-beaux et très-durs et ne sont pas sujets à se rayer, comme ceux des fabriques françaises. J'avoue cependant que de certaines maisons font aussi bien que les produits anglais.

Les cuirs pour garde-crotte ont les mêmes avantages que les précédents. La vache et le veau sont d'une jolie force et bien dressés en épaisseur.

Les soieries et reps en couleurs claires, de Lyon, sont préférés pour les dessins. Mais, d'après le dire de M. Morgan, carrossier londonnien, le coton employé pour le reps ne serait pas bon teint, ce qui détourne les fabricants des produits de Lyon.

Pour la garniture, je n'hésite pas à donner la préférence aux travaux français.

J'ai remarqué une calèche de la maison Peters et fils, garnie en maroquin vert, dont la garniture est arrondie sur les angles par des morceaux de bois rapportés dans les coins, ce qui représente le dossier Voltaire, piqué plat, très-mince de rembourrure ; les portières lisses avec poche, la capote tendue sans accessoires, avec la crémaillère et toute espèce d'ornements intérieurs supprimés. Le siége, en cuir verni, est assez bien piqué, mais les coussins sont en bois recouvert de drap d'une épaisseur insuffisante de 4 à 5 centimètres; les fonds sont en molesquine noire ou en toile-cuir, et les galons sont remplacés par de la molesquine verte assortie à la nuance de la garniture. Les garde-crotte, tout bordés, produisent un assez joli effet en compliquant le travail.

En général, la garniture intérieure anglaise n'offre rien d'avantageux, et les voitures françaises sont incontestablement supérieures sous le rapport du travail et du bien-être. De plus, l'ensemble du travail français est de meilleur goût en ce qui concerne l'intérieur de la voiture de luxe.

Les journées des ouvriers anglais sont de 6 à 7 shellings, ou à peu près de 9 fr., tandis que les nôtres sont de 4 à 5 fr. L'ouvrier anglais m'a paru moins habile que l'ouvrier français, ce qui fait revenir les façons à un prix bien supérieur.

En résumé, la différence de la carrosserie française d'avec la carrosserie anglaise n'existe que dans les matières premières, leur préparation et leur bon marché. Le jour où les cuirs français pour voitures seront de même qualité que ceux de Londres, il est certain que la comparaison sera tout à notre avantage.

BOULMIER.

Peinture en voitures

Après avoir étudié et apprécié autant qu'il m'a été possible les peintures de voitures françaises et étrangères, je me résume par les lignes suivantes :

Apprêt. — Les Anglais ont l'habitude d'employer comme apprêt le *filling-up* (ou couleur d'apprêt de la maison Noble et Hoare), mélangé avec de la céruse broyée à l'huile, un peu de colle d'os et délayé avec de l'huile de lin cuite. Selon moi, cet apprêt ne vaut pas le nôtre, en ce qu'il est plus cher, s'écaille étant trop sec et tombe facilement. Comme preuve de ce que j'avance, je dirai qu'à Paris tous les peintres ont renoncé à son emploi, ce que j'ai pu constater dans la visite des principaux ateliers, faite à mon retour de Londres. Le genre d'apprêt dont on se sert à Paris et à Lyon est moins coûteux, tout en étant préférable.

Fonds. — Les fonds anglais sont assez riches, parce que les couleurs employées sont toutes de première qualité et de provenance britannique. Ce sont des bruns anglais réchampis noir, bordés de deux filets, l'un bleu et l'autre rouge.

Quelques voitures sont en marron clair réchampi vert cristalisé, glacé sur blanc, bordé d'un filet blanc et d'un filet rouge détachés. On voit aussi des fonds verts anglais de différentes nuances et des grenats, mais en petit nombre.

Les quelques bleus dont les Anglais se servent ne proviennent pas de leurs fabriques; ils les tirent de l'Allemagne ou de la maison Guimet, de Lyon.

La peinture anglaise est de beaucoup supérieure à la nôtre, lorsqu'il faut recourir à l'emploi du vermillon; le leur est de bien meilleure qualité et d'un éclat plus vif que celui de France. A Londres aucun rouge n'est glacé à la laque carminée.

Réchampissage. — Le réchampissage est généralement bien exécuté, mais surchargé, et les couleurs sont mal assorties avec le fond. En parcourant les ateliers de Paris j'ai vu beaucoup mieux.

Vernissage. — Il faut supposer que les voitures exposées ont été vernies avec le plus grand soin, et cependant je n'en ai vu que très-peu dont le brillant soit net; presque toutes font ce que nous appelons, en terme de peinture, la *toile d'araignée.*

Aucune des voitures des diverses nations ne peut rivaliser avec les voitures anglaises de l'Exposition cu avec celles de Paris, sous le rapport du brillant. Ces dernières sont, en outre, mieux décorées et arrondies. Je mets dans cette comparaison Paris en première ligne et avant Londres.

Voici les causes de la supériorité française :

Les vernis anglais, quoique de très-bonne qualité, sont trop minces pour arrondir ou remplir les côtes qui peuvent rester sur une caisse. Depuis quelque temps, à Paris, on a renoncé à les employer purs; ils sèchent difficilement et n'ont pour avantage que d'être presque incolores. Nos vernis français son plus compacts, sèchent plus vite, mais aussi ils sont plus colorés.

Les peintres de Paris, reconnaissant que les vernis anglais étaient trop sujets à se *fripper*, ont imaginé de les mélanger avec certains vernis français et, par ce procédé, ils ont obtenu une plus belle exécution.

En somme, la peinture française peut être comparée avec avantage à la peinture étrangère, sans avoir rien à lui envier.

Je ferai cependant une exception pour le *cannage* imité (canne anglaise), que les Anglais font dans la perfection et de différentes manières.

Une grande partie de leurs voitures sont ainsi cannées, quand le panneau ne l'est pas entièrement, on ajoute alors une frise qui fait paraître la caisse plus légère. Ce procédé s'exécute aussi à Paris, mais avec moins de réussite. J'espère que nous l'emploierons bientôt à Lyon.

Le cannage se fait généralement au tube sur les panneaux. A Londres, on se sert, depuis peu de temps, d'un autre procédé. Des fabricants spéciaux le vendent appliqué sur un tissage en soie ; les carrossiers n'ont plus alors qu'à découper ce tissu et à le coller sur les panneaux. Par ce moyen, le cannage est mieux fait et moins coûteux.

Malgré toutes mes recherches pour découvrir le fabricant, il m'a été impossible d'y parvenir, ce qui était, du reste, assez difficile en aussi peu de temps, dans une ville aussi grande, et ne connaissant pas la langue.

On comprendra que les ouvriers ou maîtres anglais, auxquels nous étions inconnus, se soient tenus sur la réserve, ce qui a nui aux renseignements que nous comptions nous procurer. Je n'ai pu visiter qu'un atelier, où je me suis assuré toutefois que le mode de travail et la manière de préparer les teintes sont les mêmes que les nôtres.

Les prix de main-d'œuvre, à Londres, sont plus avantageux que ceux de Paris. J'ai rapporté un tarif adopté par tous les maîtres peintres ; il est trop long pour figurer ici, mais je le tiens à la disposition de mes confrères qui voudraient en prendre connaissance.

Si les prix français de vente sont inférieurs à ceux d'Angleterre, cela ne peut provenir que de la différence des salaires, car les Anglais ont les matières premières à meilleur compte, mais leurs ouvriers sont payés beaucoup plus. En voici un exemple pris au hasard :

Londres. — Main-d'œuvre d'un landau monté à pince, non compris la canne, 150 fr.

Paris. — Même voiture, même travail. 103 fr.

Différence : 47 fr.

Cette différence est proportionnelle pour chaque voiture.

A. Racine.

Forge

Les quatre autres parties principales de la carrosserie ayant été représentées par des délégués, je me suis occupé spécialement de ce qui concerne le travail de forge.

J'ai pourtant remarqué que les caisses de Londres sont généralement élégantes et bien conditionnées ; je les crois supérieures aux nôtres. Les calèches et les landaux allongés, comme les Anglais les fabriquent d'habitude, donnent une grande facilité pour le montage.

Les Anglais évitent les embases et s'attachent à simplifier leurs trains, sans nuire à la solidité et à l'élégance. J'ai remarqué à l'Exposition des trains montés avec deux lisoirs cintrés, l'un en avant, l'autre en arrière. Ce système m'a semblé bon, en ce qu'il raccourcit le train et évite le frottement d'un rond à coulisses ; il offre en même temps plus de solidité et n'a rien de disgracieux.

A Londres, comme à Paris, une grande partie des avant-trains sont montés sans armons cintrés ; deux petits armons droits en fer supportent la jante sur le devant, les tirants de volée sont droits ou à peu près, et étampés sur champ ; un arc-boutant, qui prend sous la jante, vient former avec le tirant une gueule de loup pour recevoir le brancard ; une pièce de bois sculptée et maintenue par des boulons en détermine l'épaisseur.

Les essieux n'offrent rien de remarquable, le système Patent est employé à Londres et à Paris ; pourtant j'ai vu à l'Exposition des essieux d'un nouveau genre, qui ont une bague et seulement un écrou devant, une clavette et une rondelle en fer qui tient à la boîte. Un autre système du même genre n'a pas d'écrou enveloppant la boîte : c'est un tenon en métal maintenu sur elle par une vis tournant autour de la rondelle de l'essieu. Je ne vois là qu'une complication sans avantages apparents.

J'ai remarqué plusieurs nouveaux genres de ressorts sortis des ateliers de M. Peters, de Londres. Ces ressorts brevetés sont à pincette d'un bout, une courroie formant la crosse tient à l'autre bout. D'autres sont à pincette, ainsi que nous les faisons en France, avec cette différence que le ressort de dessus, formant la crosse des deux bouts, est fixé à celui de dessous par une courroie de chaque bout, d'environ quatre centimètres de long. Ce système est défectueux, en ce que chaque obstacle rencontré par la roue imprime à l'essieu un mouvement de va et vient d'avant en arrière, qui doit donner beaucoup plus de tirage, surtout dans les mauvais chemins.

Le montage de derrière est beaucoup mieux ; les crosses sont presque toutes en fer ciselé, les ressorts de crosses sont comme nous les faisons ordinairement, mais la plupart n'ont pas de ressorts en travers ; des mains simples ou à fourches, fixées à la caisse, viennent prendre le ressort d'essieu, qui se trouve cintré en contre-bas de trois à quatre centimètres, suivant que le montage l'exige. Ce système joint la solidité à l'élégance, tout en économisant un ressort.

Dans toutes les voitures anglaises d'un certain prix, les mains et toutes les pièces principales (les essieux exceptés) sont en étoffe, ou acier corroyé; par cela, les pièces sont plus légères et plus solides; le bois est très-mince et seulement ajouté aux ferrures pour leur donner de la tournure, de là l'élégance des grandes voitures, telles que calèches et landaux.

Des carrossiers parisiens ont déjà adopté ce mode de montage; les avantages à en retirer sont très-grands : l'acier corroyé ne coûte guère plus que le bon fer, et, comme il en faut moins, le prix de revient doit être à peu près le même. Les voitures ainsi montées ont un cachet gracieux et léger qui flatte la vue, en même temps qu'elles réalisent l'avantage d'être d'un moindre poids que les autres. Ainsi j'ai vu un coupé très-élégant, monté d'après ce système et exposé par la maison Henry Angus, qui pèse moins de 350 kilos.

Un chariot de la maison Rendall présente un système de montage que l'on peut employer avantageusement pour les grands breacks ou fourgons destinés tantôt à supporter de lourdes charges, tantôt à marcher à vide : un ressort placé en travers et fixé sous la caisse, au-dessous de l'essieu de derrière, dont les bouts sont écartés d'environ dix centimètres, ne fonctionne pas quand la voiture est vide et laisse aux ressorts d'essieu tout leur mouvement; mais, dès que la voiture est chargée, les bouts du ressort viennent porter sur l'essieu, près des patins, ce qui donne une force nouvelle aidant aux ressorts d'essieu, en évitant la secousse produite par un tasseau que l'on met quelquefois.

Une voiture exposée par MM. Rogers, Williams et Cie, mérite aussi d'être mentionnée : elle peut prendre quatre formes différentes. C'est d'abord une vagonnette; en supprimant les dossiers et en abattant le derrière de la caisse, on en fait un dockart. En refermant la portière et en y rapportant une impériale, cette voiture se transforme en un petit omnibus bourgeois très-beau. Enfin, par la suppression de l'impériale et en rabattant une portière qui forme marche-pied de chaque côté de la caisse, c'est un phaéton. Ces différentes transformations donnant à la voiture plus ou moins de poids, on a imaginé un système de ressorts doubles, c'est-à-dire deux ressorts à pincette l'un dans l'autre, réunis dans les bouts par des caoutchoucs, qui font éviter le bruit, et maintenus au milieu par un tourillon. Lorsque la voiture est peu chargée, le premier ressort supporte tout, mais, dans le cas contraire, les ressorts du milieu lui viennent en aide et ils sont alors unis les uns aux autres. Ce système de ressorts est très-bon, mais il n'est pas gracieux. Le train est tout en acier et d'une forme originale, qui, je le crois, ne serait pas prisée en France.

Un petit omnibus, sorti des ateliers de MM. Royers et Cie, est monté très-simplement sur un avant-train à pincette; le montage de la partie postérieure consiste dans un ressort maintenu aux côtés de la caisse par une main de chaque bout. Ce qui est remarquable, c'est le genre de capote se rabattant de chaque côté comme celle d'un landau, avec compas devant et derrière. Le mérite de ce système ne consiste pas dans sa beauté, très-médiocre, mais dans la facilité d'avoir au besoin un omnibus qui se découvre de chaque côté.

MM. Morgon, de Londres, ont inventé un mécanisme qui, au moyen d'une vis placée comme celle que nous employons pour la mécanique à enrayer, permet au cocher, sans quitter son siége, d'abattre et de relever la capote d'un landau ou d'un phaéton quatre fois dans une minute. Les ferrures, très-simples, sont placées dans la garniture, de manière à ne paraître ni à l'intérieur ni à l'extérieur ; ce moyen est excellent, et nous le verrons bientôt en usage à Lyon.

J'ai remarqué un landau monté à huit ressorts, dont le train était verni sur bois, et aux ferrures en acier poli. Ce landau, admirablement construit, est un travail d'exposition et a été acheté par la reine d'Angleterre.

A Londres comme à Paris, les garde-crotte, les ailes et généralement toute la ferrure de caisse n'offrent rien de remarquable ; nous faisons aussi bien et du même genre à Lyon. Les Anglais les cintrent en avant pour dissimuler l'écartement des roues.

L'entrée des ateliers est assez difficile ; je n'ai pu pénétrer que dans une maison, et encore les réponses ont été évasives. J'ai cependant su quels étaient les prix du fer et de l'acier : ce sont les mêmes qu'en France, mais la qualité en est bien meilleure.

Les voitures coûtent généralement à Londres un peu plus qu'à Paris, et à Paris plus qu'à Lyon. Cette différence de prix provient sans doute du salaire des ouvriers, qui n'est pas le même. Un premier forgeur gagne à Londres 8 et 9 shellings par jour, suivant sa capacité ; à Paris, il gagne 8 fr., et à Lyon de 6 à 7 fr. Les ouvriers travaillent à Londres cinquante-cinq heures par semaine, à Paris, soixante, et à Lyon, soixante-six.

Il n'entre pas dans ma tâche de faire la description de toutes les voitures exposées, cela mènerait trop loin. Il me suffira de dire que, mes collègues et moi, nous nous mettons à la disposition de nos camarades, pour répondre aux demandes qu'ils voudront nous adresser.

P. HUDRY.

RÉSUMÉ

Si, dans ce résumé, nous n'établissons de comparaison qu'entre la carosserie française et anglaise, c'est que les produits exposés par toutes les autres nations sont inférieurs aux nôtres et que nous ne croyons pas dangereuse leur concurrence. La carrosserie française n'en a qu'une sérieuse à redouter, c'est celle de l'Angleterre. Après avoir avec attention et impartialité examiné, tant à Londres qu'à Paris, les voitures de tout genre, visité les ateliers, nous sommes obligés d'avouer que, si notre industrie a, en France, le dessus sous certains rapports, les Anglais nous sont supérieurs dans beaucoup de cas. Cette supériorité provient moins du goût, de la main-d'œuvre, du savoir-faire des ouvriers, que des fournitures et matières premières employées par les Anglais, telles que bois, fer, acier. cuirs, couleurs, etc., qui sont de meilleure qualité que les nôtres et qui surtout — chose importante à remarquer — coûtent moins, ainsi qu'on a pu s'en assurer par la lecture des rapports précédents.

Les Anglais achètent en fabrique presque toutes leurs pièces de forge, ce qui leur procure une grande économie de travail. Ils n'emploient guère d'autres produits que ceux de leur pays, tirent les bois directement de leurs possessions d'outre-mer, tandis que la plupart de ceux que nous employons passent forcément par les mains des commerçants anglais, qui nous les revendent en réalisant d'importants bénéfices.

Malgré ces avantages incontestables, ils vendent plus cher que nous leurs voitures.

Un landau, qui coûte à Londres 4,800 fr., ne coûte à Paris que 4,400 fr., et à Lyon 4,200 fr., et les prix des autres voitures sont dans ces proportions.

On ne peut attribuer cette différence dans les prix de vente qu'à l'augmentation de la main-d'œuvre. Les ouvriers gagnent en Angleterre plus qu'en France, en ne travaillant que cinquante-cinq heures par semaine, pendant que nous travaillons soixante-six heures à Lyon. Les Anglais sont moins expéditifs que nos ouvriers français : nous avons pu nous assurer de ce fait.

Il est à remarquer qu'avec des marchandises inférieures nous exécutons cependant mieux certains travaux. Citons seulement la confection de la garniture, dont les Anglais n'approchent pas.

Si nous possédions leurs produits de fabrique et leurs matières premières aux mêmes prix, nous ferions mieux qu'eux et à meilleur compte. La concurrence ne serait pas à redouter.

La carrosserie a fait à Lyon, depuis vingt ans, d'immenses progrès ; elle peut et doit en faire encore.

Nous avons des travailleurs dont l'intelligence ne demande qu'un appui et une bonne direction pour se développer. Le moyen à employer le plus efficace est d'ouvrir un cours gratuit de dessin appliqué, ainsi qu'il a été dit plus haut. Nous avons des praticiens-ouvriers capables de diriger ce cours ou de semer les premières idées d'amélioration, que des réunions serviraient à mûrir et à mettre en pratique. Notre industrie prendrait alors un essor extraordinaire.

Nous prions la Chambre de commerce de songer aux vœux que nous émettons et de les soumettre à qui de droit ; leur réalisation procurerait de grands avantages à la profession.

MEYER.   A. RACINE.
BOULMIER.   P. HUDRY.
BOUVARD.

CHAPELLERIE

Appelés par les suffrages de nos confrères à l'honneur de faire partie de la délégation lyonnaise qui s'est rendue à l'Exposition de Londres, nous venons rendre compte de la mission qui nous a été confiée. Nous ignorons encore si nous l'avons remplie avec intelligence, mais en tous cas nous avons la conscience d'avoir fait nos efforts dans ce but; tel a été du reste l'objet de nos constantes préoccupations.

Pénétrés de l'importance de notre mandat, nous n'avons pas manqué un jour, pendant le temps que nous sommes restés à Londres, de nous rendre à l'Exposition, afin de bien constater si nos impressions du moment étaient en parfaite concordance avec celles de la veille. C'est donc sans prévention, l'esprit dégagé de toute opinion préconçue, que, juges du camp à ce grand tournoi industriel, nous allons vous exposer notre manière de voir, vous soumettre nos appréciations en ce qui concerne la chapellerie. Nous suivrons en ceci, autant que possible, les indications contenues dans le programme de la Commission ouvrière.

Chacun de nous sait, il est inutile de le rappeler, que la chapellerie lyonnaise a occupé en France, et occupait encore au commencement du siècle, le premier rang pour sa belle et bonne fabrication. Aujourd'hui, elle est tombée dans un état de déchéance, au point qu'on ne la cite plus pour ainsi dire. Quelles sont les causes de cette décadence? Si nous étions appelés à exprimer notre pensée sur ce point, nous dirions de suite et sans détours, car c'est notre conviction, que cette décadence est due en grande partie à l'inertie ou au moins au manque d'initiative de la part des patrons, qui restent stationnaires, et ne font rien pour reprendre la place que leurs devanciers ont occupée avec un certain orgueil. Cette déclaration paraîtra un peu risquée à première vue, mais nous tâcherons de l'établir par la suite.

Sans plus attendre, disons que les fabricants en général s'inquiètent médiocrement de savoir si leur industrie dégénère, leur unique tendance étant de produire beaucoup et à bon marché. Or, pour atteindre ce but, le moyen employé est toujours le même : c'est la réduction des prix de main-d'œuvre. L'ouvrier est donc obligé de suppléer à cet abaissement de salaires par une exécution plus rapide du travail, et, partant, force lui est de négliger ces soins de détail à l'aide desquels seulement on obtient le vrai fini, l'irréprochable.

Ce que nous disons là est d'une triste mais rigoureuse exactitude à l'égard de l'ouvrier fouleur, qui voit chaque jour l'ouvrage se colporter dans les campagnes, et par conséquent diminuer sa part de travail en même temps que le prix des façons, pendant que ses charges ne font qu'augmenter. La lutte est trop inégale entre l'ouvrier de la ville et celui de la campagne : tous les avantages sont d'un côté, tous les inconvénients de l'autre. L'ouvrier approprieur se trouverait placé dans des conditions moins défavorables, s'il ne lui fallait souvent lutter moralement contre les tendances à une augmentation de travail sans augmentation de salaires.

Le remède à ce fâcheux état de choses se trouverait peut-être si la concurrence, au lieu de se faire sur la vente à bon marché, s'établissait sur la supériorité des produits. Les prix se relèveraient et tout le monde y trouverait son compte. Mais laissons à de plus habiles que nous le soin de résoudre ce problème complexe et délicat, qui touche à la fois au travail, au capital et au libre échange.

La chapellerie a été assez bien représentée à l'Exposition ; il y avait des exposants de tous les pays. Le Brésil, le Danemarck, la Prusse, le Portugal, l'Italie, etc., avaient envoyé de leurs produits. La France n'a pas manqué à l'appel. Passons sous silence les pays qui n'ont pas été primés pour n'examiner que ceux auxquels des récompenses ont été accordées. Nous trouvons d'abord deux vitrines danoises, dont la première a obtenu une médaille pour des chapeaux de soie, passables comme qualité et main-d'œuvre, et où l'on remarque des chapeaux de feutre fantaisie, bien comme travail et comme garniture.

La deuxième vitrine, contient des chapeaux de soie très-ordinaires et des chapeaux de feutre andaloux, dessus casimirs, poils droits dessous, d'une assez bonne exécution. — Une mention honorable a été accordée.

Mecklembourg-Strelitz. — Deux exposants, dont un médaillé pour des chapeaux de soie, bien comme peluche, mais laissant à désirer comme main-d'œuvre.

Prusse. — Une médaille a été accordée à un exposant de Leipsik, pour des chapeaux feutre fantaisie, castor et rat musqué, unis de tête avec une bande posée sur le bord, d'une bonne exécution. Les autres produits sont des chapeaux de soie mode, inférieurs.

Angleterre. — Sur quatorze fabricants anglais qui ont exposé, quatre ont été médaillés, sauf erreur de notre part. Ce sont MM. Ellvood et fils, pour des chapeaux militaires en feutre, qui n'offrent rien d'extraordinaire, et MM. J. Asthon et fils, pour des chapeaux en soie très-bien faits; chapeaux feutre rosés, ordinaires.

Nous avons remarqué dans la vitrine de M. Christys un choix très-varié de chapeaux feutre posés, dont un teint noir et trois nuances naturelles; qualité supérieure, qui a pour cause la beauté du castor employé pour le posage; des unis mode canadiens et azurés, ainsi que des unis apprêtés et souples, basse forme, ayant un bon éclat. Les chapeaux de soie se recommandent par la belle qualité des matières, bien supérieures à celles employées chez nous. Coiffes adhérentes.

Dans l'exposition de MM. Tresse et Cⁱᵉ, nous avons également vu des chapeaux de soie de bonnes conditions, tant sous le rapport de la qualité de la peluche que sous celui de la main-d'œuvre; feutres modes ordinaires; assortiment de fantaisie assez bien réussi, le tout relevé par de belles garnitures très-proprement posées.

Les produits des autres exposants anglais le cèdent peu à ceux de leurs collègues médaillés, car les chapeaux de soie sont généralement remarquables comme fini. Les feutres, cependant, ne valent pas, à beaucoup près, ceux de la fabrication française.

On comprendra facilement le motif qui nous a fait réserver pour la fin notre mention sur l'exposition de la chapellerie française; la simple politesse l'exigeait. Nous avons compté onze exposants qui sont : pour Paris, MM. Laville, Petit et Crespin, Quénot et Lebargy, Moch, Haas, Monroy; pour Bordeaux, MM. Besson frères et Vincendon; puis Mᵐᵉ veuve Vieil et Valagnose, pour Marseille; M. Coupin, à Aix en Provence; MM. Hispa et Boquet, à Toulouse; M. Mossant fils aîné, au Bourg-du-Péage (Drôme).

Lyon, cette fois, a brillé par son absence.

Ont reçu la médaille :

MM. Laville, Petit et Crespin, pour leurs chapeaux soie et chapeaux feutre, principalement pour leurs chapeaux souples poils droits;

MM. Quénot et Lebargy, pour leurs chapeaux de feutre, castor, rat musqué, etc., et chapeaux de soie. L'industrie de la chapellerie doit à l'esprit créateur de cette maison presque tous les moyens d'emploi et les spécialités de fantaisie résultant des combinaisons des matières feutrantes;

M. Haas : chapeaux fantaisie et casquettes;

Mme veuve Vieil et Valagnose : chapeaux feutre unis, souples;

M. Coupin : chapeaux feutre unis, souples.

Une mention honorable a été accordée à M. Mossant, pour ses chapeaux unis, souples, et surtout pour des manteaux de dames très-bien réussis.

Nous croyons devoir nous abstenir de passer en revue les produits de nos compatriotes, car c'est d'après eux que nous avons pu apprécier les produits étrangers. Cette comparaison, pensons-nous, en ferait suffisamment l'éloge si les récompenses obtenues n'étaient là pour démontrer nos succès.

Voici pour nous le moment de rapporter ce que nous disions dans le sommaire que nous avons laissé entre les mains de la Commission impériale, avant notre départ de Londres.

Nous concluons que les chapeaux de feutre français, soit modes, soit souples, sont bien supérieurs aux chapeaux anglais et à ceux de tous les exposants étrangers. Cette supériorité ne provient uniquement que des moyens employés par notre fabrication, attendu que les matières sont les mêmes, il est facile de le constater.

Nous avouons avec regret que si nous avons la priorité sur les chapeaux de feutre, nous sommes inférieurs sous le rapport des chapeaux de soie, comparativement aux exposants anglais. Il est inutile de parler des autres nations : il n'y en a aucune qui puisse approcher de la fabrication française.

Voici les causes de notre infériorité :

Les Anglais, ayant du coton supérieur à celui qu'on emploie en France, peuvent faire de meilleures galettes; ils emploient, en outre, de plus belles peluches et paient davantage les façons aux ouvriers, pour obtenir de cette peluche tout le travail qu'elle peut supporter. Il est donc facile de conclure qu'avec des galettes supérieures et par suite de ce que l'ouvrier donne plus de façon aux chapeaux, puisqu'il est payé en conséquence, nos voisins obtiennent de meilleurs résultats.

Nous avons appris que plusieurs fabricants anglais avaient fait faire pour leurs chapeaux destinés à l'Exposition des peluches extra-belles, qu'ils n'ont pas craint de payer 25 francs le mètre.

Il existe une énorme différence entre les prix des façons de Londres et ceux de Lyon. Le même travail, qui est, par exemple, payé ici 1 fr., vaut à Londres 1 fr. 75 et 2 fr., et tout le reste est dans la même proportion. Cette différence des prix de façons est moins sensible entre ceux de Paris et de Londres.

Nous ne serons pas aussi affirmatifs sur les salaires accordés aux ouvriers fouleurs, attendu que toutes les fabriques sont situées hors de Londres et que nous n'avons pu obtenir aucune adresse.

Nous ne terminerons pas ce petit travail sans dire que nous avons trouvé un accueil sympathique auprès de nos confrères (les approprieurs) de Londres. Nous en avons été d'autant plus surpris, que nous étions loin de nous y attendre ; les portes se sont partout grandes ouvertes pour nous recevoir, et les renseignements nous ont été fournis avec un empressement dont la cordialité doublait le prix.

J. Roy, *fouleur*.

A. Rodde, *approprieur*.

CHAUDRONNERIE

Le court séjour que j'ai fait à Londres et le manque presque total de spécimens de chaudronnerie me forcent de restreindre l'étendue de ce rapport. Cependant je vais décrire les objets qui ont provoqué mon attention.

Les appareils pour sucreries sortant des ateliers de Liverpool ne diffèrent en rien des systèmes connus jusqu'à ce jour; ils sont en cuivre, parfaitement conditionnés et se font remarquer par leur élégance, leur solidité et le fini du travail; mais le prix en est excessif, proportionnellement à leur grandeur : ils coûtent 150,000 fr., valeur, en France, d'une usine toute montée.

Un double fond, également pour sucreries, des ateliers de Berlin, n'a de remarquable que sa grandeur et la manière heureuse dont l'ouvrier a vaincu toutes les difficultés. Sa calotte est brasée en trois pièces; elle a 4 mètres de diamètre, 2 mètres 40 d'emboutis et 8 millimètres d'épaisseur de cuivre; aucun rivet ne paraît, et il est impossible d'y trouver le moindre défaut de soudure.

MM. Cail et Cⁱᵉ ont exposé les appareils nécessaires à deux usines pour fabriquer le sucre, dont les plus beaux, très-élégants, ont été vendus au vice-roi d'Egypte. Ces appareils, qu'on peut faire fonctionner immédiatement, réalisent, assure-t-on, un bénéfice de 40 °/₀ sur les appareils connus. Je n'ai pu m'assurer du fait, soit par la connaissance du prix de vente, soit par une visite de l'intérieur, destinée à me rendre compte du résultat annoncé. Ce dont je suis certain, c'est que l'extérieur est parfaitement conditionné et élégant.

L'industrie française a eu les honneurs de l'Exposition, sous le rapport des alambics pour eaux gazeuses et distilleries. L'appareil de M. Egrot, de Paris, est le plus important; il réunit la simplicité et la commodité et peut être placé sur une voiture aussi commodément que dans une usine. Son emploi n'exige pas de capacité spéciale; un ouvrier, en peu de temps, distille parfaitement les liquides fermentés et les matières semi-fluides. De plus, son aspect est très-élégant et sa construction très-solide.

Les autres appareils de cette catégorie ne sont recommandés par aucun changement de système. Je citerai seulement celui destiné à la fabrication des eaux gazeuses, de M. Hermann, dont la petite chaudière verticale et la machine sont admirablement conditionnées, et qui produit de l'eau en abondance.

Le tuyautage, les tubes sans soudures, fabriqués à Paris ainsi que dans plusieurs usines françaises et étrangères, sont les seuls travaux qui m'ont paru mériter une attention sérieuse. Quant à la chaudronnerie en fer, elle est restée stationnaire et ne présente aucun changement.

Sauf par quelques esquisses, la chaudière de marine n'était pas représentée.

J'ai visité rapidement les ateliers de MM. Penn et de M. Maudslay. La construction des chaudières de marine y est inférieure à la nôtre, comme solidité et comme travail. Ces usines ont cependant un outillage complet, mais dont toutes les pièces sont connues de nous. Ce sont de grands fours pour la chauffe, des matrices de toutes dimensions pour la forme, etc., qui simplifient la main-d'œuvre et annulent l'habileté des ouvriers. Les Anglais forgent la tôle le moins qu'ils peuvent; ils emploient beaucoup de cornières très-solides, à angles arrondis, ce qui facilite la tâche si l'on est obligé de travailler sur plusieurs formes d'*équerrissage*. La tôle employée est de première qualité; malheureusement nous ne pouvons, vu son prix élevé, nous en servir en France pour la construction des chaudières.

La construction des locomotives est la même en France et en Angleterre, et si les appareils anglais paraissent plus purs de travail, aussi bien pour ceux qui sont exposés que pour ceux des ateliers ou ceux des chemins de fer, cette différence provient d'une meilleure application de peinture sur les chaudières anglaises.

J'ai vu une chaudière locomotive de Berlin, belle comme travail et pouvant rivaliser avec la construction française, mais dont le système ne présente rien de nouveau.

Les locomobiles de tout genre, qui sont exposés, ne diffèrent en rien de ceux déjà connus. Qu'ils soient tubulaires, à flamme directe ou à retour de flamme, je crois que l'économie de combustible est peu sensible. Quant à la variété de formes, elle est entièrement subordonnée à la volonté de l'ingénieur ou à l'usage de la machine.

Deux chaudières à foyer amovible ont été exposées, l'une anglaise, sans nom de constructeur, l'autre fabriquée par M. Farcot, de Saint-Ouen-lès-Paris. Cette dernière est à flamme directe ; la chaudière, ronde, est surmontée d'un gros réservoir de vapeur ; le foyer est également rond ; les tubes, prenant dans le foyer, correspondent, au bout de la chaudière. à une plaque tubulaire et y sont fixés ; cette plaque est ensuite boulonnée à une cornière adaptée pour la recevoir. Le foyer est supporté par des galets, lesquels, soutenus par une cornière, empêchent le moindre éboulement d'avoir lieu lorsqu'on sort le foyer et les tubes pour les nettoyer. La chaudière à retour de flamme offrirait plus de commodité pour sortir le foyer, parce que les tubes, placés tout autour, étant, en outre, fixés de chaque côté par de grosses cornières qui tiennent les plaques tubulaires, empêchent les dérangements. Du reste, il est facile de remédier à ces petites imperfections ; c'est l'affaire du constructeur. Je crois que, dans les deux systèmes, l'emploi du combustible diffère peu.

M. Chevalier, de Lyon, a construit, également pour la marine, des chaudières amovibles, locomobiles ou fixes, dont le retour de flamme a lieu par des tubes recourbés, ce qui, à mon avis, est préférable. D'un côté, les inconvénients du nettoyage intérieur sont plus grands, mais, en compensation, on profite de toute la chaleur, et les chaudières sont presque fumivores. Il est difficile de dépasser les travaux de ce constructeur pour l'élégance et la solidité.

MM. Cail et Cie ont adapté aux foyers de leurs locomotives un petit appareil fumivore. Je crois que l'économie produite ne balance pas le prix d'achat et l'entretien coûteux de cet appareil. Il est, de plus, nécessaire, pour l'alimenter, de percer le foyer (qui doit toujours être en cuivre), ce qui, par la dilatation, peut occasionner souvent de grandes fuites.

La charpente en fer ne figure à l'Exposition que par quelques modèles et des esquisses. Le pont de Mayence, sur le Rhin, est remarquable par son élégance et son étendue. Sa force est considérable, proportionnellement à sa longueur, et son exécution est des plus simples. La forme en treillis qui est employée donne un joli aspect à ce pont, dont la légèreté et la résistance sont causés par l'emploi de la tôle et des cornières.

Le modèle du pont de Lavezeronce, sur la ligne du chemin de fer de Genève, brille aussi par la simplicité, la légèreté, l'élégance et la solidité. Ce pont est à treillis, comme le précédent.

Plusieurs grues élévatoires, en tôle et cornières, sont exposées. Les unes sont mues par la vapeur, les autres par bras d'hommes. MM. Apphby frères, de Londres, ont une de ces grues, dont la flèche et le châssis sont en fonte, ce qui la rend peu maniable. La chaudière et la machine, adaptées sur le même châssis que la flèche, servent de contre-poids et facilitent l'enlèvement de pesants fardeaux.

Une grue de M. Fauconnier fonctionne par une machine. La flèche et le châssis sont en tôle et cornières, montés sur pivot fixe, la chaudière e la machine servant de contre-poids, comme à celle de M. Apphby. Cet appareil est supérieur par sa force comparée à la légèreté de sa flèche et du châssis.

M. Parent Shaken a exposé une grue dont la flèche est simple et sans cornières : deux tôles emboutées, rivées l'une à l'autre, lui donnent une force et une élégance exceptionnelles. Le châssis, entièrement en fonte, supporte plusiéurs multiples d'engrenages. Deux hommes, par la manivelle, peuvent enlever 30,000 kilos, charge ordinaire de cet appareil.

Je ne puis émettre aucune opinion concernant la construction des navires, parce que je n'ai pu visiter de chantier anglais. Les formes de ceux que j'ai vus à l'Exposition sont à peu près les mêmes que celles de nos navires ; elles accusent plus ou moins la quille et ne diffèrent que suivant la vitesse qu'on veut donner au vaisseau ou le poids dont on a l'intention de le charger. L'*Albert*, remorqueur destiné aux travaux du canal de Suez, construit l'année dernière dans les ateliers de M. Chapuis, de Lyon, rivaliserait avantageusement, sous le rapport de la forme et du travail, avec les bâtiments du même genre qui ont été exposés.

Les machines-outils de chaudronnerie laissent beaucoup à désirer ; ce ne sont que quelques cisailles ou poinçons, déjà connus. Une seule machine mérite, par sa force et sa simplicité, d'être signalée ; elle a été construite à Manchester, dans les ateliers Atlas-Yorks. Sur le même châssis, du côté opposé, mais mus par la même courroie, se trouvent la cisaille et le poinçon. Leurs excentriques opposés l'un à l'autre, donnent la facilité, sans augmenter la force, de couper et de percer, sans causer la moindre gène aux ouvriers. Cette machine coûte environ 8,000 fr., prix beaucoup trop élevé. Je suis persuadé qu'on la ferait construire en France pour 5 ou 6.000 fr.

MM. Cail et Cie et MM. Goin et Cie possèdent, dans leurs ateliers de Paris, des poinçonneuses à coulisses, qui sont d'une très-grande utilité pour les travaux importants. Un homme de peine, sur un modèle

tracé, peut, dans une journée, percer de quatre à cinq mille trous sur
tôle ou cornières de dix à vingt millimètres d'épaisseur. Ces trous sont
plus réguliers que ceux obtenus par tout autre mode. Malheureusement,
coûtant très-cher, occupant de grands emplacements et nécessitant de
fortes séries de travaux, ces machines ne peuvent être employées que dans
les ateliers de premier ordre et ne seront jamais à la portée des industriels
de seconde classe.

Pour cintrer et forger les tôles de fer et de cuivre, l'outillage et les
moyens sont les mêmes à Londres et en France.

Il me reste à émettre mon opinion sur une question importante, savoir
si l'on peut fabriquer en France à meilleur marché qu'en Angleterre. Je
n'ai pas eu le temps nécessaire pour me fixer positivement à cet égard,
mais, cependant, je crois qu'on peut répondre affirmativement, en me
basant sur la différence de salaires. L'ouvrier anglais reçoit une rétribution *double* de celle des ouvriers français, et pourtant il ne fait pas autant
de travail, d'abord parce que je le crois moins habile, ensuite parce que
sa présence à l'atelier n'est pas aussi longue.

Il est vrai de dire que les maîtres cherchent à compenser la cherté de
la main-d'œuvre par une économie d'employés. Un seul commis est chargé
de la comptabilité pour cinq ou six cents ouvriers. Du reste, cette comptabilité est très-simplifiée, en ce que les ouvriers travaillent généralement
à la semaine et non aux pièces. Ajoutons que le fer, de première qualité,
est d'un prix inférieur à celui de France. Voilà donc des bénéfices; mais
je ne crois pas qu'ils équilibrent le chiffre élevé des salaires. — Après
tout, peut-être que les fabricants se contentent d'un modeste gain et ne
cherchent pas à s'enrichir en quelques années.

Pour terminer, je fais apercevoir un des nombreux avantages de la
parfaite organisation ouvrière des Anglais, en laissant de côté leur supériorité d'entente pour ne m'occuper que de leur développement intellectuel. Les patrons ont compris qu'en élevant l'intelligence des travailleurs
ils en retireraient un bénéfice certain; aussi donnent-ils à l'ouvrier désireux de s'instruire toutes les facilités pour ce faire. A chaque atelier
sont joints un cabinet de lecture, une salle d'étude, dans lesquels il peut
passer ses soirées et puiser l'instruction qui lui est nécessaire. On y trouve
des journaux, des livres, des cartes, des dessins ou imprimés ayant trait
aux machines, chaudières, etc. Au moyen de ces créations, faites aux
frais des patrons, on obtient des résultats vraiment surprenants, tant sous
le rapport de la théorie que sous celui de la pratique. Il n'est pas rare de
voir les travailleurs anglais seconder merveilleusement les idées des ingé-
nieurs et devenir eux-mêmes des théoriciens distingués. C'est le contraire
qui arrive en France, où l'instruction professionnelle n'est pas assez ré-

pandue et où l'on ne devient capable, dans certaines professions, qu'à force de routine et de bon vouloir. Un grand progrès reste à accomplir, dont les chefs d'usines devraient prendre l'initiative, en mettant à la disposition des ouvriers les éléments qui leur manquent. Ils savent bien que nous ne sommes pas ingrats et que notre reconnaissance ne leur manquera pas.

Je m'aperçois, en relisant mon rapport qu'il est un point que j'ai omis et sur lequel j'aurais voulu m'étendre ; malheureusement il est trop tard, je ne puis qu'indiquer sommairement mon idée, sans la développer. Je pense que la mécanique et la chaudronnerie, si languissantes à Lyon depuis quelques années, ne reprendront un rapide essor que du moment où la navigation recevra des encouragements et une impulsion nouvelle. Les frais occasionnés par le transport, les chargements et déchargements divers me semblent être une des causes principales qui empêchent de soutenir la concurrence des constructeurs des ports, car, à d'autres points de vue, notre ville est admirablement située pour l'acquisition à bon compte du fer et du combustible. En ne négligeant pas ces éléments et en les appuyant de facilités accordées à la battellerie, la création d'une ligne directe (le canal Saint-Louis, par exemple), on verrait, je n'en doute pas, sous l'heureuse influence de l'amoindrissement des frais, notre fabrication se relever et acquérir une importance qu'elle n'a jamais atteint, même au temps passé de sa splendeur.

Je remercie les confrères qui m'ont honoré de leurs suffrages et je me mets à leur disposition pour les détails omis par inadvertance dans mon rapport.

Bigot jeune.

CORDONNERIE

J'ai constaté dans le travail des cordonniers anglais quelque supériorité pour les articles confectionnés spécialement pour l'Exposition ; c'est surtout dans la piqûre que cette supériorité peut se remarquer, mais les prix de façon en ont été payés d'une manière exceptionnelle.

Les tiges de bottes anglaises sont en général très-bien faites ; la coupe est des plus élégantes, surtout pour les bottes dites à l'écuyère ; mais ce qui enlève du mérite à ces belles tiges, lorsqu'elles sont montées, c'est le poids extraordinaire du pied. Les lisses anglaises sont aussi bien exécutées pour le devant, mais la tournure des semelles est loin d'avoir l'élégance et la délicatesse des ouvrages français. Généralement la cambrure est très-large, ce qui donne une grande facilité aux confectionneurs. Les points sont jaunis avec de la racine de curcuma et marqués au dard (vieux système).

Le talon est très-lourd, parce qu'il est trop large et long de pavé ; il est également trop plein de lisses, ce qui occasionne un poids en désaccord avec une parfaite confection.

Tous les articles anglais de notre art, pour hommes ou pour femmes, sont lourds ; j'avoue cependant que les ouvriers de la Grande-Bretagne sont artistes, mais ils ont recours à des moyens que nous n'employons pas. En regardant leurs produits, pour un peu que l'imagination s'y prête, on songe involontairement à une vieille coquette qui se farde.

Les semelles sont peintes, ce qui ôte la fraîcheur des dessous et choque la vue du consommateur.

Les maisons suivantes sont celles dont le travail est le mieux confectionné :

Bird (n° 968). — Ouvrages de grand mérite, coupe parfaite et élégante, belles fournitures.

Gullick (n° 994). — Bottes de très-belle coupe et supérieures d'exécution.

Robert (n° 5034). — Superbe étalage de bottes d'un excellent goût ; le travail est très-bien préparé et d'une parfaite solidité.

.... (N° 4968). — Bottes blanches en chevreau et ordinaires, bien confectionnées. Je n'ai pu connaître le nom de l'ouvrier qui les a fabriquées, ni les prix de façon et de vente.

Bird (n° 4998). — Jolies bottes pour dames, très-bien conditionnées.

Linn (n° 5017). — Articles pour l'exportation, dont l'apparence est belle et les prix sont modiques.

Parker et fils (n° 5028). — Travaux supérieurs destinés à l'exportation.

Rajah-Shunter. — Pantoufles et souliers d'une très-belle broderie.

Le travail des différentes puissances ne peut être comparé à celui des Anglais ni au nôtre : nous n'avons donc pas de concurrence à redouter. L'association des bottiers et cordonniers de Breslau a exposé d'assez jolis produits (n° 1806), mais la marchandise n'en est pas de premier choix.

M. Hübner, de Russie (n° 550) a exhibé des bottes dont la main-d'œuvre n'a rien d'extraordinaire, mais qui sont remarquables par la beauté des tiges, dont la douceur est comparable à celle des peaux chamoisées.

La chaussure en gutta-percha et en feutre est d'une très-grande utilité pour ce pays.

Les maisons Morad, Merr-Ali, Newab, Schurruff, Vowlah, des Indes, possèdent une exécution de travail assez bonne pour leur pays.

Italie. — La maison Baldi (n° 1692), a des embauchoirs très-bien conditionnés et d'une grande utilité pour les patrons, à cause du mécanisme qui existe dans l'intérieur.

M. Piacasa, dit Lavorno, de Florence (n° 8), a exposé toutes sortes de chaussures d'un très-joli travail.

Belgique. — La maison Van den Bos-Poelmann (n° 709) a exposé des bottes de chasse bien faites, des bottes à guêtres d'une belle coupe, des souliers-brodequins pour la fatigue, avec le contrefort dessus, d'un bon clouage, et ne laissant rien à désirer sous le rapport de la solidité.

Danemark. — La maison Vauge (n° 216) a des travaux d'exportation d'une assez belle apparence et de même prix que ceux de la France et des autres nations.

Turquie. — Sous le n° 624, se trouvaient des bottes militaires assez bien faites, provenant d'Andrinople.

Iskender (n° 642), Mohamed-Ali (n° 653), Mannol (n° 651). — Bottes d'une assez bonne exécution. Je n'ai pu connaître les prix de façon et de vente.

La non-connaissance de la langue anglaise m'a empêché de recueillir autant que je l'aurais voulu les prix des façons et de revient. En voici cependant quelques-uns qui m'ont été communiqués à force d'insistance auprès de certains maîtres :

Robert, de Londres. —Bottes Napoléon pour la chasse (vache vernie), se vendent de 85 fr. à 105 fr. ; le prix des façons est de 21 fr. 25 à 22 fr. 70.

Bottes de chasse à grande longueur, de 100 à 133 fr. ; façon 23 fr. 75 à 25 fr.

Les bottes ordinaires, en veau verni, avec peu de variation, se vendent de 38 fr. 75 à 46 fr. 25 ; la façon en est de 13 fr. 20. Façon des bottes à variation, de 14 fr. 35 à 15 fr. 60.

Les souliers en veau se vendent 21 fr. 25 ; façon, de 5 fr. 30 à 6 fr. 60.

Souliers vernis, 26 fr. 25 ; façon, de 8 fr. 35 à 9 fr. 35.

Les bottes à l'écuyère, tiges vernies, se vendent 140 fr. ; la façon en est de 40 à 45 fr.

On vend les mêmes bottes en veau de 80 à 90 fr. ; la façon est payée de 27 à 28 fr.

Tous ces prix sont ceux des grandes maisons.

Les ouvrages chevillés en bois se paient à peu près autant. J'ai vu exécuter ce travail en Angleterre, en Allemagne, en Espagne, et j'en reconnais la solidité et la propreté. Il est beaucoup plus léger que le cloué, mais il ne se fabrique pas en France pour un motif que les patrons connaissent parfaitement. Je crois également que le temps d'exécution en est plus long, et que par conséquent il faudrait augmenter la façon, ce qui est cause sans doute qu'on délaisse ce beau travail. Il en est de même de bien d'autres choses qu'on ne pourrait pas appliquer, par exemple le cuir factice, qu'il est impossible d'employer pour les semelles d'intérieur et qui, je pense, ne pourrait être employé comme sous-bouts. Croyant être assez expérimenté dans cet art, je me réserve d'en faire plus tard l'essai et de faire connaître les résultats obtenus.

Je doute que ces résultats soient satisfaisants, attendu que cette matière craint excessivement l'eau et que la transpiration suffit pour la désagréger. On sait qu'elle est composée de parures de tanneurs et de corroyeurs, collées et cylindrées, qui n'ont du cuir que l'apparence. Cette matière ne peut donc servir qu'à tromper le consommateur, qui croit avoir du bon cuir et ne possède autre chose qu'un amas de *bourriers*, bien heureux encore s'il n'a pas de carton ; mais il se dit : « Voilà des souliers que je paie 7 fr. 50, 7 fr., 6 fr. 50, » sans songer que cette modicité de prix prétendue masque une cherté exorbitante.

Je crois que si l'emploi de ce cuir factice dure encore quelques années, il y aura des marchands de chaussures qui, pour faire concurrence à leurs collègues, donneront à l'acheteur dix francs avec la paire de souliers. Ce sera le moment de crier « Vive le bon marché ! » et alors la matière factice et le carton seront en vogue, de sorte que les tanneurs et marchands de véritable cuir seront obligés d'inscrire sur leur porte : « Fermé pour cause de cessation de commerce. » Le carton et le cuir factice remplaceront nos marchandises.

Ainsi, travaillez, ouvriers tanneurs ! vous aussi, ouvriers cordonniers ! car il ne manque pas de bétail en Europe pour faire du bon cuir, et si vous n'en produisez assez, vous ne pourrez empêcher de vendre des souliers de cuir factice. Travaillez surtout, cordonniers, pendant quinze, seize et souvent dix-huit ou vingt heures par jour ! Le salaire est minime, il faut s'imposer des privations sans nombre. Comptez au bout de l'année le chiffre d'économies qui résulte de vos peines, et soyez contents si votre famille n'a pas trop souffert !....

Pauvre métier ! comme il est réduit, après s'être donné tant de mal pour arriver au progrès ! Qu'on jette un coup d'œil sur les siècles passés, qu'on examine le mode d'exécution de nos devanciers, on appréciera la grande différence qui sépare ce temps-là et la phase où nous sommes arrivés à force de persévérance et de bon vouloir. On verra aussi que c'est nous, ouvriers français, qui avons trouvé les moyens d'exécuter les travaux qui nous honorent aujourd'hui. Nous n'avons absolument que nos amis, les ouvriers anglais, qui sont à même de nous faire une rude concurrence, mais seulement pour les piqûres de leurs différentes chaussures.

Les Anglais savent très-bien que les Français sont courageux et qu'ils n'ont pas besoin de voir une chose deux fois pour l'exécuter. J'invite mes chers confrères à se mettre à l'œuvre, afin que nous puissions, à la prochaine Exposition de 1865, exposer quelque chose qui ne craigne pas d'être rivalisé. Encore une fois, à l'ouvrage ! Prouvons à notre auguste Empereur, ainsi qu'à nos sages magistrats, que nous saurons nous rendre dignes de leur bienveillance.

Alors, content de nous, l'Empereur, dont l'œil est ouvert constamment sur les classes ouvrières, ne dédaignera pas de jeter un regard de bonté sur notre corps d'état, dont les membres se tuent à la fatigue et aux longues veilles afin d'élever leurs familles et de subvenir aux besoins journa-

liers. Ce n'est qu'à force de privations, occasionnant souvent des maladies,
qu'ils préviennent la grande misère attachée au métier, par suite de l'insuffisance des salaires qui sont loin d'être en proportion avec le travail
effectué.

Pour arriver à des jours plus prospères, je propose à tous de demander unanimement à nos magistrats de vouloir bien, comme en Angleterre, établir une Chambre syndicale d'ouvriers, dont les membres seront
élus par la corporation, et qui auront pour mission d'établir un tarif servant d'intermédiaire entre le patron et l'ouvrier.

Il serait aussi à désirer que l'on établît une école professionnelle, afin
de stimuler le goût du travail.

S'il est ainsi fait, les patrons et les ouvriers seront contents les uns des
autres; ils deviendront plus consciencieux dans leur exécution, ce qui
sera d'un grand avantage pour le consommateur. L'ouvrier cordonnier,
si longtemps relégué de côté, prouvera, par la beauté de son travail, qu'il
peut être mis au rang des premières classes d'ouvriers.

Il me semble que, si l'on pouvait obtenir la suppression du travail des
prisons, ce serait un grand bien pour l'honnête ouvrier ne demandant
que le travail qui lui manque souvent, à cause de la grande quantité de
chaussures fabriquées par les prisonniers. Ce fait occasionne un chômage
dont la crise se fait surtout sentir pendant l'hiver, où l'ouvrier a cependant le plus de besoins.

Il serait également de toute utilité que la jeunesse cessât de se livrer au
travail de pacotille, qui perd la main et tend à nous faire retourner en
arrière. L'abus de ce genre de travail amène des conséquences désastreu-
ses; il ne se fait plus de bons ouvriers, car, au lieu de laisser ce travail
à la vieillesse, à qui il appartient absolument, les jeunes gens s'y jettent
à corps perdu et parviennent difficilement à faire des ouvriers passables.
Si cette manière de faire dure encore une vingtaine d'années, les chefs
des grandes maisons ne trouveront plus de travailleurs capables de faire
une botte.

Allons, jeunes amis, reprenez courage, venez remplacer vos devanciers
et les hommes de talent qui s'en vont ou qui ne peuvent plus travailler
pour les grands magasins. Je le répète, le travail que vous faites ne vous
appartient pas, il revient au vieil ouvrier qui vous cède sa place pour le
remplacer dans la voie du progrès. Voulez-vous donc que notre métier re-
tourne en arrière et que le talent qu'on nous a reconnu passe en des mains
étrangères? Cela n'est jamais entré dans la pensée de votre vieux collègue,
qui a toujours cherché à relever la profession et n'a jamais refusé un conseil aux ouvriers qui ont bien voulu le consulter.

J'espère que les ouvriers de la seconde ville de France ne resteront pas cois, et que notre zèle sera stimulé de façon à nous faire honneur en 1865. Je compte, si Dieu me prête vie, n'être pas le dernier à me mettre sur les rangs.

Je remercie mes confrères de m'avoir honoré de leur confiance pour les représenter à Londres. Je serai très-heureux si les renseignements que j'ai recueillis peuvent les satisfaire, et je ferai constamment mes efforts pour mériter l'estime qu'ils m'ont accordée. Je les prie d'avoir quelque indulgence pour le vieux Hervé père, dit Breton.

Les maisons françaises qui ont exposé les plus beaux articles sont celles de M. Prout (travail exécuté par l'ouvrier Gérard), Broemelier, et, pour la chasse, les maisons Détail et Poirier.

CHAUSSURES D'HOMMES.

Bottes vernies, fournitures	13	»"
Façon	11	»
Vendues 35 fr.		
Bottes en veau, fournitures	10	50
Façon	7	»
Vendues 24 fr.		
Bottes en veau, à doubles semelles, vendues 27 fr.		
Bottines élastiques pour hommes, fournitures . . .	11	»
Façon	7	»
Vendues 24 fr.		
Souliers en veau, fournitures	6	»
Façon	3	50
Vendues 12 fr.		
Souliers vernis lacés, fournitures	7	»
Façon	4	»
Vendus 15 fr.		
Ceux avec élastiques, en plus 2 fr.		
Souliers-brodequins, fournitures	7	»
Façon	3	50
Vendus 14 fr.		

CHAUSSURES POUR DAMES.

Bottines claquées basses, fournitures	4	50
Façon et piqûre.	4	50
Vendues 13 fr.		
Celles avec élastiques, en plus 2 fr.		

Bottines vernies hautes guêtres, fournitures . . . . 5 » °

Piqûre et façon. . . . . 5 »

>> Vendues 14 fr.

>> Celles avec élastiques, en plus 2 fr.

Bottines sans claques, fournitures . . . . 3 »

Façon 4 25

>> Vendues 10 fr.

>> Celles avec élastiques, en plus 2 fr.

OUVRAGES DE FEMMES.

L'ouvrage de femme de toutes les nations est inférieur à celui de la France ; c'est l'Angleterre qui imite le plus notre travail, seulement les chaussures y sont trop chargées de piqûres et de dessins ; ensuite les piqûres, trop larges, sont loin de présenter la fraîcheur des nôtres, qui cependant ont été soumises à plusieurs visites de la douane.

Une grande partie des chaussures exposées sont sur des formes et des embauchoirs faits exprès pour l'Exposition.

La France a une grande supériorité sur toutes les autres puissances, pour l'élégance, la légèreté et la délicatesse de ses travaux.

Malgré l'exposition de M. Bird (Anglais), dont certains ouvrages en peau se sont élevés jusqu'à 500 fr., plusieurs maisons françaises sont préférables, principalement la maison Meyer, dont le travail en soie, d'une couleur vétilleuse et d'une fraîcheur parfaite, n'a pas dépassé 10 fr. Ce travail a été exécuté par l'ouvrier Bodard.

J'appellerai aussi l'attention sur la maison Petit, dont les travaux exposés ont été faits par l'ouvrier Haussande, et sur les produits de la maison Etanchoir, exécutés par le maître et l'ouvrier Besard.

Plusieurs autres maisons ont aussi exposé les travaux des ouvriers Bornelarey et Bodard. Ce dernier est celui qui a fait le plus beau travail français exposé.

Souliers de femmes, cousus, claqués et vernis.

Etoffe . . . . » 75°

Claques . . . . 1 »

Toile . . . . » 10

Peau blanche. . . . . » 15

Piqûre. . . . . » 35

Semelles . . . . » 75

Premières. . . . . » 25

Trépointes . . . . » 07ᶜ
Contreforts. . . . . » 10
Façon 1 60
Bordage et rubans . . . . » 27

Baraquettes claquées et vernies.

Etoffe . . . . » 55
Claques . . . . 1 »
Toile . . . . » 10
Peau blanche. . . . . » 15
Piqûre. . . . . » 35
Semelles . . . . » 60
Contreforts . . . . » 07
Couche-points . . . . » 05
Bordage et rubans . . . . » 22
Façon . . . . » 75

Souliers claqués, vernis et cloués.

Etoffe . . . . » 55
Claques . . . . 1 »
Toile . . . . » 10
Peau blanche. . . . . » 15
Piqûre. . . . . » 35
Semelles et premières . . . . » 80
Contreforts et chiquets. . . . . . . » 15
Façon. . . . . » 41
Bordage et rubans . . . . » 22

Bottines unies, baraquettes.

Etoffe et toile. 1 15
Piquage . . . . » 50
Semelles . . . . » 65
Peau blanche, contreforts et couche-points . . » 30
Façon. . . . . 1 »

Bottines, baraquettes et claques vernies.

Etoffe et claques. 1 90
Toile . . . . » 15
Piquage . . . . 1 »
Semelles . . . . » 70
Peau blanche, contreforts et couche-points. . » 30
Façon 1 10

Bottines clouées, claques vernies.

Etoffes, claques et toile. . . . . 2 15^c
Piquage . . . . 1 »
Semelles et premières . . . . » 95
Peau blanche, contreforts et chiquets . . . » 25
Façon . . . . » 50

Bottines unies, clouées.

Etoffe et toile. 1 05
Piqûre. . . . . » 50
Semelles et premières . . . . » 65
Peau blanche et chiquets . . . . » 15
Façon . . . . » 35

Je n'ai pu d'aucune façon être fixé sur les prix de vente des produits ci-dessus.

HERVÉ.

CUIRS ET PEAUX

Mégisserie, Maroquinerie, etc.

En acceptant la mission de délégué à l'Exposition de Londres, nous ne nous abusions point sur l'importance du travail que nous avions à faire ; cependant nous ne comptions point sur les obstacles que nous avons rencontrés et que nous signalerons dans le cours de notre rapport. Parlons immédiatement de ce qui nous intéresse : la petite peau.

La mégisserie est une industrie qui remonte à des temps très-reculés et qui a pris naissance en France, du moins tout porte à le croire. Aussi voyons-nous, dès 1407, les mégissiers de Paris réunis en communauté et soumis à des statuts accordés par Charles VI, en 1408, et confirmés en 1517 par François Ier, en 1594 par Henri IV et en 1695 par Louis XIV. Ces statuts déterminaient les heures de travail et les salaires, puis ce que patrons et ouvriers se devaient réciproquement.

Mais cette industrie, de nationale qu'elle était, a pris une extension universelle. Nous voyons aujourd'hui ses produits exposés par presque tous les pays. L'Angleterre, l'Allemagne, la Suisse, l'Autriche, l'Espagne, l'Italie, la Belgique, etc., ont chacune, à l'Exposition de Londres, des places pour cette spécialité; mais à quelle puissance donner la palme?....

En mettant à part tout esprit de nationalité, nous reconnaissons cependant une supériorité incontestable aux produits français; nous avons pu le constater chaque fois que nous sommes allé à l'Exposition et que nous avons pu mettre en parallèle les produits de ces différents Etats. Nous disons avec raison chaque fois que nous avons pu mettre en parallèle. car nous ne le pouvions pas toujours. Nous avions bien un interprète attaché aux délégations, mais il nous laissait livré à nos propres forces et nous nous sommes souvent trouvé en présence de marchandises enfermées dans des vitrines, que nous ne pouvions examiner d'une manière suffisante (1); qu'on joigne à cela la difficulté de se faire comprendre, et l'on verra que ce n'est qu'après un travail sérieux que nous sommes arrivé à la conclusion suivante :

Les différentes nations que nous venons de dénommer ont exposé, en mégisserie, des produits magnifiques pouvant lutter, pour le fini, avec les nôtres, mais qui leur sont et leur seront toujours inférieurs, eu égard à la qualité de la matière première. Il est incontestable que la nature des peaux de France est supérieure à celle des peaux d'Angleterre, d'Allemagne, etc. C'est ce qui explique les nombreuses exportations que nous faisons dans ces différents pays.

Il en est de même de la peau maroquinée. Cette industrie, toute moderne en France, s'est développée d'une manière extraordinaire et est arrivée à un degré de perfection que les autres nations sont loin d'atteindre, si ce n'est l'Angleterre et l'Allemagne. Les produits allemands surtout rivalisent avantageusement avec les nôtres.

Malgré cela, la maroquinerie, en France, peut défier les travaux de l'étranger et a peu à craindre de la concurrence; ses produits sont largement exportés. A l'Exposition, lorsque nous voyions ces belles couleurs contraindre le passant à s'arrêter et à admirer, nous avons eu le regret de ne pas voir représentée la maroquinerie de Lyon, cette ville renfermant des fabriques qui peuvent lutter avec celles les mieux réputées de la France.

Si nous revenons au parallèle établi entre la France et les différents Etats de l'Europe, nous dirons que c'est grâce à l'émigration d'ouvriers

---

(1) Le reproche de M. Mathieu n'est pas fondé en ce qui concerne l'interprète. Sa mission, facile lorsqu'il s'agissait d'accompagner les délégués en masse dans la visite d'ateliers ou de monuments, devenait impossible pour les visites à l'Exposition, où se trouvaient les représentants d'une douzaine de professions. C'est ce qu'ont parfaitement compris d'autres délégués, qui n'ont pas reculé devant la dépense d'un interprète spécial pour obtenir des renseignements, dépense insignifiante, eu égard au chiffre accordé à chaque délégué. (*Note de la Commission ouvrière.*)

français que les nations étrangères ont atteint un aussi haut degré de fabrication. Cette émigration est évidemment nécessitée par l'insuffisance des salaires et le manque d'organisation de la classe ouvrière. L'Angleterre, par exemple (et mettons en parallèle l'Angleterre et la France), offre un autre tableau. Pénétrez dans les mégisseries ou les tanneries, vous trouvez parmi les ouvriers un ensemble qui n'existe pas en France, un tarif unitaire; chaque individu, appartenant à une seule et même famille, est régi par de mêmes règlements; en un mot, la société de secours mutuels étend son action bienfaisante sur tous. Eh bien ! pourquoi ne pas chercher à nous organiser ainsi? Ce n'est point une prétention audacieuse. Nous formons une famille assez nombreuse (les ouvriers de la peau en général) pour demander l'autorisation de nous constituer en société corporative.

Il est inutile d'énumérer les avantages que nous retirerions de cette société, tant sous le rapport des soulagements pécuniers et moraux que sous le rapport d'un règlement solide, en harmonie avec les besoins et les intérêts de notre industrie. C'est l'unique moyen de guérir cette plaie avilissante qui nous ronge: le défaut de solidarité entre ouvriers.

L'institution d'une société de secours mutuels serait donc une bonne œuvre, car, éloignés les uns des autres par la grande distance des fabriques, nous oublions trop souvent ceux que la maladie plonge dans une misère navrante.

Il nous paraît raisonnable d'espérer qu'une fois organisés, nous pourrons chercher à établir un tarif de prix de main-d'œuvre, ainsi qu'en possèdent plusieurs professions en France, et surtout nos camarades de Londres. Mais l'établissement de ce tarif ne pourra venir qu'après la création rigoureuse d'une chambre dite syndicale, composée de patrons et d'ouvriers, dont le devoir sera de concilier les intérêts sans léser les droits des commettants respectifs. On évitera ainsi certaines secousses si nuisibles aux deux partis.

Mais agissons avec prudence et modération, et respectons les décisions qui accueilleront nos demandes. Loin de nous ces grèves d'un autre âge, perturbation du commerce, épouvante de tous. La raison seule doit servir de guide. Les Anglais, plus avancés que nous, sont aujourd'hui solidement organisés; ils sont les premiers à demander une fusion cordiale entre les deux nations, qui sera réalisée le jour où, nous envoyant leurs ouvriers, ils accueilleront cordialement les nôtres.

Ces vœux nous ont été exprimés par nos collègues britanniques lors d'un banquet splendide qu'ils nous ont offert. Efforçons-nous de les mettre en pratique, et qu'une organisation complète réunisse la famille nombreuse des travailleurs.

Le Souverain, qui a tant de droits à notre reconnaissance, accueillera.
nous n'en doutons pas. la demande que nous lui ferons, avec sa bienveillance accoutumée.

L. MATHIEU.

Tannerie. Corroierie, etc.

Ma nomination de délégué m'imposait l'obligation d'examiner sérieusement les divers genres d'industrie qui comprenaient l'objet de ma mission, c'est-à-dire la tannerie, la corroierie et la hongroierie, industries
importantes en France et dans lesquelles on n'obtint d'abord que des
travaux grossiers et imparfaits, mais qui ont suivi une marche ascen-
dante remarquable.

On constatera que ces trois parties réunies et soumises à l'examen d'un
seul homme laissaient beaucoup à faire pour un si court laps de temps ;
cependant, pénétré du sujet de ma mission, je me suis livré aussi assidû-
ment que possible à la visite des marchandises renfermées dans l'Exposition, ainsi qu'à celle des ateliers où j'ai pu être admis.

Il résulte de mon travail que la France et l'Angleterre sont les principales puissances à mettre en parallèle. La Prusse, la Belgique et la Suisse
viennent ensuite et méritent d'être citées pour les produits de quelques
parties. Un sentiment de convenance m'empêche de citer particulièrement aucune des maisons qui ont exposé, mais je généraliserai pour chaque pays.

La France a très-peu exposé, et la ville de Lyon point du tout. J'ignore
les motifs de l'abstention de nos fabricants, car beaucoup de villes de
moindre importance que Lyon ont envoyé des produits qui figurent no-
blement à côté de ceux des Anglais.

Guidés par un sentiment national, nos fabricants eussent dû chercher
à soutenir cette lutte industrielle dans laquelle l'Angleterre cherche tant à
avoir la supériorité, pour la vente à l'étranger.

J'ai dit plus haut que la France et l'Angleterre sont en parallèle pour
la valeur des produits exposés ; mais il n'est pas sans intérêt d'examiner
les moyens différents dont se servent ces deux peuples pour arriver à un

même résultat, chacun d'eux préconisant son système comme le meilleur. J'ai étudié spécialement les modes de travaux, et je vais tâcher de les faire comprendre dans les lignes qui suivent. On tiendra compte de la difficulté que j'ai éprouvée pour pénétrer dans les ateliers anglais.

Tannerie. — Parmi les matières employées en Angleterre pour le tannage, les écorces de chêne des colonies sont de plusieurs qualités, et quelques-unes ne valent pas les nôtres ; mais le divi-divi, le japonica ou terre de cachou, etc., étant beaucoup plus astringents que nos chênes de France, accélèrent considérablement le tannage. Les Anglais ne couchent pas leurs cuirs en fosse ; ils les conduisent graduellement de degré en degré, toujours dans les eaux, jusqu'à ce qu'ils soient convenablement tannés. En France on aura peine à croire à l'efficacité de cette méthode. tellement est enracinée cette croyance que le séjour en fosse seul peut donner de la valeur et de la qualité à la marchandise. Aussi, pour quiconque connaît la force des tannins anglais, ce genre de travail paraîtra admissible. Je puis assurer que dans ce tannage en liqueur on laisse les gros cuirs jusqu'à dix-huit mois, et que ces cuirs sont d'une fermeté extraordinaire, lors même qu'ils n'ont pas été couchés. Le japonica surtout, le plus puissant auxiliaire, à Londres, pour la remonte des eaux, est sept fois plus fort que le chêne de France. Je sais bien que, pour certains travaux, ce genre de tannage ne vaut pas le nôtre ; il y a même une grande différence. Mais il faut rendre cette justice aux Anglais, que leurs recherches continuelles méritent des éloges, tandis qu'en France. des routiniers ne s'attachent qu'à de vieux systèmes n'ayant d'autre mérite que l'ancienneté ; les tanneurs anglais travaillent, découvrent sans cesse et marchent, avec leur tenacité naturelle, dans la voie du progrès. Leur seul tort est de faire un emploi immodéré des machines, là où le travail ne peut être opéré que par la main de l'homme ; c'est pourquoi nos marchandises sont supérieures aux leurs dans certaines parties.

Ainsi que nous, ils se servent de la chaux pour le débourrage. Leurs chevalets de rivière sont en fer, d'un centimètre d'épaisseur environ et doublement plus larges que nos chevalets ordinaires, ce qui donne une très-grande facilité pour trancher, surtout avec les faux à double usage. dont le tranchant est sur la partie convexe, et dont la concavité sert de couteau pour tourner la peau. Ces outils, en très-bon acier, sont proportionnés à la rotondité du chevalet. peu sensible relativement à la largeur.

J'ai remarqué que les Anglais sont d'habiles ouvriers, mais, pour façonner les veaux et les cuirs, l'extrême largeur des chevalets de fer présente des inconvénients.

Corroierie (partie anglaise). — N'ayant pas eu la facilité de visiter d'atelier de cette fabrication, je me borne à donner les renseignements fournis par les ouvriers que j'ai eu l'occasion de questionner. D'après eux, les Anglais, dans leur manière de travailler, ne sont pas imitateurs : au contraire, ils cherchent toujours à arriver au même but par des moyens différents. La visite des marchandises exposées confirmerait ce dire : les veaux cirés sont beaucoup plus durs que les nôtres, ce qui a pour cause la qualité des matières employées en tannerie, dont l'usage communique un fond grisâtre à la peau. Le tannin est nuisible lorsque les veaux ne portent pas de nourriture, et si l'on considère surtout la qualité inférieure du dégras, qui vaut moins que celui de France. A cet avantage, nous joignons celui d'un finissage que les ouvriers anglais ne peuvent égaler; aussi nos marchandises de ce genre peuvent être classées au premier rang. Cette différence eût été plus sensible encore si plusieurs maisons françaises de premier rang avaient, en exposant, offert à la comparaison un plus grand nombre de produits.

Les chevalets à drayer sont très-larges en Angleterre et le couteau à revers remplit les fonctions de l'étire à blanchir.

Nos veaux de Bordeaux, tiges et croupons de divers genres et chevaux, sont, en général, mieux fabriqués que ceux des autres nations.

Les gros cuirs, en Angleterre, sont tous crouponnés. Pour les lisser on les étend sur un chevalet rond et placé horizontalement. On les décrasse avec un outil triangulaire à deux manches, qui a environ la longueur d'un couteau de rivière; après cette opération, ils sont passés sous un rouleau en cuivre de forme cylindrique, qui opère un mouvement de va et vient sous une pression de quinze à dix-huit cents livres, donnée par un bloc de fonte placée au-dessus. A en juger par les marchandises à la sèche, on obtient de bons résultats de l'application de ce procédé.

On ne se lasse pas d'examiner les belles collections de capottes vernies anglaises, de toutes couleurs et de toutes nuances. La France et l'Allemagne rivalisent avec la Grande-Bretagne dans cette partie; mais les autres pays n'ont fait aucun progrès.

Hongroierie. — Les cuirs noirs sont d'excellente nature en Angleterre. mais ils n'ont pas ce brillant aspect obtenu chez nous par le finissage. Les cuirs à courroies mécaniques sont très-bien faits. On remarque des cuirs de morses marins atteignant jusqu'à trois centimètres d'épaisseur.

Je regrette de n'avoir pas vu de cuirs rasés dans l'Exposition.

Pour la sellerie, les produits anglais sont superbes, notamment les cuirs jaunes et les cuirs brunis de plusieurs nuances. Pour la préparation de la peau de porc et sa qualité, l'Angleterre a une supériorité incontestable.

J'ai aussi remarqué une peau d'éléphant et une peau d'hippopotame très-bien tannées, ainsi que des peaux de phoques, façon veau verni, dont l'Angleterre tire un très-bon parti.

J'arrive à conclure que nos marchandises françaises sont généralement plus belles et avantageuses que celles des autres nations. La preuve évidente en est dans leurs prix, comparés à ceux des produits étrangers. L'Allemagne vend à meilleur marché cependant, mais cela tient à ce qu'elle ne peut vendre beaucoup à ses nationaux et qu'elle est obligée de réduire considérablement ses prix pour l'exportation ; du reste, ce pays possède peu d'ouvriers et il livre dans nos pays beaucoup de peaux à poil, travaillées en France, et qui acquièrent la même valeur que les nôtres. Les autres pays, la Suisse et la Belgique exceptées, ne peuvent figurer que faiblement auprès de nos produits, sous le rapport de la qualité.

La Russie, la Turquie, ainsi que les colonies, sont distancées pour l'industrie des cuirs.

J'aborderai maintenant la situation des ouvriers de notre profession, en France et en Angleterre, sans me laisser dominer par aucun préjugé ou sentiment national. Puissé-je être ensuite l'interprète de tous dans les vœux que j'exprimerai.

Notre pays, dont la gloire a retenti dans le monde entier, dont le commerce est si étendu et qui tient tant à la renommée de ses produits, est bien au-dessous de l'Angleterre pour la rétribution de ses travailleurs. L'ouvrier français (je ne parle que de notre corporation) envie depuis longtemps le mode d'organisation employé chez ses voisins d'outre-Manche. Nous ne voyons jamais de travailleurs anglais se fixer dans nos contrées, et cela se comprend, les salaires étant si minimes que c'est à peine s'ils suffisent à nos plus pressants besoins. De là un isolement complet, et pourtant les deux peuples, par leur position géographique et leurs besoins mutuels, ont intérêt à nouer des relations industrielles et commerciales. Nous n'ignorons pas les efforts tentés pour relier les deux pays, mais l'infériorité des salaires des ouvriers corroyeurs empêchera toujours une complète fusion parmi les travailleurs des deux nations.

Voici le parallèle des ouvriers français et anglais dans notre profession.

Le travail, en Angleterre, est considéré comme la propriété de l'ouvrier. Le talent acquis par lui, après sept années d'apprentissage, est sa propriété individuelle, et il peut discuter librement ses intérêts. Les Anglais ont une société corporative qui fait tout l'avantage de leur position. Leurs institutions, qui sont d'ancienne date, n'ont été revisées que rarement, et d'après le consentement de l'une et de l'autre partie. Ils ont la facilité de pouvoir se réunir et n'en abusent pas : aussi sont-ils toujours d'accord entre eux et leurs patrons. Point de cette concurrence d'ouvriers qui fait la ruine de notre profession. Un tarif, librement consenti, fixe les droits de tous et empêche des réclamations de se produire. Chaque fois que nous avons cherché à agir ainsi, nous n'avons pas réussi complètement ou notre entente n'a été que momentanée. C'est à cela qu'il faut attribuer notre situation précaire. La nécessité nous tient souvent sous sa loi, et il y aurait fort à faire pour nous retirer de l'abîme où elle nous a plongés. J'ai toujours remarqué que la misère rendait égoïste ; l'ouvrier de notre profession ne garde pas longtemps ses illusions et sa croyance, la déception survient et l'espoir fuit ; la vieillesse est le sujet de toutes ses appréhensions. En Angleterre, il n'en est pas ainsi, le corroyeur n'a jamais la crainte d'être à la charge de ses enfants, son salaire lui permettant de verser dans une caisse qui lui assure un sort tranquille. Combien de pauvres ouvriers français, fils d'un même père, se renvoient-ils de l'un à l'autre le malheureux vieillard, auteur de leurs jours! Incapables de se suffire eux-mêmes, ils ne peuvent garder une si lourde charge.

Les causes de cette fâcheuse position des travailleurs tirent leur origine de la concurrence effrénée que se font certains fabricants. Vendre beaucoup, et au meilleur marché, tel est leur seul but, et cela est tellement poussé loin, que nous avons vu assez souvent des marchandises finies se vendre meilleur marché qu'elles n'avaient coûté brutes.

Une autre cause encore, c'est le peu de sérieux qu'on attache à l'apprentissage. Les apprentis ne deviennent que rarement ouvriers. On les occupe constamment à la spécialité pour laquelle ils montrent le plus d'aptitude. Plus tard, ayant conscience de leur incapacité, ils sont forcés de se contenter d'une rétribution insignifiante pour un travail imparfait. Des maisons de grande importance désertent la ville et vont s'établir dans la campagne, afin de pouvoir produire à meilleur prix. Ce n'est point le consommateur qui profite des bénéfices de cette production, mais la maison de commission, et c'est le travailleur qui en fait les frais. On lui rogne son gain et la majeure partie des travaux est opérée par des manœuvres ou des apprentis.

Je crois que bientôt le nombre de ces derniers dépassera le nombre des ouvriers. Beaucoup, alors, seront forcés de déserter une industrie qui ne pourra plus les nourrir. Que feront-ils si les auteurs de ce mode nouveau trouvent de nombreux imitateurs ?....

L'ouvrier corroyeur anglais gagne des journées trois fois plus fortes (pour le veau ciré, par exemple) que celle de l'ouvrier parisien ; je ne parle pas du lyonnais, la différence est trop grande. La seconde ville de France est une des localités où nos salaires sont les moindres ; ils sont bien loin d'atteindre ceux même de Marseille. Et pourtant les produits lyonnais se vendent aussi cher que les produits parisiens ou marseillais.

Il est remarquable que les salaires étant au même point, les denrées alimentaires et les loyers ont augmenté de valeur. Singulière anomalie dont je ne me chargerai pas de donner l'explication, ne pouvant pas en comprendre la cause.

Je pourrais m'étendre encore sur la position malheureuse des travailleurs de notre industrie, mais tous savent combien nos besoins sont grands, et ce n'est pas l'objet de ce rapport de contenir de longues doléances. Organisons-nous donc et remédions autant qu'il sera possible à notre fâcheuse détresse.

Et, d'abord, qu'une société de secours mutuels nous réunisse dans une même famille. Ce n'est pas en restant dans un stérile isolement que nous réussirons à nous sortir de la misère qui nous suit de près. Joignons nos efforts et marchons tous sous le drapeau de la charité et de l'union.

Peut-être qu'un jour nos besoins auront éveillé la sympathie de nos patrons et que, d'eux-mêmes, ils augmenteront les salaires quotidiens. Chacun y gagnera en voyant se rétablir une harmonie qui a fui de nos rangs depuis longtemps. Espérons!...

Si une institution similaire à celle des ouvriers anglais pouvait être fondée à Lyon, nos douleurs passées seraient bientôt oubliées pour faire place à une joie vive. Demandons-en l'autorisation, sans davantage faire preuve d'indifférence.

Mettons notre confiance entière dans le chef de l'Etat, dont l'attention est toujours sollicitée par les améliorations sociales, et soyons persuadés que le succès couronnera nos vœux!

CLAUDIUS DUMOULIN.

DESSINS POUR LA FABRIQUE

Notre mission, restreinte en elle-même à la simple constatation des différences existant entre les étoffes de soieries étrangères et celles de nos fabriques, ne pouvait réellement s'appliquer qu'au point de vue du goût artistique et à l'examen des résultats obtenus, sous le rapport de l'élégance du dessin, de la grâce, de la richesse des compositions ; en un mot, sur la valeur relative de ces diverses productions et des conséquences qu'on en pouvait tirer pour leurs développements futurs, soit comme améliorations, soit que l'on considère les progrès qu'elles ont pu réaliser depuis l'origine des expositions universelles.

Il ne nous appartiendra pas, dans ce rapide aperçu, de rechercher dans leurs généralités les causes de crise et de défaillance de nos industries, ni par quel remède on pourrait parer aux effets déplorables de la concurrence, non plus que les moyens à employer pour l'amélioration des classes ouvrières.

Non, ces grands problèmes, depuis si longtemps à l'étude et encore si peu résolus, demandent, pour être élaborés, des recherches spéciales et un long examen des éléments qui président à l'éducation industrielle et environnent les centres manufacturiers.

Nous devons encore dire que nos observations se trouveront renfermées dans un cadre assez restreint, ce qui a pour cause : 1° l'impossibilité où nous étions de nous procurer des renseignements assez étendus, par suite des difficultés inhérentes à l'isolement qui vous assiége au milieu d'un peuple étranger ; 2° notre arrivée vers la fin d'une exposition, au moment où les produits avaient subi une grande altération et où les exposants, ne comptant plus sur les commandes, négligeaient entièrement d'avoir à leurs vitrines des représentants *capables de donner des renseignements de nature à établir des comparaisons ;* 3° enfin par la disposition fâcheuse des vitrines lyonnaises, dont la plupart avaient leurs produits exposés sous un faux jour, et certains presque entièrement privés de lumière, comme aussi par la difficulté d'examiner au sein d'une foule énorme, sans qu'il nous ait été possible de faire autrement (1).

Malgré ces circonstances peu favorables, nous avons cherché à nous rendre un compte aussi consciencieux que possible de la valeur relative des produits étrangers comparés avec ceux de nos manufacturiers français.

Pour les divers articles de soierie, nous ne donnons nos impressions que pour la partie artistique, laissant aux autres délégués le soin de traiter les questions qui leur sont particulières.

Nous ferons remarquer que, malgré l'influence que la mode a exercée depuis plusieurs saisons, en excluant presque entièrement les étoffes somptueuses au profit des dispositions simples, circonstance qui égalisait les chances de nos concurrents et leur permettait de se rapprocher de nous, nos étoffes se signalent par une supériorité *encore réelle*, comme goût et perfection de dessin.

Il est cependant nécessaire de mentionner, dans les produits des manufactures étrangères et particulièrement dans les vitrines anglaises, un progrès marqué pour les articles de soierie façonnés, articles qui semblent accuser une tendance sensible à plus de goût et de pureté de formes.

Qu'il nous soit permis ici, sans cependant avoir la prétention de décerner un blâme, de déclarer, en le regrettant vivement, et tout en tenant compte de leur valeur relative, que l'aspect général de nos produits à l'Exposition nous a paru présenter un sentiment de faiblesse et de pauvreté ; pour nous surtout, qui mettions en parallèle l'Exposition de 1855, où nos produits présentaient sur les étoffes étrangères une supériorité sans conteste.

Nous devons faire exception en faveur des quelques maisons de fabrique qui n'ont pas reculé devant les frais nécessaires pour établir des articles

---

(1) Il n'a été qu'une ou deux fois accordé à un nombre restreint de membres des diverses délégations la faculté d'entrer à des heures autres que celles où le public était admis.

susceptibles de représenter notre fabrication et de conserver sa suprématie artistique, par la richesse des compositions, la beauté des étoffes et la *nouveauté des combinaisons :* efforts dignes d'éloges, en ce qu'ils tendaient à exciter la reprise des affaires dans les articles riches vis-à-vis desquels la concurrence étrangère est impossible.

Il est à regretter que cet exemple n'ait pas été suivi dans cette occasion par le plus grand nombre, et il est fâcheux que certains articles courants ou d'exportation n'aient pas offert un style plus pur et un ensemble plus heureux de dispositions.

Nous allons maintenant procéder à l'examen des produits exposés.

EXPOSITION FRANÇAISE.

Les étoffes françaises se divisaient en deux genres : articles riches et articles simples.

Dans les articles riches, les étoffes de plusieurs fabricants attiraient particulièrement l'attention par leur somptuosité, la beauté et la grande pureté du dessin, le grandiose et l'originalité de la composition.

L'heureux choix de ces articles, tels que brochés très-beaux, velours plusieurs corps, velours simples, velours et brochés, moire antique et velours coupés, brochés or, lancés, *impressions façonnées de combinaisons nouvelles*, attestaient que notre fabrication pouvait encore briller au premier rang, sous le rapport de la beauté des tissus et du mérite réel des artistes qui contribue chaque jour à en assurer la suprématie. On eût été désireux de voir cette supériorité s'étendre sur l'ensemble des exposants, au lieu d'être restreinte à quelques maisons seulement.

L'*impression*, dans quelques cas, était également très-remarquable par le choix des compositions et aussi par des coloris bien compris, d'un aspect léger et d'un goût distingué.

Ces impressions, sortant entièrement des coloris et des combinaisons anciennes, montraient combien il est préférable de s'inspirer des effets offerts à chaque instant par la nature et quelle a été, depuis peu d'années, la progression de l'impression sur chaîne. Enfin, ainsi que nous l'avons dit plus haut, les articles d'exportation, châles velours et autres, tout en montrant une grande richesse et une bonne entente des effets, laissaient cependant à désirer sous le rapport des formes et de l'élégance des compositions.

Les étoffes simples, plus modestes et n'ayant pas un cadre aussi grand pour se développer, avaient aussi quelques produits remarquables, réunissant les qualités de grâce, de simplicité et de bon goût.

Nous reprocherons à la plus grande partie un manque de perfection dans le dessin, ainsi que le manque de nouveauté des arrangements, qui, tout en adoptant des compositions simples, doivent toujours chercher à produire des effets agréables.

Les rubans présentaient en général un mérite assez également soutenu par le choix des dessins et la confection des tissus.

Les produits des fabriques pour ornements d'église manquaient de style, à l'exception de quelques-uns.

Pour le cachemire et les tulles, genres spéciaux presque entièrement en dehors de la soierie, nous ne nous permettrons qu'avec réserve de donner notre appréciation. Disons que les articles des différentes maisons de Lyon nous ont paru bien compris, de composition élégante, et nous ont semblé pouvoir lutter avantageusement avec les articles semblables exposés par les autres puissances.

Dans les dentelles, nous constaterons des difficultés vaincues, comme dentelles soie montées or, manteaux de cour, très-remarquables et d'une belle composition.

Nous terminerons en signalant de très-beaux articles en velours grande largeur, moire antique et articles unis, qui brillent par le joli choix des nuances et la beauté du tissu.

Il nous reste à nous livrer à l'appréciation des divers produits de soieries manufacturées des nations étrangères, comme étoffes de robes, rubans, meubles, tulles et dentelles.

EXPOSITION ANGLAISE.

Nous citerons en première ligne les étoffes exposées par le Royaume-Uni, et nous dirons que la disposition générale des vitrines, bien comprise et très-heureuse, contribuait à présenter ces produits sous un jour favorable.

Tout en faisant la part de cette bonne disposition, nous remarquerons que les articles de soierie, quoique n'abordant pas des compositions aussi riches et grandioses, nous ont montré néanmoins des progrès positifs dans des étoffes brochées très-nettes et assez heureuses d'exécution; plusieurs articles lancés sont très-jolis et d'une composition délicate.

La composition artistique de ces diverses étoffes reposait principalement sur des fleurs naturelles appropriées aux exigences du moment, et offrait les mêmes analogies et le même aspect que les nôtres. Cependant leur coloris décelait un goût moins pur, une appréciation moins exacte.

Les quelques impressions sur chaîne n'atteignaient pas au même degré de régularité comme tissage et offraient un rendu moins favorable.

L'impression sur étoffes était généralement bien comme dessin et comme exécution.

L'article petit façonné à disposition était également bien compris, et, malgré qu'il ne fût pas entièrement exempt de critique sous le rapport du goût, il était relativement soutenu et d'une assez bonne entente.

Nous signalerons particulièrement les étoffes moire antique, dont l'effet (sans entrer dans l'examen de la qualité) et l'incrustation étaient réellement remarquables.

Les rubans velours façonnés, brochés et impression, étaient très-beaux et pouvaient presque soutenir la comparaison avec les autres produits du même genre.

Dans les compositions anglaises, nous n'avons rien remarqué de particulier ; nous signalerons seulement quelques montages à fil, dont les dessins représentaient soit des portraits, soit des monuments. La bonne exécution atteste du progrès réalisé.

Les genres damas, pour meubles et tentures, laissaient beaucoup à désirer par la manière dont ils étaient entendus et le peu d'harmonie de leur composition.

Les dentelles étaient comme toujours remarquables par la richesse et la beauté des tissus et des dessins.

Les articles tulle, guipure pour rideaux, articles de Glascow, bien compris par les effets multiples de mise en carte et les riches compositions, étaient réellement supérieurs aux produits similaires français.

EXPOSITION ALLEMANDE.

Les produits qu'avaient exposés la Prusse et le Zollverein étaient également dans de bonnes conditions, soit que l'on considère leurs rubans, velours, ou les articles gilets et les étoffes petite nouveauté, à l'exception de leurs châles imprimés et brodés, qui montraient une infériorité très-grande.

L'Autriche, en général faible pour tous les autres produits, se soutenait sous le rapport de ses étoffes pour meubles.

EXPOSITION ESPAGNOLE.

L'Espagne, pour ses articles courants, soieries brochées et châles, laissait beaucoup à désirer comme entente de coloris, et présentait une exécution médiocre.

Entourés des difficultés dont nous avons parlé, tel est le rapide aperçu qu'il nous a été possible d'entrevoir, et qui nous conduit à constater que, de toutes les nations étrangères, l'Angleterre seule se signale réellement par des progrès vraiment remarquables et rapides.

Il n'est du reste pas étonnant de trouver des progrès notables plus particulièrement dans l'industrie anglaise, depuis la période de 1851 à 1862, car c'est le résultat d'une volonté très-grande d'arriver à nous égaler, volonté dont le désir est visible partout, et qui nous a été signalée déjà par différents travaux sur l'amélioration de l'industrie anglaise et par le remarquable rapport de MM. Arlès-Dufour, Meynier et Bonnefond, à l'Exposition de Manchester, qui nous a montré combien ces résolutions étaient arrêtées. L'Exposition actuelle nous prouve que désormais elles tendent de plus en plus à devenir des faits, surtout sous l'influence de ce sentiment de spontanéité avec lequel le gouvernement britannique *et les particuliers eux-mêmes* ont cherché et cherchent toujours à créer des facilités pour le développement de l'art et des études propres à l'appliquer aux industries diverses, soit par la création de commissions gouvernementales spécialement affectées au progrès des beaux-arts, par l'ouverture de nombreuses écoles artistiques, par la position faite aux membres du corps enseignant, soit enfin par la fondation de musées industriels, bibliothèques, collections particulières, constamment ouverts aux recherches des artistes et des membres de l'industrie — considérant à juste titre que le progrès matériel industriel ne consiste pas seulement dans une *activité constante* de travail, mais surtout dans le développement intellectuel des hommes appelés à l'exercer.

Aussi toutes leurs innovations cherchent-elles à produire l'enseignement par les yeux, à résumer sommairement, d'une manière facile et prompte, tous les éléments utiles, moyens qui permettent de réunir en peu de temps une somme de connaissances indispensables, qui développent l'imagination et l'intelligence et en font les véritables directrices du travail.

C'est une des conditions essentielles de progression dans nos industries de goût, et que l'on doit chercher à développer de plus en plus, afin de maintenir la France au-dessus des autres nations. Il faut arriver à *faire* l'enseignement des fabriques et de l'ouvrier, aussi bien par la pratique et la théorie que par l'initiation aux diverses connaissances de son état. On pourrait arriver à cet état de choses en formant des collections spéciales permettant de suivre toutes les opérations relatives aux diverses phases que les matières premières parcourent pour atteindre leurs perfectionnements industriels.

Les formations de ces collections seraient à désirer surtout pour les in-

dustries où les nombreuses manipulations, la rapidité d'exécution et la
perfection ne peuvent s'obtenir qu'au moyen de spécialités de travail obli-
geant l'ouvrier à n'exécuter qu'un seul genre. Ces études sommaires, mais
intelligemment développées, permettraient à l'ouvrier d'obtenir une meilleure exécution, par la connaissance des opérations qui précèdent et suivent sa tâche — éléments presque négligés par l'ouvrier dans l'état actuel
de la plupart de nos fabriques ; conditions indispensables pourtant pour
arriver à un bon résultat, ce qui aurait lieu forcément si chacun pouvait
sans perdre de temps étudier les différentes parties de son industrie.

Cette spécialité d'enseignement a été surtout bien comprise en Angleterre, où tout les musées et établissements publics sont dirigés dans ce
but, comme on peut s'en convaincre, soit que l'on visite le Palais de Cristal de Sydenham — comme enseignement historique des différentes architectures du monde, et collections remarquables de toutes nature et
époques ; soit que l'on voie le magnifique musée de Kensington — comme
industrie ; Andian Museum, Peel park, à Manchester, ou Pallace of the
People — comme industrie et collection de toutes les architectures agricoles.

Les Anglais cherchent à introduire de cette manière des connaissances
tout-à-fait diverses et étrangères à l'industrie, afin de développer par tous
les moyens possibles, et dans toutes les classes, les connaissances élémentaires de l'art.

Ce qui nous montre combien ils comprennent l'utilité de cet enseignement, aussi bien pour le développement de leurs spécialités industrielles
qu'afin d'élever et d'éclairer l'esprit de leurs classes populaires, c'est le
concours actif des classes fortunées, qui, à chaque instant, viennent y
coopérer par des prêts et des dons magnifiques, et permettent par conséquent d'atteindre ce but plus promptement, en forçant les résultats à se
développer davantage.

Puisque déjà nous sommes entrés dans cette voie par la création récente
d'un musée industriel, abordons franchement les difficultés en prenant
chez nos alliés les éléments qu'ils possèdent, et dont les résultats se font
déjà sentir.

Continuons à développer de plus en plus le goût et le sentiment du
beau, et par cela venons en aide à la bienveillance et à la sollicitude d'un
gouvernement et d'une administration qui, par leur initiative, ont déjà
changé d'une manière si remarquable l'aspect de notre cité.

Appelons leur attention sur nos enseignements artistiques et industriels,
pour que l'avenir nous donne encore la suprématie que nous avons pos-
sédée jusqu'à ce jour.

De ce qui précède, nous croyons devoir conclure que si jusqu'à présent nous avons conservé notre supériorité, il est temps, par suite des efforts que font les autres puissances, de nous occuper d'augmenter les éléments que nous avons à notre disposition et qui nous ont donné jusqu'à présent cette suprématie :

1° En propageant et en favorisant de plus en plus, dans notre cité, et par tous les moyens possibles, le développement des beaux-arts, comme étant la source la plus certaine et la plus féconde des progrès des industries artistiques;

2° En complétant encore les études applicables aux diverses industries par une somme de connaissances plus variées et plus étendues ;

3° En appelant la bienveillante sollicitude de l'administration sur nos écoles artistiques et sur celles dont l'enseignement est spécialement appliqué aux sciences industrielles, et aussi sur la création d'écoles spéciales et pratiques, afin que cette initiative devienne un aiguillon puissant de progrès véritable et d'encouragement.

Pour arriver à ces divers résultats, nous signalons les efforts faits chez nos voisins, et nous soumettons cette idée : si les mêmes moyens,

— Soit la création de musées industriels,

Soit les collections spéciales des industries les plus importantes de notre cité,

Soit un développement plus complet des études pratiques dans nos écoles artistiques et industrielles,

Une accessibilité plus grande de nos bibliothèques, permettant des recherches faciles aux divers industriels et artistes, —

ne pourraient pas arriver à développer davantage nos ressources intellectuelles et ne nous permettraient pas de conserver, par de nouveaux progrès, notre rang et notre supériorité ?

Telles ont été les quelques considérations que nous avons cru pouvoir soumettre à la haute appréciation des membres de la Chambre de commerce, qui, nous en avons l'espoir, les accueilleront avec une bienveillance indulgente.

J. Seys.
Barqui.
G. Reignier.

DORURE SUR BOIS

.... Délégué d'une industrie qui fait peu de bruit dans le monde,
je regrette de n'être point assez éloquent pour la relever et la classer suivant sa valeur. Chacun admire les travaux de la dorure depuis Louis XV
jusqu'à nos jours, et l'emploi qu'on en fait dans les palais, les églises,
où ils complètent la sculpture, la peinture décorative, les marbres, en
s'harmonisant avec eux; mais chacun, bien à tort, ne les considère que
comme des accessoires de peu de valeur, et il me serait bien difficile de
réfuter cette opinion, tant elle est accréditée. Je ne l'essaierai pas et j'a-
borderai sans retard ce qui fait l'objet principal de ma mission.

Avant d'aller plus loin, je saisis l'occasion de remercier publiquement
les ouvriers et le contre-maître de la maison Jackson et Graham, qui
m'ont accueilli avec une parfaite cordialité, que je n'oublierai jamais.
Grâce à eux, j'ai pu obtenir une somme de renseignements, visiter les
ateliers, etc. Si je puis un jour leur être utile à mon tour, qu'ils comptent entièrement sur moi.

L'Italie, l'Allemagne, l'Angleterre et la France ont exposé des dorures
remarquables; mais la supériorité appartient à l'Angleterre. Les travaux
des Anglais sont d'une beauté surprenante; le bruni de l'or possède un
ton métallique qu'on ne voit nulle part. Le mat des dorures est d'un ton
si chaud que l'on croirait, de prime-abord, les ameublements ou les bordures de glaces dorés à l'or moulu.   .

La maison H.-M. Paye a exposé un trépied, sous le n° 5790, d'une dorure hors ligne, ainsi qu'un buffet et une console Louis XVI, dont le bruni et le mat sont très-beaux. Une première médaille lui a été accordée avec justice.

MM. Jackson et Graham. — Console Louis XVI et ameublement complet de salon, dont la dorure est d'un fini extraordinaire (n° 5915).

MM. Purdie, Bonnard et Carfraie. — Salon et trumeau Louis XV, d'un mat inconnu en France.

Maison-Morand. — Console Louis XIV, de 4 mètres 20 de longueur, avec un fronton de 1 mètre. Les travaux de cette maison sont, à mon avis, les plus beaux de l'Exposition; ils ont obtenu une médaille de première classe.

Les produits de Paris marchent en deuxième ligne. Les Tapisseries de Beauvais ont exposé des ameublements dont les dorures sont assez jolies.

La Prusse, l'Allemagne et l'Italie présentent une infériorité considérable.

Je me suis enquis du prix de revient des marchandises; les matières premières, sauf quelques-unes, sont à peu près les mêmes que celles de Paris.

L'assiette anglaise, pour les dorures au bruni, vaut, à Londres, 1 fr. 25 la *livre*. Elle coûte en France 6 fr., en moyenne, mais elle est préférable pour certains travaux. L'assiette pour le mat diffère de couleur, et son prix est le même. Nous réaliserions une économie importante avec l'emploi de ces produits.

Le blanc, ou *whitening*, coûte 40 centimes les 12 livres, même prix, ou à peu près, qu'à Paris.

L'or anglais de dorure est plus avantageux que le nôtre, ce qui contribue à la beauté du travail; le moyen est coté 65 fr. les mille feuilles, tandis que celui que nous employons le plus ordinairement ne vaut que 56 fr., aussi est-il bien plus faible et ne produit-il que de médiocres résultats.

Le prix de vente des produits anglais est d'environ 25 0/0 plus élevé que celui de France; il est vrai que les travaux sont mieux traités.

Les ouvriers de Londres, en travaillant 55 heures par semaine, gagnent environ 41 fr. 25.

A Paris, les ouvriers font dix heures de travail pour 5 fr. 50. Dans les autres grandes villes de France, la journée est aussi fixée à dix heures.

A Lyon, les ouvriers travaillent onze heures et demie par jour et ne reçoivent qu'un salaire de 4 francs. Pourtant, chose inexplicable, les produits de dorure se vendent plus cher qu'à Paris.

Nous ne demandons pas une augmentation de salaires, mais il serait très-juste qu'on fixât le maximum de travail à dix heures par jour. C'est une amélioration dont le besoin se fait sentir depuis longtemps.

Il est encore un abus qu'on devrait bien réformer, c'est l'usage immodéré d'apprentis; pauvres petits malheureux, qui sont plus nombreux que les ouvriers et sur lesquels on spécule sans leur rien apprendre. Dès leur entrée à l'atelier, on les occupe à des travaux grossiers et mécaniques, qu'ils continuent pendant tout leur apprentissage. A leur sortie, ils ne savent rien ou que peu de chose, et ils sont obligés d'apprendre leur métier en se restreignant. La réduction et la fixation du nombre d'apprentis amèneraient d'heureuses conséquences et permettraient d'améliorer les conditions d'apprentissage, en même temps qu'elles soulageraient la détresse de l'ouvrier, en butte à la concurrence de ces jeunes gens ignorants du métier.

Je le répète encore, il est urgent que l'on diminue sur le travail que nous faisons; dix heures par jour me semblent suffisantes. Si l'on m'objecte que les maîtres souffriront de cette diminution, je répondrai que l'augmentation du prix de vente sera presque insignifiante et ne pourra pas être sentie par l'acheteur. On ne peut dire que l'on fera venir les produits de Paris : le transport et l'emballage en empêcheront toujours. D'ailleurs, les villes principales ont déjà fait droit aux réclamations des ouvriers; on n'y travaille plus que dix heures. Lyon ne peut rester éternellement en arrière.

Il y a dans notre ville des maisons parfaitement montées et dont le chiffre d'affaires est assez rond. Ces maisons, qui possèdent de très-bons ouvriers ayant voyagé et connaissant tous les genres de travaux, ne craignent rien de la concurrence; c'est à elles de donner le bon exemple, en fixant la journée à dix heures: elles mériteront de tous, et, sans y rien perdre, trouveront une récompense dans la reconnaissance de la classe ouvrière.

Notre profession demande du goût, du savoir-faire et un sentiment artistique; pourquoi serait-elle moins privilégiée que les autres métiers?

Que l'on nous laisse le droit de prendre l'initiative de la mesure, et elle se réalisera sous l'œil paternel du gouvernement. Nous ne demandons, en cela, qu'à nous modeler sur les Anglais, dont l'organisation est aussi remarquable que le calme.

L. FIALON.

ÉBÉNISTERIE

L'ébénisterie comprend la fabrication de toute espèce de meubles, soit en bois massif, soit en plaqué, ainsi que les ouvrages de marqueterie. L'art de l'ébénisterie était connu des anciens, mais ses produits, chez les modernes, ne commencèrent à être remarquables que vers l'époque de la Renaissance. L'histoire nous a légué les noms de Jean de Vérone, l'inventeur de la teinture sur bois, et après lui Brunelleschi et Benoît de Majano, qui furent de véritables artistes. La France cite avec orgueil Jean-Marie de Blois, et surtout Boule, dont les produits sont encore si recherchés de nos jours.

La marqueterie fut inventée en Orient et apportée par les Romains en Occident, au quinzième siècle; Jean de Vérone lui fit faire des progrès remarquables. Cet art, abandonné momentanément, commence cependant à reprendre faveur et fait l'objet d'une industrie très-importante et d'un commerce très-avantageux. A l'aide d'un procédé découvert par M. Boucherie, les couleurs sont introduites dans l'intérieur même de la substance des bois, ce qui permet d'obtenir des résultats auxquels on n'avait jamais atteint.

L'histoire de la sculpture sur bois, étant inséparable de l'histoire de la sculpture proprement dite, donnerait lieu à trop de détails, qui n'ont pas leur place ici. Je renverrai donc aux ouvrages spéciaux et j'aborderai de suite l'examen des produits que contient l'Exposition.

L'Angleterre est la nation qui a exposé le plus ; la France, la Belgique, la Prusse et les Etats du Nord se sont montrés d'une sobriété remarquable. La cause en est-elle à la pénurie de meubles de valeur? Je ne le pense pas ; il me semble, sans pourtant que rien me l'indique absolument, qu'il faut l'attribuer à l'exiguïté de l'emplacement, ce dont se sont plaints plusieurs exposants.

Après avoir parcouru les galeries, ce qui frappe la vue du connaisseur, c'est le progrès accompli par l'ébénisterie anglaise. Ses produits magnifiques dénotent le grand pas qu'ont fait nos voisins et doivent donner à réfléchir aux Français, qui, jusqu'à ce jour, ont tenu la première ligne. Pour soutenir leur suprématie, nos fabricants ont besoin de s'appuyer sur de bons ouvriers et de songer un peu à l'art, qu'ils négligent trop souvent.

La sculpture des meubles anglais est d'une exécution achevée ; toutefois, je me hâte de l'avouer, elle manque de goût dans le choix des combinaisons. Parfaitement fouillée, complètement finie sous le rapport du travail, elle est cependant lourde, uniforme et n'a pas cette *vie* que lui donnent nos artistes français.

Les meubles sont peu variés : des buffets de salle à manger, des petits meubles en marqueterie cuivre et écaille, le tout d'un style un peu pâteux.

Ces meubles étant tous fermés et les exposants absents, je n'ai pu en examiner l'intérieur, ce qui aurait été important au point de vue de l'ébénisterie proprement dite ; il faut donc me borner à donner la description extérieure des objets qui m'ont le plus frappé.

Je citerai d'abord le buffet de chêne mat (n° 5846, Newastbe Ontyne), dont le sujet contient une partie des épisodes de *Robinson Crusoé*. Le derrière forme trois panneaux : celui du milieu représente le naufrage ; celui de gauche, Robinson sur son radeau, et celui de droite, Robinson dans son île. Le corps du bas a quatre portes également sculptées ; celle de gauche, où l'on voit Robinson emportant une chèvre sur ses épaules, celle de droite, où il scie un arbre ; les deux du milieu représentent Robinson à la chasse et Robinson avec Vendredi à ses pieds. Le fronton, en sculpture bâton, ornementé d'entrelacements de feuilles de chêne et de lierre, est parfaitement exécuté. Tout concourt pour faire de ce meuble un objet superbe.

Sous le même numéro on remarque un autre buffet en chêne, dont la partie inférieure forme deux avant-corps, avec sujets divers sur les portes. Le derrière a trois panneaux : celui du milieu représentant, autant que je peux le supposer, un roi et une reine se rendant en chasse ; celui de gauche, un couple devisant avec sécurité sur le bord de la mer, tandis qu'un monstre à face humaine surgit de derrière les rochers; enfin, sur le panneau de droite, sont deux chevaliers armés de pied en cap, se préparant à joûter. Ce meuble est un de ceux dont l'exécution et le goût laissent le moins à désirer.

Les autres meubles anglais sont presque tous des buffets ornés des éternels attributs de la chasse, de la pêche, de la moisson, de la vendange, etc. S'ils ne brillent pas par l'invention, ils ont du moins le mérite d'être bien travaillés.

Les petits meubles de cabinet sont en marqueterie cuivre et écaille. Leur forme et leur façon diffèrent si peu des meubles du même genre, connus depuis longtemps, qu'il est inutile d'en donner la description.

MM. Jackson et Graham, de Londres, ont exposé un buffet Louis XV qui mérite l'attention des visiteurs et des artistes. Ce meuble est en noyer verni; la partie inférieure forme deux avant-corps sur les portes, avec deux petits génies sculptés; à gauche, la vendange; à droite, la moisson. Sur les pilastres, quatre chimères à tête léonine, tenant dans leur gueule de très-belles guirlandes de feuilles de vigne. Le corps du haut se divise en trois panneaux de glaces; il est surmonté, au milieu, d'un fronton orné de fruits et flanqué de pilastres couronnés par les attributs de la chasse et de la pêche. La tête de lion du pilastre de gauche est surtout d'une beauté complète.

Les Anglais ont encore exposé des meubles en marqueterie cuivre et écaille, d'un beau travail. Il y a plusieurs années que la France, je ne sais pourquoi, ne se livre plus à ce genre, qui a cependant son mérite.

Russie. — On croirait que beaucoup d'exposants se sont concertés pour envoyer des produits de même nature. La Russie a exposé aussi des buffets de salles à manger d'une assez bonne exécution, mais qui n'ont rien de grandement supérieur. Ses autres meubles sont très-ordinaires.

Belgique. — Encore des buffets! Cependant la sculpture a déjà un cachet de supériorité.

Italie. — Exposition hors ligne sous le rapport de l'art qui a présidé au travail; meubles qui se distinguent par la finesse de la sculpture et le bon goût des formes.

Sous le n° 1828 est un argentier de style Louis XV, à trois corps, marqueté cuivre sur un fond ébène, d'un dessin fort distingué. Les moulures en cuivre ciselé et les petits sujets qui le décorent sont irréprochables.

D'autres meubles de cabinets présentent tous la même richesse d'exécution. Il y a surtout des tables de salon, marqueterie et mosaïque imitant la peinture par le poli et la régularité du travail, représentant des combats de faunes, de tritons, monstres marins, et autres sujets empruntés à la mythologie, qui font pâmer d'aise tous les connaisseurs.

France. — Je passerai en revue les produits exposés les plus remarquables :

Janselme et Gaudin (n° 2886), Paris. — Bibliothèque en ébène verni, avec deux portes vitrées surmontées d'un léger fronton sculpté. Le bas est formé de deux petits corps par côté ; le milieu est vide et le derrière plein ; deux colonnes sculptées ornent les pans coupés.

Jules Fessey (n° 2911). — Bibliothèque de chasse, en noyer sculpté mat, avec trophées d'armes, chevaliers, chasseurs, génies et attributs de chasse, du prix de 1,800 fr. Sous le même nom, on voit deux encoignures en ébène sculpté et poli, cotées 2,500 fr. chacune. Ces prix ne paraissent pas excessifs après un examen attentif du travail.

A. Lemoine, rue des Tournelles. — Très-belle armoire à glace gothique, en ébène sculpté. — Buffet à colonnes, en bois de rose, à deux portes, avec moulures dorées et marqueterie en métal blanc. — Armoire à glace, à trois corps, en bois de rose, ornée de moulures en cuivre doré. Les deux corps des côtés sont garnis de peintures, représentant des amours qui tiennent des guirlandes de fleurs ; les panneaux du bas, formant de petites frises et garnis de trophées de culture, sont admirablement peints.

Balny jeune (n° 2902). — Buffet en chêne verni, à coins ronds. — Bibliothèque vitrée, au fronton surmonté de deux petits amours couchés sur la corniche et tenant un oiseau à la main.

Fourdinois (n° 2873). — Buffet de cabinet, en ébène poli, garni de statues en relief et demi-relief, de sujets divers. — Petit buffet en ébène poli et sculpté.

J'arrête là cette nomenclature de produits qui m'ont paru les plus saillants, sans que j'aie la prétention de les avoir mentionnés tous. Il est d'autres fabricants qui méritent des éloges, mais le cadre de ce rapport ne me permettant pas de faire une revue générale, ils pardonneront mon laconisme, qui ne diminue en rien leur mérite.

Il ressort de mon examen que la France et l'Italie ont exposé, encore cette année, les plus beaux produits d'ébénisterie et de sculpture. Ces deux puissances conservent une supériorité bien tranchée : la première par la hardiesse et l'élégance de l'exécution, la seconde par la simplicité et la délicatesse de la sculpture. Les meubles des Anglais ne sont pas aussi variés et brillent moins par le goût, mais il est juste de constater que chaque année il s'accomplit un progrès notoire dans leur fabrication. Encore un pas fait par eux, et nous ne serons plus les maîtres de l'ébénisterie.

Je ne saurais trop le répéter, il est temps que nos fabricants sortent de leur engourdissement ; l'Angleterre nous menace, elle ne tardera pas à nous égaler, si même, par son énergique volonté, elle ne parvient à nous dépasser.

Il ne me reste que quelques mots à dire sur la situation des ouvriers anglais, que, du reste, je n'ai pu étudier d'une manière complète. Ce qui m'a paru le plus saillant, c'est la centralisation des travaux. Les ébénistes ne sont point divisés comme en France, et surtout comme à Lyon. Le principe d'association est vivace; de là, par l'importance des fonds engagés, l'emploi de moyens mécaniques qui simplifient la besogne, la production à meilleur marché et une supériorité relative de gain. Il existe peu de ces petits ateliers de deux ou trois ouvriers, et même d'un; aussi ne voit-on pas une multitude de patrons, dont la position est aussi précaire que celle de l'artisan, se livrer à une concurrence désastreuse, presque toujours soutenue au détriment des travailleurs. La fabrication a lieu en grand, et tout ce qui peut abréger le travail pénible s'opère par des machines, que nous n'avons pas, parce qu'elles coûtent trop. Forcés de faire à la main ce qui ne demande qu'un instant aux Anglais, nos petits fabricants sont obligés de vendre plus cher, en diminuant la main-d'œuvre.

La journée des ouvriers de Londres est de neuf et dix heures, avec un salaire de cinq à six francs. Je n'ose mettre en regard les heures de travail des ébénistes lyonnais et les prix qui leur sont accordés; on rirait, si l'on ne pleurait.

Et pourtant les ouvriers français sont aussi intelligents que les anglais — les produits exposés le prouvent — mais il leur manque une organisation semblable......, peut-être une liberté d'action aussi complète......

Si j'osais manifester un vœu, je demanderais à l'administration de nous accorder le droit de réunion. Nos intérêts, quelquefois méconnus, pourraient être discutés par nous. Les conflits, les froissements, qui, trop souvent, divisent les maîtres et les ouvriers, n'auraient plus de raison d'être, du moment que la libre discussion serait permise. Qui nous empêcherait de nommer un conseil à l'action paternelle, dont les décisions seraient souveraines, sorte de prud'hommie de famille élue par tous et respectée de chacun? En coûterait-il de l'essayer? Non, et je crois que l'on s'en trouverait bien.

Espérons que l'attention du gouvernement sera sollicitée par les faibles échos de nos voix. Que les délégations ne soient pas stériles. La position de la classe ouvrière réclame des améliorations urgentes. Que l'initiative vienne de haut lieu ou qu'on nous laisse le droit de la prendre, je suis persuadé que les travailleurs français se montreront à la hauteur de la confiance qui leur sera accordée, aussi bien que les Anglais, et qu'ils donneront, comme eux, l'exemple du calme et de la concorde.

Mougin.

FERBLANTERIE, LAMPISTERIE

Après avoir examiné scrupuleusement les divers travaux concernant la ferblanterie, la zinguerie et la lampisterie, j'ai acquis la conviction que la fabrication française était supérieure à celle des autres puissances.

Pour les *lampes* modérateurs et autres, il y a peu d'exposants étrangers, tandis que ceux de Paris sont très-nombreux.

M. Gagneau, de Paris, a exposé un très-bel assortiment de lampes riches, façons carcel et modérateurs, de formes variées, ainsi que des lampes en porcelaine et de belles lampes à suspension, pour salon.

On remarque parmi les exposants :

MM. Adrot, Descole, Galopin, Schlossmacher et Cie, Bonnet et Bordier, Carlhiam et Corbière, Lacarrière père et fils.

Tous les produits sortant de ces maisons sont de très-bonne exécution et ne laissent rien à désirer sous le rapport de l'élégance et de la solidité. La fabrique anglaise de ces articles est presque nulle, une partie des magasins de Londres étant fournis par les fabricants français.

M. Ditmar, de Vienne (Autriche), a obtenu une médaille pour ses lampes modérateurs, dont les dessins, assez heureux, diffèrent toutefois peu des nôtres.

MM. Stobwasser et Cie, de Berlin, ont aussi un assez bel assortiment de lampes, presque toutes d'anciens modèles.

Zinguerie. — M. Grados, de Paris, a exposé de très-beaux travaux en zinc estampé, entre autres deux amours soutenant un vase. Ces travaux sont d'une belle et difficile exécution et d'un très-bon effet. On peut en juger, du reste, en examinant la toiture des théâtres de la place du Châtelet, où sont placés quatre des mêmes sujets.

M. Michelet, de Paris. — Grand assortiment de zinc estampé, pour ornements, marquises, mansardes, etc. ; très-jolie rampe à balustre, bien exécutée.

MM. Donduit et Béchet, de Paris. — Belles statues de cuivre rouge en feuilles, et de plomb ; ouvrages pour bâtiments, en zinc et plomb.

M. Francis Morton, de Liverpool, a différents modèles de couvertures en zinc, qui ne présentent rien de nouveau dans leur système.

La Compagnie de la Vieille-Montagne a plusieurs modèles de couvertures cannelées et cintrées, déjà connus. Elle a aussi exposé une grande quantité de feuilles de zinc laminées, pour échantillons des produits de ses usines.

M. Wilson, de Londres, présente de fort belles baignoires en zinc verni et à pieds dorés. Une pompe, placée au pied de la baignoire et amenant l'eau, au moyen d'un tube, dans un réservoir à grille placé au-dessus de la tête du baigneur, permet à ce dernier de s'administrer des douches. Ces baignoires sont d'un très-bel effet et d'une forme élégante ; je n'ai pu, à mon regret, en connaître le prix, n'ayant rencontré personne pour me renseigner.

Le prix des matières premières étant connu de tous les zingueurs, je n'en parlerai pas.

La *ferblanterie* n'existe presque plus ; tous les ustensiles de ménage sont remplacés par le fer battu.

J'ai remarqué un assortiment prussien d'un bel étamage. La Belgique a fourni aussi beaucoup d'ustensiles en fer battu, mais je crois que la maison Jappy, de Paris, peut lutter avantageusement pour tous ces produits.

Je me suis occupé du prix des journées des ouvriers, qui est supérieur à celui des journées de France, et principalement à celui des journées de Lyon. Dans cette dernière ville, la moyenne est de 3 fr. 75 à 4 fr. ; à Paris, elle est de 5 fr. Les ouvriers de Londres gagnent 6 fr. 25 et ne travaillent que dix heures, ainsi qu'à Paris, tandis qu'à Lyon on travaille onze heures, et même douze dans plusieurs maisons, ce qui est beaucoup trop, si l'on considère le travail pénible que nous faisons.

La dépense de nourriture est peut-être un peu plus forte à Londres, mais, relativement, la journée est toujours plus avantageuse.

Renaud.

GRAVURE SUR PLANCHES PLATES

D'après ce que j'ai vu, je crois pouvoir dire que la France excelle, entre toutes les nations, pour la gravure, l'impression sur soie, sur laine, sur batiste, etc., comme elle l'emporte pour la gravure à l'eau forte et au burin, pour le picotage au poinçon, le picotage au burin, et surtout pour la gravure de vignettes.

Paris se distingue pour ses planches plates, qui sont de petite dimension et destinées aux batistes, gravures vignettes. J'ai eu lieu de remarquer en foulard le sujet de l'Exposition de 1855, gravé au poinçon et eau forte, picotage et fond de machine, le tout d'une parfaite exécution.

Les fabricants de Lyon, qui avaient peu fourni, retiraient leurs foulards au moment de notre arrivée à Londres. Ces foulards, suivant l'usage, se distinguaient par la gravure et l'impression ; ils sont, je crois, les seuls qui aient obtenu des récompenses bien méritées.

Saint-Étienne se faisait remarquer par la belle impression de ses rubans, dont la renommée s'augmente par la modicité des prix.

J'aurais désiré, à cause de l'avantage qu'il y avait à en retirer, visiter quelques fabriques anglaises, mais cela m'a été impossible. J'ai donc dû me contenter des produits de l'Exposition.

M. Hitchcock, de Macclesfield, a exposé des foulards soie, gravés en cuivre sur bois, de manière à imiter très-bien la gravure planche plate, et des dessins de grande difficulté, sur cachemire, avec fleurs et picotage.

dont le prix est égal à ceux du même genre fabriqués à Lyon, et qui ne valent pas notre planche plate, sous le rapport de l'exécution.

MM. Tham, Kheimer et Cie ont exposé des foulards-cravates très-bien imprimés; les gravures à l'eau forte en sont traitées largement, il y a peu de gravures au burin; les filets sont bien imprimés en tous sens.

MM. Lockert fils et Leake ont des impressions sur coton, gravure au rouleau; les rapports sont de 20 à 30 centimètres. Tout en présentant de grandes difficultés, les effets de gravure et de dessin sont exécutés avec un grand soin, et je n'ai rien vu de mieux comme fantaisie.

MM. Yorck et Cie, de Manchester, ont exposé une machine à graver le rouleau pour foulards et indiennes, au moyen de l'électricité. Cette machine, à mon avis, ne peut recevoir aucune application; au lieu de tracer les contours, elle les pointille seulement à l'aide du diamant : alors, lorsque le graveur prépare sa gravure avec l'eau forte, il ne réussit pas, malgré des précautions inouïes, à trouver nets les contours, ce qui le force d'avoir recours au picotage. Au surplus, cette machine est extrêmement compliquée.

Une seconde machine à graver le rouleau pour foulards et indiennes est exposée par MM. Lockert et Robert, de Manchester. Elle fonctionne assez bien, et des échantillons me la feraient croire, comme tracé et gravure, préférable à la précédente; elle est notamment d'une complication moindre.

Parmi les produits prussiens, j'ai remarqué deux appareils exposés par M. Bialon. Le premier est encore une machine à graver pour foulards et indiennes, traçant au diamant et rongeant à l'eau forte, d'une supériorité évidente à celles que je viens de citer, par suite de sa grande simplicité. La seconde est destinée à l'impression des rouleaux à deux couleurs. Les échantillons en sont d'un excellent rapport et d'un beau travail.

MM. Rolfs et Cie, du Zollverein, ont exposé des foulards coton et des étoffes pour meubles, gravures à l'eau forte et au burin, mal faites, mais bien imprimées.

MM. Gressard et Cie se font remarquer par leurs foulards soie et coton, dont la gravure et l'impression sont des plus médiocres.

L'Autriche et la Suisse n'ont presque rien fourni de notre spécialité. Je citerai seulement une machine inventée par M. Frédéric Wahn, de Bâle, applicable au tissage des rubans en soie de diverses nuances et de toutes largeurs; les produits obtenus imitent parfaitement la gravure en taille-douce ou en vignettes et ne sont pas plus élevés de prix que les rubans de Saint-Etienne. J'ajouterai qu'ils peuvent être comparés à ces rubans, ainsi qu'à ceux de MM. Daldon et Bardou, de Londres.

La prochaine Exposition de Paris doit voir figurer une machine à graver pour planches plates, fonctionnant au moyen de l'électricité d'après le système de M. Yorck, avec un semblable mouvement et un tracé de gravure identique.

En résumé, c'est la France qui me paraît avoir fourni, pour les produits qui entraient dans mon appréciation, les travaux exécutés avec le plus d'intelligence, et dont l'exécution ne laisse rien à désirer sous le rapport du talent et du fini. Notre pays continue sa marche vers le progrès plus rapidement que toutes les autres nations.

Georges Forster.

IMPRESSIONS SUR ÉTOFFES

Les soussignés déclarent que c'est avec la plus grande impartialité qu'ils ont examiné les produits exposés, concernant leur industrie. Ils regrettent que leur non-connaissance de la langue ne leur ait pas permis d'en faire davantage. Quoi qu'il en soit, ils ont tendu le plus possible à justifier la confiance de leurs collègues, auxquels ils présentent le résultat de leurs observations.

France. — La collection nombreuse d'imprimés sur chaîne et tissus brillait d'un vif éclat et laissait loin les impressions étrangères, soit par une exécution plus complète, manuelle ou mécanique, soit par la pureté et l'éclat du coloris.

Parmi les produits les plus brillants, était un médaillon imprimé sur chaîne, avec une inscription dédiée à la reine d'Angleterre. Ce travail, qui semblait être l'œuvre du plus habile peintre, se distinguait surtout par une grande précision et une beauté de coloris des plus remarquables.

Après cette image du génie industriel, nous avons à citer des imprimés sur chaîne ou sur tissus, très-beaux sous le rapport de la main-d'œuvre, du coloris et du dessin.

Tous ces objets sont d'une parfaite exécution. D'après nous, la France est évidemment supérieure aux autres nations pour le goût et le savoir-faire.

Angleterre. — Les impressions sur mousseline et sur coton sont bien exécutées, sans égaler toutefois celles de France. Mais il ne faut pas se dissimuler que les Anglais sont en bon chemin. Si leur travail sur chaîne n'approche pas encore du nôtre, ils ont des articles bien soignés et dont l'exécution ne laisse rien à désirer; leur coloris est irréprochable. Nous sommes persuadés qu'ils ne tarderont pas à nous égaler, si nous nous reposons sur la suprématie que nous avons eue jusqu'à ce jour, car les impressions anglaises, si dépréciées, nous ont surpris au-delà de toute expression. Nous étions loin de nous attendre à un pareil degré de perfection. Il faut nous mettre au travail et soutenir notre vieille renommée, qui défiait toute concurrence.

Prusse. — Nous sommes suivis de très-près par l'industrie prussienne, en ce qui concerne l'impression laine et soierie.

Un grand assortiment de foulards à grands enluminés se faisait remarquer par une bonne facture de travail et un coloris excellent. Des châles laine imprimés, du genre cachemire et fleurs naturelles, étaient assez bien coloriés, mais l'impression laissait à désirer.

La Prusse avait exposé deux machines à imprimer, que nous regrettons de n'avoir pu voir fonctionner ; nous avons néanmoins remarqué les produits qu'elles fabriquent, et ils nous ont paru d'une bonne confection.

L'une de ces machines imprime à trois couleurs les aunages, l'autre est destinée à l'impression des foulards en coton.

Autriche. — Cette nation a apporté de notables perfectionnements dans l'impression des châles; il y en a, entre autres, de genre cachemire et à fleurs naturelles, presque aussi beaux que les nôtres. Le coloris des imprimés sur chaîne, sur tissus soie, laine et coton, est bien réussi et approche même de celui de la France; mais tous les autres produits ou genres de travaux sont très-inférieurs.

Russie. — L'exposition de cette puissance est peu variée : elle ne comprend que des imprimés sur coton et tapis, et un petit assortiment de châles. A en juger par ces produits, la Russie serait, de toutes les puissances, la moins avancée pour l'impression ; ses articles coton sont loin d'égaler ceux d'Alsace, comme travail ou élégance. Rendons-lui cependant justice, en constatant la beauté des nuances de ses châles laine, que, malheureusement, une exécution défectueuse dépare.

Italie. — Les Italiens ont-ils craint de montrer où en était leur industrie? On le croirait presque en voyant la médiocrité des produits exposés : ce sont des tissus coton et des mousselines imprimées, qui laissent énormément à désirer sous le rapport de la fraîcheur des nuances. S'il fallait en conclure un jugement, nous mettrions cette puissance au dernier rang.

Portugal. — Un assortiment de pièces coton, imprimées au rouleau et à la main, ont été exposées par cette nation. L'impression et le coloris en étaient beaux.

L'Alsace se fait remarquer par une certaine exécution, et tout ferait supposer à ce pays d'excellents résultats dans un avenir prochain.

Voilà le court résumé de nos visites à l'Exposition. On voit que la France exerce une supériorité sur les autres nations. Mais une lutte industrielle est engagée en Europe, et chaque pays cherche à conquérir la première place pour la perfection du travail. Les Anglais ne reculent devant aucun sacrifice, dans l'espoir de nous ravir le monopole des impressions sur étoffes ; ils ont commencé par se servir de nos moyens et de nos travailleurs : tous les jours ils imitent nos produits, en cherchant à atteindre leur beauté. Aujourd'hui même, certains articles qu'ils fabriquent sont aussi parfaits que les nôtres. C'est que nous avons le tort de rester stationnaires, et bientôt nous laisserons échapper de nos mains les avantages d'une exécution, qui n'aurait rien à redouter si elle n'était tombée dans l'ornière.

Le seul moyen, selon nous, de réveiller le goût et de stimuler les efforts des travailleurs, le seul moyen, en un mot, de soutenir la concurrence, ce serait d'employer les moyens des Anglais. Ils ont compris qu'on ne produisait de bonne main-d'œuvre qu'avec de bons ouvriers, et que les bons ouvriers n'existaient qu'à la condition de recevoir un salaire raisonnable. Ce raisonnement a été couronné par la réussite. Il n'en est pas ainsi en France : nous sommes surchargés de travaux dont la rétribution est minime ; aussi le dégoût s'empare-t-il souvent de nous, le zèle se relâche, l'amour-propre disparaît et l'on confectionne, quand on devrait s'attacher à faire parfaitement.

Chaque fois que, dans notre industrie, on diminue le salaire, c'est une fausse économie ; l'ouvrier fait moins et plus mal.

Notre intention n'est pas d'exagérer cette mauvaise situation, qu'il n'était besoin que de signaler. D'après notre conviction, c'est en y remédiant qu'on trouverait le moyen de soutenir la concurrence. La France ne craindra rien de nations rivales le jour où les maîtres auront compris qu'il est de leur intérêt de s'entourer de bons ouvriers, en les rétribuant suffisamment pour leur permettre de vivre.

Les efforts du gouvernement et de la Chambre de commerce nous font espérer que la question recevra une solution prochaine. C'est le vœu de tous nos confrères et le nôtre.

Rouge aîné.
De Saint-Jean.

LITHOGRAPHIE, TAILLE-DOUCE

De retour de l'Exposition universelle de Londres, où j'ai eu l'honneur d'être envoyé en qualité de délégué représentant la corporation lithographique de la ville de Lyon, je viens vous soumettre le résultat de mes études et vous faire part de mes appréciations sur les divers travaux lithographiques que j'ai eu à examiner.

Je commence par les produits anglais.

Parmi les travaux extraordinaires exposés par la Grande-Bretagne, je citerai :

1° Ceux de la maison Paul Couci, de Londres, qui a exposé diverses lithographies, dont trois portraits au crayon, d'une vigueur et d'une réussite parfaites;

2° Mansell, de Londres : plusieurs chromo-lithographies, des dessins, différentes impressions, le tout généralement bien traité;

3° Les maisons Macdonald, de Londres, et Day-Andsou, qui ont exposé divers portraits au crayon, parmi lesquels figurent ceux de la famille royale; tous sont d'une fort belle exécution :

4° Laurent de Lara : une chromo-lithographie, signée John Laing, qui est parfaitement réussie;

5° Colour, de Londres : maison s'occupant spécialement de l'étiquette en couleur avec un soin d'impression satisfaisant :

6° William Dick, de Londres : travaux de commerce, impressions noires et en couleur excessivement soignées, qui placent la maison au premier rang.

France. — La maison Lemercier, de Paris, brille toujours par la beauté de ses produits, soit en chromo-lithographie, soit au crayon ; rien n'y est négligé. Entre autres, on remarque avec curiosité un travail gigantesque, qui est d'une hauteur de deux mètres environ : c'est le portrait de la reine d'Angleterre, dessiné sur une pierre lithographique française provenant des carrières de M. Dupleix. Le papier de Chine ainsi que le papier sans colle destinés à l'impression de ce portrait sortent des manufactures de MM. Breton frères ; la rame de ce papier est du poids de 800 kilos.

Les maisons Dopter, Turgis et Bertaus, de Paris, sont les seules qui rivalisent pour la perfection de l'imagerie religieuse et pour d'autres éditions.

De M. Viescner, de Paris, on remarque plusieurs paysages, portraits, marines, sujets d'histoire naturelle, le tout d'une exécution irréprochable.

M. Chardon aîné, de Paris, graveur en taille-douce, n'a point dégénéré ; c'est à juste titre qu'il a conquis sa réputation. La supériorité de ses travaux vient encore contrôler tout son mérite.

On voit dans la vitrine de M. Bry, de Paris, la dernière lithographie de Raffet, dessinée par Rosa Bonheur, sur papier préparé par M. Bry, et reportée sur pierre sans aucune retouche ; un attelage de bœufs, travail plus compliqué que le premier, exécuté de la même manière, dont la pureté et la vigueur présentent un résultat magnifique.

Jacomme, de Paris : travaux de commerce, fonds d'actions, couleurs, etc., parfaitement exécutés.

La maison Landa, de Châlons-sur-Saône, peut sans prétention se placer sur les rangs, pour la bonne confection de ses produits ; l'étiquette en chromo-lithographie ne laisse rien à désirer.

Prusse. — Les maisons de Berlin qui, à mon point de vue, méritent d'être signalées, comme perfection et beauté de travail, sont :

Dusseldorf, pour l'impression en couleur ; Druk, pour le crayon ; Edouard Stanges, pour le papier fantaisie.

M. Knatz, de Francfort : impressions en couleurs, étiquettes et ouvrages de commerce d'une bonne exécution.

Lenhart, de Wiesbaden, a exposé un album, dessiné par Kolb, d'une belle impression ; les travaux de commerce n'ont rien de remarquable.

Maneck, de Leipsik : portraits en chromo-lithographie imitant la peinture à l'huile et autres imitant la mine de plomb, d'une réussite parfaite.

Autriche. — N° 1128 : divers sujets imprimés en chromo-lithographie, d'une bonne exécution et d'une fraîcheur surprenante de couleur.

N° 1126 : quelques gravures en taille douce, sujets mythologiques, d'une assez bonne exécution.

Suisse. — N° 422 : travaux en tous genres, d'une bonne impression.

Drescher, de Zurich : travaux en couleur et en noir, peu nombreux, mais assez bien réussis.

En Allemagne, la lithographie prédomine sur beaucoup de puissances, par la pureté de l'impression, la vigueur de ses couleurs, la transparence et la netteté de tous ses travaux ; la gravure sur pierre, qui y est née, y excelle en tous points.

En résumant mon rapport, j'ai quelques appréciations à faire sur la différence qui me semble exister entre nos travaux français et ceux des autres nations : ainsi à Londres l'impression en noir pour le crayon est à juste titre équivalente à la nôtre, mais les travaux de commerce y seraient inférieurs. Le salaire de l'ouvrier imprimeur est proportionnellement plus élevé qu'à Paris. Dans cette dernière ville, l'ouvrier gagnant de six à sept francs par jour gagnerait à Londres de six à sept shellings, qui valent 8 francs 40 centimes de notre monnaie. Les frais de location et de subsistances sont à peu près les mêmes qu'à Paris.

A Paris et dans les principales villes de province, j'ai remarqué que, malgré tous les soins qu'on a pu apporter en lithographie, principalement pour l'impression en chromo-lithographie, nos produits laissent à désirer sous le rapport de la vivacité des couleurs, moins brillantes que celles d'Allemagne. En nous procurant les matières premières employées par les maisons étrangères, nous arriverions à la perfection de notre art, attendu que les moyens de fabrication sont partout semblables. Mais, comme éléments artistiques, la France brille par ses belles compositions, par l'arrangement des groupes, enfin par le fini et l'élégance de sa coquette ornementation.

J'avais cherché, pour compléter ma mission, à visiter quelques ateliers lithographiques et en taille-douce, afin de recueillir des renseignements utiles à notre profession, mais il m'a été impossible de pénétrer dans aucun de ces établissements. D'ailleurs, mon ignorance de la langue anglaise a été un des principaux écueils contre lesquels s'est brisé mon désir de me renseigner sur bien des choses.

Si, pour remplir mon mandat, je n'ai pas apporté toutes les connaissances désirables, j'ai du moins fourni tout le zèle et le dévoûment possible, et j'ai cherché à m'élever, suivant mes forces, à la hauteur de la mission que vous aviez daigné me confier......

LAUVIN.

MÉCANIQUE

En acceptant le mandat qui nous était dévolu par le suffrage de nos confrères, nous ne nous dissimulions pas les difficultés de notre tâche, mais nous étions bien au-dessous de la réalité, et c'est seulement en pénétrant dans l'Exposition que nous reconnaissions la lourdeur de la mission dont nous étions chargés. De toutes parts s'offrait à nos yeux un vaste champ d'observations à recueillir ou de produits à examiner : ce n'étaient que machines, outils, pièces diverses du domaine de l'invention, entraînant le concours de la mécanique, et par conséquent tombant dans le domaine de notre examen. En présence de cet amas de choses, qui eussent nécessité plusieurs mois d'étude, il devenait urgent de s'attacher spécialement à un travail substantiel, dont l'ensemble nous permît de formuler une opinion motivée sur les principaux objets exposés. C'est ce que nous fîmes, et, de plus, nous arrêtâmes de négliger d'une façon absolue tout ce qui ne serait pas compris dans la mécanique ou n'y aurait pas de rapports immédiats.

Malgré toute notre bonne volonté, nous n'avons pu réaliser tout ce que nous avions en vue ; le temps nous a manqué, aussi la connaissance de la langue anglaise. Nos camarades se montreront indulgents, nous en avons l'espoir, si dans ce mémoire, trop court — ses auteurs ne l'ignorent pas — nous procédons sans ordre et sans méthode. Nous avons à la hâte mis à la suite les uns des autres nos souvenirs et nos notes, sans nous occuper de leur classement plus ou moins régulier, ne nous inquiétant que de leur vérité scrupuleuse, dont nous nous portons les garants.

Ce qui nous a frappés dans la visite des produits de toutes nations, c'est l'incontestable beauté et une supériorité de première vue des appareils britanniques, soit comme moulage de fonte, soit comme main-d'œuvre ou montage des pièces. Nous pensions d'abord que cette belle exécution était spéciale aux travaux exposés, mais des visites d'ateliers nous ont prouvé qu'elle était générale. Nous avons vu notamment, parmi d'autres pièces sortant du sable, un cylindre oscillant pour une machine à vapeur de cinquante chevaux, d'une admirable perfection. Nous ne pourrions faire qu'un reproche aux travaux anglais, c'est de manquer du goût qui caractérise les nôtres, et encore il est facile de nous objecter que ce qui semble beau à un peuple ne convient pas à l'autre.

Il nous reste à trouver la cause de cette supériorité, et c'est dans le mode de fabrication ainsi que dans l'examen des matières premières que nous l'avons cherchée, ce qui nous a offert des difficultés innombrables, tant à cause de la rareté des renseignements que de l'impossibilité de pénétrer dans beaucoup de grandes usines. (Hâtons-nous de dire que là où nous avons pu le faire, nous avons été accueillis avec une courtoisie au dessus de tout éloge.)

Nous croyons cependant pouvoir émettre un jugement fondé, en disant que la supériorité des travaux anglais tient à trois causes principales : 1° la qualité exceptionnelle du minerai et l'excellence du sable employé dans les fonderies ; 2° l'emploi de moyens mécaniques et d'outils spéciaux mus par la vapeur dans des cas où nous exécutons à la main ; 3° l'instruction théorique plus développée en Angleterre qu'en France.

Quant à ce qui regarde la main-d'œuvre proprement dite, c'est-à-dire la forge, le tour, l'ajustage, nous ne doutons nullement que le jour où nos chefs d'ateliers le voudront, nous ferons aussi bien, sinon mieux ; mais pour cela il ne faut pas s'attacher, comme on le fait depuis quelques années, à une économie parcimonieuse de temps et d'argent aux dépens de l'exécution. La mode du bon marché a porté un coup funeste à notre industrie, qui ne se relèvera pas de sitôt. Nous parlons surtout au point de vue des ouvriers.

Bien que nous n'ayons pu nous enquérir complétement du prix des matières premières, nous sommes certains qu'elles coûtent moins qu'en France ; nous ignorons totalement les prix de vente. Cependant, dans une conversation que nous eûmes avec le représentant d'un atelier très-important, nous apprîmes que les Anglais avaient à lutter contre la terrible concurrence qui leur était faite par des maisons importantes de Paris, lesquelles livraient leurs produits à un bon marché qu'ils ne pouvaient atteindre. Ce fait serait inexplicable pour des gens étrangers à l'art, qui ne considéreraient que le coût beaucoup plus élevé des matières premières en France, mais, pour nous, il trouve sa raison d'être dans la différence colossale des salaires alloués aux ouvriers des deux peuples. C'est le travailleur français qui supporte les frais de la concurrence. Nous reviendrons du reste sur cette question.

Commençons par un examen sommaire de l'Exposition, où nous nous trouvons d'abord en face d'énormes machines de marine, à système horizontal, vertical, oblique, à deux cylindres oscillants, se faisant face, oscillant vertical, etc., etc.

Ces appareils présentant des avantages et des inconvénients particuliers, il nous est impossible de nous prononcer exclusivement en faveur de l'un d'eux ; d'ailleurs il aurait fallu consacrer plusieurs journées à chaque machine pour oser risquer des critiques. Nous nous bornerons à louer le travail et l'heureuse combinaison des mouvements qui les composent. La plupart des machines ne fonctionnent pas ; cependant une d'entre elles, sortant des chantiers de la Méditerranée de Marseille, de la force de sept cents chevaux, est mise en mouvement au moyen d'un appareil supplémentaire de quatre ou cinq chevaux, dont l'arbre, portant une vis sans fin engrenant avec une roue placée sur l'axe de la grosse machine, lui communique un mouvement lent, qui permet de voir le jeu de chaque pièce et les ingénieux mouvements appliqués pour régler la marche de pareilles masses.

Les constructeurs anglais ont eu l'heureuse idée d'exposer, en même temps que leurs gros appareils, des modèles réduits au dixième de leur grandeur, dont le fonctionnement s'opère au moyen d'une petite transmission communiquant avec le moteur souterrain du palais. Ces petites machines, très-complètes et fort bien exécutées, facilitent beaucoup l'étude. Par une innovation méritoire, de semblables machines sont placées dans les salles de réception des maisons de construction, ce qui offre aux acquéreurs l'avantage d'étudier complètement le système des machines dont ils désirent faire l'emplette. Ces sortes de musées rendraient d'utiles services, si on en introduisait la création dans nos usines françaises.

A la suite des machines précitées viennent les machines-outils. Les maisons qui se distinguent le plus par le choix varié et le grand nombre de produits de ce genre sont celles de M. Withvort et de M. Faurbaine. Parmi les machines qui méritent une attention spéciale, nous remarquons les suivantes :

1° Des petits tours à pédales, à l'usage des amateurs et des fabricants d'instruments de précision. Ces tours, qui ont de 10 à 12 centimètres de hauteur de pointes, peuvent, suivant les besoins, servir à tourner, aléser et fileter ;

2° Un grand tour parallèle double, servant aux mêmes fonctions, d'un système particulier présentant quelques avantages. Le chariot porte deux outils se faisant face, ce qui doit produire une économie de temps pour le tournage des longues pièces cylindriques, telles que les tiges de piston, les arbres de transmission, etc., car la force latérale exercée sur l'un des côtés est balancée par le deuxième outil tourné sens dessus dessous et travaillant en face de l'autre. Ce système permet de faire des passes de toutes sortes, sans craindre la flexion ou le sautage des pièces mises en pointe ;

3° Un même genre de tour, mais appliqué à tourner les roues de locomotives : quatre outils agissent simultanément sur les côtés opposés de chaque roue ; les deux roues sont tournées à la fois ;

4° D'autres tours, munis à l'extrémité de leur banc d'une petite presse hydraulique, dont la fonction est d'emmandriner les pièces qui doivent se tourner sur mandrin ; la pression, exercée au moyen d'une pompe mue à la main, est facultative et se règle facilement au moyen d'un poids qui se promène sur un levier agissant sur une soupape de sûreté ;

5° Enfin des machines à rabotter de toutes les dimensions et de tous les systèmes, à plateaux mobiles, depuis celles qui rabottent une surface de 45 centimètres carrés jusqu'à de plus grandes, qui exercent leur action sur 3 mètres de hauteur, 3 mètres de largeur et 6 mètres de longueur. Dans les fortes machines, on a disposé un chariot sur les montants verticaux, ce qui permet de raboter au besoin trois surfaces à la fois, l'horizontale et les deux verticales ;

6° Une forte machine à percer radiale, dont le porte-foret, placé sur le bras radial, peut s'écarter d'une distance de trois mètres de l'axe vertical. On peut, avec cette machine, percer des trous au centre de roues ayant plus de six mètres de diamètre, et creuser des pièces de différentes hauteurs, par la raison que le bras radial tourne à volonté dans un arc d'environ 180°, et que, sans exiger beaucoup d'efforts, il monte et descend le long du bâtis par le moyen de pignons et de crémaillères.

Tous ces genres d'appareils sont très-coûteux, on ne peut se le dissimuler ; par contre, ils présentent des avantages si réels, qu'on comprend parfaitement que les constructeurs qui peuvent s'en munir réalisent des bénéfices certains et font d'excellents travaux, même en n'employant pour les faire manœuvrer que des gens pour la plupart fort inexpérimentés, payés, du reste, en conséquence.

Après ces pièces principales, il en vient d'autres d'une moindre importance et sur lesquelles nous ne nous étendrons pas, attendu que l'usage

en est répandu dans tous les ateliers français de mécanique ou de serrurerie.

Nous arrivons aux marteaux-pilons formidables, à l'aide desquels il
n'est plus de travaux de forge impossibles, quelle qu'en soit l'importance.
Si jadis bon nombre de ces appareils pêchaient par le faible diamètre des
tiges de piston, on pourrait constater une tendance contraire dans ceux
de moyenne force qui sont exposés. Il en est, entre autres, dont les tiges
sont énormes, au point de remplir les fonctions de marteaux. On en remarque aussi à piston fixe, avec cette particularité que le cylindre glisse
le long des jambages et que le marteau est fixé à queue d'aronde à la partie inférieure. Nous avouons ne pas avoir compris l'avantage que compte
retirer de ce système son inventeur. Tout laisse à supposer un incessant
changement de cylindre, car il est inévitable que, quelle que soit sa force
matérielle, il ne finisse par se rompre, soit par le choc, soit par le clavet-
tage des marteaux. On n'ignore pas que nos marteaux de fonte massive
ont dû forcément être remplacés par de semblables en fer.

Les marteaux-pilons qui présentent le plus d'intérêt sont ceux de
M. Naylor, de Kerkstalt. Ceux de petit modèle, pouvant frapper deux
cents coups par minute, sont à double effet, c'est-à-dire que la vapeur
agit des deux côtés du piston ; comme la surface supérieure du piston
est double de la surface inférieure, le marteau, par suite, tombe avec
une pression de vapeur beaucoup plus forte que celle qui le fait monter,
eu égard aux différences de surfaces et aux poids de la tige et du marteau.

Ces pilons sont automoteurs : autrement dit, la distribution est donnée
par le marteau qui porte sur son côté le galet, lequel, rencontrant des
touches variables le long du bâtis, permet : 1° de varier à volonté le lieu
de la course du piston ; 2° par une ingénieuse combinaison de leviers, de
régler en même temps l'admission de la vapeur, de façon à frapper plus
ou moins fort et plus ou moins vite. La force de ces marteaux est trois fois
plus grande que ceux du même poids ; cet avantage en a fait établir l'emploi général, et nous les avons vus fonctionner dans les ateliers que nous
avons visités (1).

---

(1) D'après les nombreux exemples que nous avons vus de cylindres à vapeur dont le piston se meut en va et vient par le réglage seul de la distribution et sans le secours d'aucun mouvement circulaire, nous pensons que le
système de cylindres employés pour les marteaux-pilons conviendrait parfaitement à un mouvement de scie battante pour le bois. Il serait peut-être
préférable, sous le double rapport de l'économie de matériel et de l'unifor-
mité de mouvement, à l'emploi ordinaire d'une bielle reliant un bouton de
manivelle à un châssis de scie jouant dans les guides. La transmission directe

Les machines à vapeur fixes, de toutes forces et de tous genres, sont exposées en nombre infini. Presque toutes, chose digne de remarque, sont munies de la coulisse de Stephenson, pour les changements de marche, et de modérateurs ordinaires, dont les systèmes ne présentent rien de nouveau ; elles brillent généralement par les ornements ; il en est même dont les bâtis sont ornés de moulures saillantes polies. Le seul fait à constater est une élégance de formes remarquable.

Une douzaine de locomotives figurant à l'Exposition offrent, pour la plupart, la même apparence que les machines précédentes, c'est-à-dire une grande beauté de travail appliquée à des systèmes connus.

La compagnie du chemin de fer du Nord a envoyé une locomotive à marchandises, à huit roues couplées, et deux dessins de machines à quatre cylindres, dont l'une est destinée au transport des voyageurs et l'autre au transport des marchandises. Ces locomotives méritent une description spéciale. Les foyers sont surélevés au-dessus des roues et des longerons, ce qui a permis de leur donner une largeur notablement plus grande qu'à ceux des autres systèmes ; il en résulte un double avantage : premièrement que, par l'élargissement des foyers, on a pu augmenter le nombre de tubes contenus dans le corps cylindrique de la chaudière, ensuite que les grilles, présentant une surface augmentée, ne nécessitent plus rigoureusement l'usage de combustible de premier choix, puisque les qualités inférieures remplissent le même but. Afin de pouvoir augmenter le nombre des tubes, on a réduit l'espace destiné à la vapeur, dont on a reporté le principal réservoir dans un second corps tubulaire traversé et entouré par la fumée qui sort du foyer ; ce réservoir remplit ainsi les fonctions de sécheur. L'élévation des foyers au-dessus des châssis des roues et l'addition du corps tubulaire du sécheur n'auraient pas permis de donner à une cheminée ordinaire la longueur suffisante ; aussi l'a-t-on disposée horizontalement, ce qui ne gêne pas du tout pour le tirage, grâce à sa production par des moyens artificiels. L'alimentation se fait à l'aide de deux injecteurs Giffard placés sur la plate-forme du mécanicien ou de chaque côté du foyer. L'eau d'alimentation est puisée dans une soute placée sous le corps cylindrique de la chaudière, afin de reporter autant que possible toute la charge sur les roues ; une autre soute au-dessus de laquelle se trouve le charbon est placée, dans ces locomotives, sur l'essieu d'arrière. On a reconnu qu'il était indispensable,

---

serait moins variée, et on s'épargnerait les frais coûteux d'achat et d'entretien de machine à vapeur, d'arbre, de courroie, de volant, de contrepoids, de bielles, etc.

avec les quatre cylindres, d'avoir deux essieux moteurs, et l'on évite ainsi les bielles d'accouplement, qui sont sujettes à se rompre. Dans les machines destinées au service express, ces essieux moteurs sont montés sur des roues de 1 mètre 60 de diamètre, n'exigeant qu'un châssis court et léger. Les locomotives ainsi établies ne présentent aucune difficulté pour le passage dans les courbes.

L'Autriche a également exposé deux locomotives, dont l'une à dix roues couplées, destinée à monter les fortes rampes, est à peu près semblable à celle à huit roues du chemin de fer du Nord, excepté qu'elle ne possède pas de deuxième corps cylindrique servant de sécheur, et qu'ainsi il a été possible de la munir d'une cheminée ordinaire. Cette machine, étant beaucoup plus longue que l'autre, offrait des difficultés pour le passage des courbes. Il a été remédié à cet inconvénient en formant deux châssis : celui d'avant est du même système qu'aux locomotives ordinaires, c'est-à-dire qu'il est muni de deux cylindres, de six roues couplées et de tout le mouvement, tandis que celui d'arrière n'a que quatre roues couplées, dont deux sous la grille et deux sous la soute à charbon. Les châssis sont réunis au moyen d'une cheville placée au centre de la machine, dont le type est pareil à celui des tenders et locomotives usuels. Afin de transmettre le mouvement du troisième essieu d'arrière au quatrième. un arbre de transmission a été placé au-dessus du longeron. Entre les deux essieux, cet arbre est muni à chaque extrémité d'une manivelle recevant le mouvement, au moyen de deux petites bielles, par les roues du troisième essieu d'arrière; l'arbre transmet ce mouvement aux roues du quatrième essieu par l'emploi similaire de deux autres petites bielles, placées sur le même tourillon, à côté des deux précédentes. L'arbre de transmission est tenu à une égale distance du centre des deux essieux par deux pièces de fer dont les extrémités sont alésées au diamètre des essieux et de l'arbre, de sorte que les essieux peuvent monter ou descendre sans être abandonnés par l'arbre.

La seconde pièce exposée est une machine à voyageurs, qui ne diffère des autres que par ses quatre cylindres, qui sont deux à deux, et dont les deux pistons de côté commandent la même roue, en marchant en sens inverse l'un de l'autre. Ce mouvement contraire amène un équilibre, de façon que l'essieu moteur n'est poussé ni en avant ni en arrière à chaque introduction de vapeur, ce qui a lieu dans toutes les machines ordinaires. Une seule chose reste à craindre, c'est que le tourillon clavetté dans la roue ne soit tordu par le deuxième tourillon, placé à une distance du premier égale à deux fois la longueur de la manivelle. L'application de ce système aux locomobiles nous paraîtrait d'une utilité incontestable, parce qu'elle empêcherait la machine de se livrer à un va et vient, qui finit par disloquer les pièces et occasionner de fréquents dérangements.

Nous trouvons plus loin quelques machines à vapeur à traction, pour les routes ordinaires. Ces machines, toutes anglaises, sont, pour la plupart, d'une complication telle, que nous doutons qu'elles offrent des résultats bien satisfaisants, si on ne les modifie pas. L'une d'elles est munie d'un chemin de fer sans fin, c'est-à-dire que des palettes fixées aux jantes des roues viennent se présenter tour à tour, et bout à bout, au-devant des roues, qui les remontent, en tournant, pour les présenter de nouveau devant elles. Pour satisfaire aux différents mouvements qui leur sont nécessaires, les articulations des palettes exigent un ajustage particulier très-délicat, qui, malgré l'apologie des constructeurs pour leurs produits, doit occasionner des dérangements et, par suite, exiger des frais énormes d'entretien.

Parmi les locomobiles ordinaires, généralement très-bien construits, nous signalerons particulièrement celui de MM. Ransomes et Sins, remarquable par sa simplicité et sa facilité de manœuvre. Cette machine, tout à découvert, est fixée à la partie supérieure d'une chaudière construite sur le modèle des locomotives avec foyer en cuivre et tubes en laiton; la chaudière est montée sur des roues en fer très-solides. L'apppareil, de la force de sept chevaux, est muni d'un *réchauffeur*, qui règle la consommation du combustible de manière à l'établir, avec garantie, à 3 kil. 400 de houille par heure et par force de cheval. Quoique la construction de ces locomobiles soit une spécialité pour les maisons exposantes, nous pourrions parfaitement l'aborder et la faire au même prix, car la machine de MM. Ransomes et Sins est cotée 6,500 fr., avec quelques pièces de rechange.

Une quantité d'appareils hydrauliques est exposée; on remarque surtout des crics fonctionnant par la pression de l'eau. Autant que nous avons pu en juger par les principes et l'examen extérieurs, ces instruments doivent être très-commodes, à cause de leur peu de volume et de leur légèreté, comparés à leur force prodigieuse. Il nous a été impossible, à notre grand regret, de nous en procurer la vue en coupe.

Diverses pompes centrifuges, de MM. Gwynne et Cie, ne présentent de curieux que l'énorme quantité d'eau qu'elles rejettent; le système en est connu de tous : il repose sur la tendance qu'ont les corps en mouvement de rotation rapide à s'échapper par la tangente à la direction du mouvement. Une pompe construite d'après le même principe a, si nous ne nous trompons, fonctionné aux travaux du pont de Nemours.

Il est regrettable que le temps nous ait manqué pour examiner dans leur détail toutes les machines exposées. Le nombre en était si considérable, qu'un séjour de plusieurs mois y aurait à peine suffi. On ne s'étonnera donc pas si nos appréciations sont un peu écourtées, car nous devions, avant tout, nous faire une idée de l'ensemble général. Nous n'avons jamais autant eu conscience de notre lourde tâche que lorsque nous sommes arrivés devant les machines françaises du domaine de l'invention. Avides de les contempler, nous aurions voulu en étudier la moindre pièce, en saisir toutes les combinaisons, ce qui, malheureusement, ne nous a pas été possible. Nous préférons donc nous abstenir plutôt que d'en donner une description incomplète ou confuse. Cela ne nous empêchera pas toutefois de citer les plus intéressantes, parmi lesquelles il faut mettre en première ligne :

1° La machine à gaz de M. Lenoir :

Suivant nous, ce moteur, encore à l'état d'enfance, pourra un jour recevoir une application des plus avantageuses. Ce n'est pas au point de vue de l'économie du combustible qu'il nous paraît devoir être préféré : c'est là une de ses moindres qualités. Il est surtout utile par la suppression des nombreux embarras qui accompagnent la mise en fonction d'un appareil à vapeur. Point de préparatifs. A l'instant où une force motrice est nécessaire, on l'obtient immédiatement, et, aussitôt que le besoin ne s'en fait plus sentir, on la supprime, sans que la dépense continue. Les industriels qui n'ont besoin d'un moteur qu'à de certains moments recueilleront un bénéfice considérable de l'emploi de la machine Lenoir, dont les frais d'établissement ne sont pas trop compliqués, et qui peut être installée partout où il est possible d'obtenir du gaz;

2° La machine à fabriquer la glace au moyen du gaz ammoniaque :

Il suffit d'avoir vu fonctionner cet appareil, de M. Carré, pour être convaincu qu'il est plus économique de fabriquer la glace artificielle au fur et à mesure des besoins, que de la recueillir précieusement pendant la saison froide et de l'emmagasiner pendant plusieurs mois, moyens coûteux et pleins de désagréments de toute sorte;

3° Divers appareils exposés par M. Bourdon, pour la démonstration de principes physiques et, entre autres, pour prouver la possibilité d'injecter de l'eau avec un courant de vapeur;

4° L'injecteur Giffard, qui avait été étudié par M. Bourdon avant que son inventeur prît un brevet pour sa création définitive. Cet appareil est appelé à un grand succès, et il a été adopté par les compagnies de chemins de fer, ainsi que déjà nous l'avons vu plus haut;

5° La machine électro-magnétique de M. Berlioz, pour fournir un éclairage électrique par le courant d'induction. Un bon résultat nous semble avoir été obtenu, car la lumière fort régulière qui éclairait l'Annexe n'a point été interrompue pendant la durée de la force motrice, qui nous a paru être d'un cheval seulement :

6° Un régulateur d'alimentation des chaudières à vapeur, de M. Achard. Cet appareil, qui a pour but de maintenir l'eau à un niveau constant et d'avertir, au moyen d'une sonnerie, du non-fonctionnement, nous était connu ; depuis plus d'une année il fonctionne parfaitement dans les ateliers de M. Seyvon fils, de Lyon, et jamais aucun dérangement ne s'est produit dans son mécanisme.

Nous citerons ensuite :

Les scies à ruban de M. Perrin, datant de 1855. Malgré l'extension de ce genre de machines, celles-ci n'en sont pas moins les plus recherchées, et c'est justice. On exécute, par leur emploi, les travaux les plus étonnants de précision ; aussi les spécimens exposés sont de véritables tours de force ;

Un métier à fabriquer les filets de pêche, de MM. Baudoin frères et Jouanin. Ce métier, construit d'après les premières données de M. Pecqueur, fonctionne aujourd'hui très-régulièrement, grâce aux perfectionnements successifs qui y ont été apportés. L'invention en est très-belle, mais elle ne pourra jamais être appliquée sérieusement, car les filets sont fabriqués généralement par des enfants faisant environ vingt mille nœuds par jour, pour une rétribution de cinquante centimes. Il faudrait donc que le métier fabriquât quatre cent mille nœuds pour gagner le salaire de vingt enfants. Le prospectus des inventeurs promet bien un chiffre encore plus considérable, mais cela ne suffit pas, eu égard aux nombreux chômages qui se présentent forcément, par suite du peu d'extension de cette industrie spéciale ;

La machine à fondre les caractères d'imprimerie, de M. Poirier, dont l'ingéniosité et la vitesse sont telles, qu'elle fabrique les caractères plus vivement qu'on ne peut les compter. Il est bien entendu que nous ne vantons que la machine elle-même, sans avoir la prétention de juger de ses produits, qui ressortent de notre compétence.

Nous souhaitons ardemment que les inventeurs des susdites machines puissent trouver en France la possibilité d'en exercer l'exploitation, afin qu'elles ne passent pas, comme tant de précédentes, chez nos voisins d'outre-mer ; eux ne repoussent jamais les découvertes, quelles que soient leurs nationalités. Il est facile de constater que beaucoup de machines dont s'enorgueillissent aujourd'hui les Anglais ont été le fruit des recherches de nos collègues ouvriers, Français intelligents, mais dénués de ressources et privés d'appui, que la nécessité a forcé de s'expatrier, et qui n'ont pas recueilli le produit de leurs longues veilles, car la plupart ont vendu leurs œuvres à vil prix. Nous soulevons ici une question que nous voudrions voir traitée par une plume exercée. La matière est belle, et, en outre du point de vue historique, on pourrait avec avantage s'étendre sur la malheureuse position de ces hommes de génie que le feu de l'invention, consume et qui sont bridés par l'inexorable misère. C'est à ceux-là qu'il serait utile d'accorder des encouragements, c'est à ceux-là qu'il faudrait d'abord prouver l'existence de la mutualité humaine.

Trois machines rotatives, condamnées jusqu'à présent par le préjugé, ont été exposées. L'une d'elles, d'origine suédoise, fonctionnait assez régulièrement et présentait une parfaite construction. Le principe n'en est pas nouveau, mais une amélioration y a été introduite : l'action de la vapeur, pour faire tourner l'arbre moteur, est répartie à la fois sur deux pistons opposés l'un à l'autre sur l'arbre. On évite ainsi l'inconvénient inhérent aux machines construites jusqu'à ce jour, de la pression sur l'axe.

Les inombrables tentatives qui ont eu lieu dans les machines de ce système ont souvent dû leur insuccès au manque d'équilibre de la pression de la vapeur sur l'arbre de rotation. Nous regrettons sincèrement que M. Seyvon fils, de Lyon, n'ait pas été autorisé à exposer une machine rotative de son invention, que nous avons étudiée ; elle méritait, par la grande vitesse qu'on peut lui donner et par les services qu'elle peut rendre, d'être soumise à l'examen des gens compétents.

Les machines à fabriquer des briques, toutes très-ingénieuses, se présentaient sous plusieurs formes. Les unes, par l'effet d'une pression, poussaient des rubans de terre glaise de dimension voulue, qu'on coupait ensuite ; d'autres, à système de laminage et de cylindre, produisaient de mêmes rubans, que des fils de fer, mus automatiquement dans les deux sens, coupaient en long et en large ; enfin, les dernières, très-simples et très-maniables, donnaient la forme à une molette de terre, d'un volume donné. Elles nous ont paru être les plus avantageuses, tant par la facilité avec laquelle on pouvait les employer que pour leur exactitude à fabriquer des briques d'une dimension unique, à pâte comprimée, à arêtes vives et aux faces de joints creusées. Ces machines sont de construction anglaise, et cela se conçoit qu'on étudie spécialement la fabrication des briques dans un pays où on les emploie spécialement pour la construction.

Il ne nous reste plus à parler que des machines à labourer, dont nous ne donnerons pas la description. Nous nous bornerons à dire que différents modèles étaient exposés, et que, d'après les appareils anglais, le labourage à vapeur nous a paru plus vulgarisé en Angleterre qu'en France.

Nous arrivons maintenant aux magnifiques échantillons d'acier envoyés par la Prusse, parmi lesquels nous citerons en premier deux troncs massifs de cylindre, de 70 centimètres de diamètre sur 1 mètre 20 centimètres de hauteur. Ces deux morceaux ont été détachés l'un de l'autre au moyen d'une incision faite au tour, d'une profondeur de 15 centimètres environ, suivie de la rupture par une presse hydraulique. Les deux blocs, posés par bout, laissent voir une cassure nette, exempte de défauts de forge. Chacun de ces prodigieux morceaux pèse 5,000 kilos. Avec non moins d'étonnement, nous avons vu une tête de bielle, brute de forge, pesant approximativement 1,500 kilos, d'un admirable travail ; une scie circulaire de 2 mètres 50 centimètres de diamètre ; des bandages de trois mètres, pour locomotives ; une quantité d'essieux, dont quelquesuns, ainsi que de petits bandages, sont pliés en deux, sans que les coudes montrent la moindre gerçure ; deux bâtons rompus, de 7 à 8,000 kilos, dont un brut de forge et le second poli ; un canon, brut à l'extérieur, mais dont le trou est alésé et rôdé. Ce canon, après son alésage, a été refendu d'un côté, sur toute sa longueur, par une molette ; on a ensuite, dans cette coupe, introduit des coins, qui, chassés avec force, ont ouvert la pièce et l'ont séparé en deux, ce qui permet de juger et de la qualité de l'acier, par le côté rompu, et de sa sanité, par l'inspection de l'alésage, qu'on dirait un véritable miroir.

Notre attention a été, en outre, attirée par une série de cloches en acier coulé, dont la plus volumineuse a environ 1 mètre 60 centimètres à la base.

Nous avons aussi remarqué des pignons d'engrenage de 40 centimètres de diamètre, dont les dents sont fondues avec des joues de chaque côté, du même genre que les pignons de treuils. Dans l'un de ces produits, qui a été rompu, la cassure est d'une belle apparence et d'un grain égal à celui des pièces d'échantillons forgées. Viennent enfin des laminoirs, depuis ceux à l'usage des bijoutiers jusqu'à ceux de dimensions colossales, de 1 mètre 20 centimètres de long sur 50 centimètres de large.

En résumé, l'exposition des aciers prussiens est aussi belle de qualité que l'exposition des aciers anglais, et elle lui est bien supérieure sous le rapport de la variété et du grand nombre d'objets exposés.

Les produits en fer forgé les plus forts sont exposés par les Anglais ; ils comprennent une foule de pièces détachées, pour machines, qui sont de vrais modèles de l'art de forgeron. Nous noterons un bâton rompu du poids de 25,000 kilos.

M. Cail, de Paris, a exposé également quelques pièces détachées, pour locomotives, parfaitement exécutées : entre autres, une boîte à graisse, qui, par ses alléges et ses congés si bien réussis, témoigne qu'il n'est plus de difficultés de forge qui ne soient vaincues par les ouvriers.

Nous ne clorons pas ces détails sur l'Exposition sans parler d'un ap pareil qui a été employé dans une machine de marine, située à l'entrée de l'annexe. C'est un *condenseur*, dit *par surface* ou *à sec*, dont le grand avantage réside dans une construction particulière telle, qu'on peut démonter facilement les tubes pour les nettoyer.

Voici la description de cet appareil :

Une caisse cubique, en fonte, est munie, à ses deux faces opposées, de plaques tubulaires en fer, qui sont traversées de l'une à l'autre par des tubes cylindriques en cuivre, dépassant de cinq centimètres environ. Les tubes et la plaque sont joints au moyen d'une feuille de caoutchouc, percée semblablement à la plaque tubulaire, mais d'un trou plus petit; cette feuille est emmanchée sur les bouts des tubes et adhère contre la plaque, de manière à ce que le vide du condenseur la tienne serrée contre le joint. L'eau pour refroidir la vapeur est amenée dans l'intérieur des tubes, et la vapeur d'échappement est amenée à l'extérieur et tout autour.

Ce condenseur fonctionne convenablement jusqu'à ce que les corps gras provenant du cylindre ne soient pas venus tapisser les parois extérieures des tubes en cuivre; car, à ce moment, il est nécessaire de démonter les tubes et de les passer à la potasse pour continuer à se servir de l'appareil.

Nous voici arrivés à la fin de notre travail, et ce n'est pas sans une secrète appréhension que nous le livrons aux mains de la Commission ouvrière. Nous sentons que nous aurions pu faire mieux si le temps ne nous avait pas manqué. En tous cas, nous pouvons dire avec vérité que les visites du genre de celles que nous avons faites ne peuvent qu'être profitables aux ouvriers, dont elles agrandissent les vues, fortifient l'expérience et ouvrent à l'esprit des voies nouvelles inexplorées. On ne saurait trop renouveler de semblables voyages; tous y gagnent, patrons et travailleurs : ceux-ci par l'instruction qu'ils acquièrent, les autres par les bénéfices que cette instruction leur rapporte.

A l'Exposition, Paris brillait au premier rang, mais les Anglais étaient à la hauteur de leur réputation acquise. Il faut bien l'avouer, ils ont, en mécanique, vingt ans de plus que nous, et ils marchent toujours sans se laisser arrêter par quelques perfections partielles réalisées. Constructeurs, ouvriers, d'un commun ensemble, se hâtent sur la route du progrès. Une entente admirable, fruit d'une excellente organisation, fait que les droits des uns ne sont pas lésés au profit des autres, et que tous, fixés sur leurs devoirs réciproques, vivent dans une harmonie profitable à l'industrie. Les maîtres ont compris qu'ils obtiendraient une supériorité de main-d'œuvre en développant la science théorique de leurs ouvriers; ceux-ci, de leur côté, ont expérimenté la nécessité d'acquérir cette science, puisqu'on les rétribue suivant leur capacité et qu'il est, par conséquent, de leur intérêt de l'élever le plus possible.

Tous les efforts tentés dans ce but ont été couronnés d'un plein succès. Mais aussi on n'a reculé devant aucun moyen. Il suffit de visiter les immenses ateliers de M. Maudslay pour avoir une idée des grandes choses que peuvent exécuter les Anglais (1). Une admirable organisation est appliquée à cet établissement, qui se fait remarquer non-seulement par une direction intelligente des travaux, mais encore par une recherche constante du bien-être des ouvriers. C'est ainsi que, dans l'usine même, un magnifique réfectoire a été disposé pour les personnes qui veulent y prendre leurs repas. Au-dessus, est une salle accessible à tous les ouvriers indistinctement, où se trouvent une école et une bibliothèque, avec tous les ustensiles nécessaires, bancs, tables, pupitres, casiers et tiroirs. Autour de cette salle sont appendus des tableaux d'étude de machines à vapeur, des dessins de géométrie, des lavis, etc. On y trouve des cartes, des journaux, des revues. La bibliothèque contient depuis les livres élémentaires jusqu'aux ouvrages spéciaux ayant trait aux matières industrielles ou scientifiques, tels que livres de chimie, de physique, de mathématiques, de géométrie et de mécanique. Tout cela est à la disposition commune. Or, comment veut-on que l'ouvrier ne progresse pas au milieu de ces nombreux éléments? Quoi d'étonnant à le voir devenir bon théoricien, et même ingénieur?

Ah! si les chefs d'ateliers le voulaient, quel immense parti ils tireraient de l'aptitude incontestable des ouvriers français! Quel développement ils communiqueraient à notre industrie, dont la situation est si peu brillante! C'étaient là les pensées qui nous occupaient lorsque, dans l'école de M. Maudslay, nous contemplions les traits de son fondateur, le grand-père du chef de l'établissement actuel, que la reconnaissance a fixés sur le bronze. Nous nous associions de cœur et d'âme à cette reconnaissance, que les ouvriers de cette maison modèle n'échappent aucune occasion d'exprimer. Bénie soit la mémoire de celui qui a profité de sa fortune pour semer le bien autour de lui!

Que cet exemple soit suivi par les Français. Nous avons besoin d'instruction. C'est aux grands industriels à user d'une initiative dont l'imitation ne tardera pas à être faite par leurs collègues.

Que si on objecte l'impossibilité d'adapter les institutions anglaises aux

---

(1) L'étendue de ces ateliers est immense. Il en est de même de ceux de M. Penn, où l'emploi de fils télégraphiques pour la correspondance des divers employés de l'établissement a été jugée nécessaire.

petits ateliers, nous répondrons que cette impossibité peut disparaître. Qu'on nous laisse fonder un cercle collectif, et l'on verra si nous n'obtenons pas des résultats satisfaisants. Nous unirons le peu que nous savons chacun, nous pourrons acquérir la bibliothèque qui nous manque, et de l'établissement d'un enseignement mutuel résulteront pour nous des effets d'une heureuse influence. Nous soumettons cette proposition aux membres de l'administration.

Une différence énorme existe entre nos salaires et ceux des ouvriers anglais. Un bon mécanicien lyonnais gagne environ 5 francs par jour, *lorsqu'il a du travail;* le même ouvrier, en Angleterre, gagne jusqu'à des journées de 15 francs. La durée du travail, est à Londres, de 57 heures et, à Lyon, de 66 heures par semaine. Ces chiffres n'ont pas besoin de commentaires, ils prouvent que, lorsque les travailleurs de la localité se plaignent de leur position malheureuse, ce n'est pas pour le plaisir de le faire.

Il a été dit quelque part qu'il rentrait dans la mission des délégués de faire connaître les noms des ouvriers auteurs de travaux remarquables exposés. Certes il serait utile que chaque profession pût tenir un registre des hommes qui l'ont illustrée, et nous ne pouvons qu'applaudir à cette idée , quoiqu'il ne nous ait pas été possible d'y donner suite. L'ouvrier de notre industrie se trouve fréquemment en présence de difficultés qu'il lui faut vaincre, et beaucoup d'inventions lui doivent leur complément ou leur premier point de départ. Mais son nom n'est jamais cité. On craindrait peut-être qu'un peu de gloire n'augmentât ses prétentions ou ne lui fît tourner la tête. Aussi que de travailleurs qui donneraient de précieux indices en mécanique, et qui gardent le silence, sachant qu'ils ne recueilleront ni profit ni reconnaissance. Sans les approuver entièrement, nous ne nous sentons pas le courage de les couvrir de blâme, car nous connaissons à fond les motifs qui les font agir ainsi.

Avec la création du cercle collectif, dont nous venons de parler, on remédierait à cet état de choses, parce que les ouvriers pourraient à de certaines époques publier le fruit de leurs recherches et s'encourager mutuellement à en produire de nouvelles.

Voilà ce que nous avions de plus saillant à dire, et nous craignons bien d'avoir été au-dessous de notre tâche. Nos camarades, que nous remercions de leurs suffrages, nous tiendront compte des causes dont nous avons fait mention plus haut. Puissent les élus de l'avenir posséder plus de temps et de moyens que nous n'en avions à notre disposition.

LAURENT.
LANFREY.
BARBIER.

MÉCANIQUE POUR LA FABRIQUE

...... Nous n'avons pas l'intention de faire ici l'historique de l'industrie que nous représentons ; d'abord cela n'entre pas dans nos attributions, et ensuite les documents et matériaux nécessaires à un semblable travail nous manquent en grande partie. D'ailleurs, on comprendra très-bien, comme l'a fait remarquer le président de la Commission ouvrière, dans un discours prononcé à Londres, que nous manions mieux l'outil que la plume, que nous sommes des ouvriers et non des écrivains.

Nous nous sommes occupés d'une manière toute spéciale de l'examen des métiers et des machines destinés au tissage des étoffes. Presque tous ceux que nous avons vus fonctionnaient dans l'Annexe, partie réservée à la mécanique. Seulement nous avons regretté qu'aucun de ces métiers ne s'occupât du tissage des étoffes de soie, ce qui était pour nous le plus important. Chacun sait que les métiers actuels affectés au tissage des étoffes de laine ou de coton, ne sont pas toujours propres à la fabrication des tissus de soie, à moins d'y apporter des modifications sérieuses ou d'y faire des changements notables, qui font subir au métier une entière transformation.

Il sera facile de comprendre que la complication de ces métiers nous a empêché d'apprécier ce que devait coûter leur construction et a pu nous faire omettre quelques détails de fabrication.

Nous ne ferons que mentionner d'une manière générale les métiers qui ont le plus fixé notre attention.

MACHINE A DÉVIDER LES COCONS.

MM. Guyppy et Cie, et Panisson, de Naples, ont exposé un appareil à dévider les cocons, qui n'offre rien de remarquable comme construction proprement dite, mais qui présente des particularités d'un intérêt très-grand, méritant d'être relevées.

La machine n'est composée que de huit guindres seulement. Une transmission placée horizontalement, et fixée, au moyen de paliers, après le bâtis de la machine, communique son mouvement aux huit galets qui sont intercalés dans chaque compartiment de guindre et fixés sur la transmission ; ces galets sont en contact avec des galets d'une plus grande dimension et leur transmettent leur mouvement ; ces derniers, ainsi que les croisillons de guindre, sont fixés sur le même axe et font évidemment autant de révolutions les uns que les autres. Au moyen d'un débrayage adapté à chaque guindre, on soulève légèrement le galet supérieur jusqu'à ce qu'il ne soit plus en contact avec le galet inférieur, duquel il recevait son mouvement, ce qui rend les guindres indépendants et permet, selon les besoins, de séparer les fils, changer les écheveaux, etc.

Pour faire courir le fil sur toute la largeur du guindre, on y a adapté ce qu'en terme de métier nous appelons un *courant*, placé à environ 20 centimètres en avant des guindres. Il est inutile de faire la description de ce courant, tous ceux qui s'occupent du métier sachant que ce mouvement est indispensable dans tout moulinage, dévidage ou canettage quelconque, et que chacun le dispose de la manière qui lui paraît le plus convenable.

La disposition générale de cette machine, assez simple, il est vrai, n'est pas nouvelle : on emploie en France, depuis une vingtaine d'années, un système analogue, dont on commence même à se départir, parce qu'on a trouvé mieux. Avouons cependant que quelques détails renferment d'excellentes applications.

Ainsi, par exemple, l'idée de transmettre le mouvement rotatif au moyen de galets est très-bonne, car il arrive parfois que, dans les soies ou les matières propres aux tissus, les fils peuvent se nouer, s'enchevêtrer, rencontrer des obstacles, interrompre momentanément la régularité du dévidage et arrêter le guindre. Mais si le guindre est mu par des engrenages ou des courroies, il continuera sa révolution et amènera nécessairement la rupture du fil, tandis que si le mouvement lui est communiqué par le simple contact de deux galets, qui n'ont que la force nécessaire à le faire tourner, en enroulant un ou plusieurs fils, ces fils, opposant une certaine résistance, ne se rompront pas, et le guindre s'arrêtera de lui-même.

Les bassines dans lesquelles baignent les cocons pendant le dévidage ne nous ont rien présenté de remarquable, si ce n'est que, par une heureuse application, elles sont chauffées par la vapeur au moyen de tuyaux, ce qui permet de donner le degré de chaleur nécessaire aux espèces de cocons sur lesquels on procède. Le système de ces bassines n'a d'ailleurs pas d'autre différence avec celui généralement usité.

MACHINE A ÉTIRER LES SOIES ET A LES LUSTRER.

Nous avons remarqué, de MM. Levinstein et Cie, une machine destinée à cet usage, par le moyen d'une étuve à vapeur. Ce système, peu répandu, mérite, selon nous, d'être quelque peu détaillé.

L'appareil complet est loin d'être volumineux : il consiste simplement en une caisse de tôle, parfaitement rivée et d'une capacité d'environ un mètre cube, dans laquelle sont placés d'abord deux paliers, qui reçoivent les tourillons d'un cylindre en fonte. A l'un des tourillons, prolongé de manière à ce qu'il saillisse de 5 à 6 centimètres en dehors de la caisse, se trouve adaptée une roue d'engrenage de 28 à 30 centimètres de diamètre ; cette roue est commandée par un pignon de 6 centimètres. Après, et sur l'axe dudit pignon, est adaptée une manivelle de 35 à 40 centimètres de rayon, avec laquelle on met en mouvement le cylindre. A l'extrémité de la caisse, du côté opposé au cylindre dont nous venons de parler, on a pratiqué deux trous carrés, de 6 centimètres, pour le passage de deux tiges placées parallèlement dans une position horizontale. Le bout de ces tiges, qui se trouve dans l'intérieur de la caisse, est recourbé en forme de crochet de grue, ou palan, pour recevoir les tourillons d'un cylindre semblable au premier, avec cette différence que, devant être soumis à un mouvement rectiligne, il est nécessaire qu'il soit logé complètement dans l'intérieur de la caisse. On comprendra que ces deux cylindres sont placés en présence afin de recevoir les soies que l'on veut étirer.

La partie des tiges en fer qui est en saillie à l'extérieur de la caisse est filetée sur une longueur de 40 centimètres, et passe dans une traverse en fer ou en fonte, fixée à la caissse de tôle par deux forts boulons; deux petites colonnes placées entre cette traverse servent d'entretoises d'écartement. Devant la traverse sont deux roues d'engrenage dont le moyeu est fileté, et qui servent par conséquent d'écrou à chaque tige. Un axe portant un pignon et une manivelle est situé au milieu de la traverse en question. Le pignon est placé de manière à s'engrener en même temps et constamment avec les roues ci-dessus.

Il est clair qu'en faisant tourner la manivelle, le pignon communique son mouvement aux roues avec lesquelles il s'engrène; celles-ci, étant filetées dans leur moyeu, font avancer en tournant les vis, dont les tiges se prolongent jusque dans l'intérieur de la caisse, où se trouve retenu le cylindre, ainsi que nous l'avons vu plus haut. La soie en mateaux est placée sur les deux cylindres et subit un effort de traction par la marche parallèle des deux vis qui tendent à les écarter.

La soie, sur les deux cylindres, se trouve d'abord massée et compacte, et on ne pourrait pas l'étirer d'une manière égale si elle restait ainsi; mais l'écartement s'opère à l'aide du petit mécanisme, dont nous avons parlé, qui est placé sur un des côtés latéraux et à l'intérieur de la caisse. On fait tourner les cylindres: pendant leur mouvement rotatif, la soie s'écarte et s'arrange d'elle-même, jusqu'à ce qu'elle ressemble à la chaîne tendue d'un métier à tisser.

Pendant que la matière subit cette préparation, le couvercle a été mis; on ouvre alors un robinet, qui laisse pénétrer la vapeur dans la caisse, et la chaleur s'élève graduellement jusqu'à ce que la température nécessaire soit atteinte. On ouvre la caisse, la soie se trouve lustrée et tendue; il ne reste plus qu'à remplacer la pièce par une autre, et ainsi de suite.

Ce système, sans étuve, est peu différent de celui qu'on emploie dans les teintureries: il nous semble d'un moyen lent, et nous ne croyons pas qu'il produise en assez grande quantité pour suffire aux besoins d'une usine de certaine importance. D'un autre côté, l'emploi de plusieurs étirages semblables nécessiterait des dépenses assez élevées, puisque chacun d'eux coûte 1,500 francs.

Si cependant de pareilles machines étaient adoptées par nos manufacturiers, nous pourrions parfaitement les établir au même prix, en supputant la valeur de la main-d'œuvre et l'achat des matières premières, qui, pour ces appareils, coûtent autant en Angleterre qu'en France.

MACHINES A TISSER.

N'ayant pu voir fonctionner, comme nous l'espérions, de métiers à tisser les étoffes de soie, dans les ateliers de la ville, nous avons dû nous contenter de ceux de l'Exposition. Il n'entre pas dans notre intention d'adresser de reproches à personne, d'autant plus que nous ne saurions sur qui les faire tomber, mais nous ferons seulement observer aux amis qui ont bien voulu nous honorer de leurs suffrages que ce n'est point de notre faute si les renseignements que nous avons recueillis ne sont pas aussi complets que nous l'aurions voulu. Sur vingt-six délégués que nous étions, nous n'avions qu'un interprète, à qui il était matériellement impossible de nous conduire alternativement dans les ateliers, surtout lorsque quinze industries étaient représentées. Et puis, en somme, les Anglais, tout bons alliés qu'ils sont, possèdent encore, comme chacun sait, cette jalousie de métier, qui les rend peu communicatifs quand leurs intérêts sont en jeu.

Notre industrie propre ne figurant pas à l'Exposition, nous nous sommes attachés à l'examen des métiers présentant une certaine analogie avec les nôtres. Sans entrer dans de grands détails sur leur construction, ce qui serait long et superflu, nous donnerons simplement les noms des exposants de mérite, avec les prix de quelques-uns des objets.

MM. Charles Parker et fils ont exposé un métier mécanique pour tisser les étoffes de chanvre, à une ou plusieurs navettes : même système qu'en France.

MM. Henderson et Cie ont exposé un superbe métier de grande dimension, pour fabriquer les tapis et les descentes de lits. Ce métier est vraiment remarquable par sa précision mécanique, l'élégance de sa construction, qu'on a réduite le plus possible, et surtout par la régularité et la netteté de ses produits. L'ayant vu fonctionner, nous affirmons l'excellence de ses résultats ; mais il n'entre pas dans notre travail de la détailler.

Un métier du même genre et de dimensions réduites, donnant un résultat passable, a été également exposé par **MM.** Jackson et Graham.

Nous ne passerons pas outre sans citer d'une manière toute particulière **MM.** Tuer et Hall, de Bury, près de Manchester, qui se sont faits grandement représenter à l'Exposition, et qui ont bien voulu nous communiquer le prix de quelques-uns de leurs métiers.

Les métiers mécaniques pour la soierie fonctionnent au moyen d'une transmission, sur laquelle sont adaptés des excentriques faisant mouvoir les marches, les chasse-navettes et les battants.

Métier de 61 centimètres de largeur de peigne, à une navette, tappets ordinaires en dessous, avec un régulateur à ressort, 210 fr.

Idem, même largeur, à huit marches, leviers-supports, pour marcher avec une navette, 285 fr.

Idem, avec machine à index de vingt-quatre marches, supports et leviers de dessous, 385 fr.

Idem, pour marcher à deux navettes, 272 fr. 50 c.

Idem, pour marcher à trois navettes, 285 fr.

Idem, pour marcher à quatre navettes, 297 fr. 50 c.

Le prix des métiers à une navette augmente à raison de 2 fr. 50 c. par pouce de largeur en plus ; celui des métiers à deux navettes et au-dessus augmente de 3 fr. 15 c. Chaque marche supplémentaire est payée 3 fr. 15 c. en plus.

Nous fabriquons en France des métiers à prix aussi réduits, et qui donnent de meilleurs résultats. Dans les environs de Lyon il existe certaines usines montées avec des métiers bien supérieurs à ceux-là et marchant sans excentrique, ce qui est bien plus simple encore.

MACHINE A FAIRE LES CANETTES.

Nous avons été singulièrement surpris de ne trouver aucune canettière pour la soierie, celles que nous avons vues n'ayant aucun rapport avec celles de construction lyonnaise, et étant toutes à défiler.

Comme la canettière est un accessoire indispensable au tissage des étoffes, nous croyons utile de donner ici une description détaillée du système des canettières anglaises (1). Ce système, déjà ancien, nous a-t-on dit, mais nouveau pour nous, a singulièrement captivé notre attention.

Voici comment sont construites celles que nous avons vu fonctionner. Dans un bâtis assez élevé, une table, sur laquelle est placée une cantre à peu près semblable aux nôtres ; à environ 80 centimètres du sol est une traverse reliant les deux montants latéraux ; sur cette traverse sont montés les axes creux, avec leur petite poulie à gorge, qui ont de 12 à 15 centimètres de hauteur. A l'extrémité inférieure, l'axe se termine en cône et repose dans une crapaudine ; près de la poulie à gorge, placée ordinairement à l'extrémité supérieure dudit axe, il y a, le maintenant dans une position verticale, un collet logé dans un petit coussinet en bronze. Dans l'intérieur de l'axe est un trou carré, ou méplat, pour recevoir une broche qui doit coulisser librement dans l'intérieur ; sur cette broche se place le tuyau ou canette, qu'on emmanche en forçant.

A quinze centimètres au-dessus de la seconde traverse s'en trouve une troisième, après laquelle sont fixés des petits cônes creux, ou entonnoirs, de la forme qu'on veut donner à la canette. On a pratiqué de haut en bas du cône, et dans le sens vertical, une petite saignée destinée au passage du fil de soie. A environ 8 ou 10 centimètres devant, est le *courant*, consis-

---

(1) A l'original de ce rapport, déposé à la Chambre de commerce, était joint un lavis représentant le système de canettières anglaises employé par MM. Tuer et Hall.

tant tout simplement en une tringle de fer carrée, de 15 à 16 millimètres, placée parallèlement aux cônes ; un barbin, ou porte-verre, dans lequel passe le fil de soie, est placé dans cette tringle, vis-à-vis de chaque cône. A l'une des extrémités de ladite tringle est adapté un levier en petit fer plat, dans lequel une coulisse a été pratiquée pour recevoir un bouton de manivelle. Cette coulisse sert à diminuer ou à augmenter le mouvement de rotation, ou courant proprement dit, imprimé par la bielle, laquelle est adaptée, d'un côté, au bouton de petit levier, et, de l'autre, à l'excentrique fixé sur l'arbre du tambour, qui, lui-même, communique son mouvement aux broches de la canettière par le moyen de petites cordes ou lacettes.

Il est évident que le tambour, dans sa révolution, fait subir à la bielle (qui agit sur le petit levier supérieur) un mouvement de rotation alternatif ; par conséquent le fil, passant dans le verre fixé sur la tringle, reçoit un mouvement d'inclinaison descendante, qui fait courir la soie, sur une longueur de 15 à 20 millimètres, sur le tuyau. Ce tuyau, ou canette, percé de part en part et dans lequel passe la broche, est soumis, par la quantité de soie qui s'y enroule et par son contact incessant avec la paroi intérieure du cône, à un mouvement ascensionnel, qui continue ainsi jusqu'à ce que le carré de la broche s'échappe du manchon qui lui transmettait son mouvement rotatif. La canette terminée s'enlève et se remplace par une nouvelle, puis l'on fait descendre la broche à sa première place. On en agit de même pour toutes les broches.

Voilà le système généralement employé dans les canettières anglaises à défiler. Est-il supérieur au nôtre ou seulement l'égale-t-il ? C'est ce que l'expérience seule peut nous apprendre, et cela ne tardera pas, car des constructeurs lyonnais vont appliquer à la soierie ce système, qui, en France, n'avait été affecté jusqu'à présent qu'aux cotons, laines ou fils. Si les résultats sont favorables, ces machines, présentant une grande économie de fabrication, seront d'un grand avantage ; elles pourront être livrées à des prix modiques et seront ainsi à la portée de toutes les bourses.

MÉTIERS A LA JACQUARD.

Depuis les premiers essais de l'immortel Jacquard, les métiers qui portent son nom ont été grandement perfectionnés, et chaque jour encore voit introduire un progrès dans leur fabrication. Nous n'avons remarqué chez les étrangers qu'une copie de nos procédés, avec de légères variantes inspirées par le besoin ou les caprices des constructeurs, mais rien qui soit nouveau. Ils se traînent, on le voit, à la remorque des Français.

M. Willibald Schramm, de Vienne, a exposé des mécaniques à système approchant du nôtre, avec des crochets en bois, ce qui n'est point nouveau. Une de ces mécaniques est en 800, sur seize rangs, réduite d'un tiers sur l'épaisseur, et dont le système, ancien, est à bascule, levier et étuis à pistons. Ce moyen, très-vieux, a été abandonné depuis longtemps, parce qu'il fonctionnait mal. Le prix de 137 fr. 50 n'a rien qui doive nous effrayer, car nous pouvons facilement produire à prix semblable.

MM. Durand et Pradel, de Paris, ont exposé un métier perfectionné, dans le système Jacquard. Cette fois encore, l'initiative est due à des Français. Ces messieurs ont l'intention de remplacer le carton par du papier sans fin; la mécanique en fer serait réduite d'un tiers sur son épaisseur et offrirait, paraîtrait-il, une assez notable économie sur les dessins. Les inventeurs se proposent d'arriver à un bénéfice de 35 à 40 %, sur l'emploi des cartons, ce qui mérite d'être pris en haute considération. En cas de réussite, on pourrait opérer une réduction sur le prix des marchandises fabriquées et les livrer à l'exportation à meilleur marché que les étrangers.

Nous n'avons vu cette machine qu'à l'état de petit modèle, et nous ne pouvons nous prononcer sur ses résultats présumés; mais MM. Durand et Pradel en fabriquent une de grande dimension, qui doit bientôt fonctionner à Lyon. Sa construction coûtera davantage que celle du métier ordinaire; cependant on présume pouvoir, par la suite, livrer ces nouveaux métiers aux mêmes prix que les anciens.

PEIGNES A TISSER.

Nous avons cru utile de nous occuper de la fabrication des peignes employés pour le tissage des étoffes. Nous n'en mentionnerons toutefois que quelques-uns, méritant un intérêt spécial.

MM. Guttember et Pass, de Manchester, en ont exposé une collection qu'il nous a été difficile d'apprécier, attendu qu'ils sont enfermés dans une vitrine. Néanmoins, nous pouvons dire que ces peignes sont bien finis et d'une bonne fabrication. Il en est, il faut l'avouer, qui laissent à désirer et sur lesquels on remarque des parties blanches, noires, et même des irrégularités de montage; mais, en général, tous sont supérieurs à la plupart des produits français de même espèce.

Les Anglais roulent leurs dents de peigne d'une manière qui leur permet de les transporter plus facilement que nous; c'est-à-dire simplement, comme un ressort de montre ou une botte de fil de fer, tandis que nous employons des rouleaux en bois. Nous devons cependant signaler une défectuosité dans les peignes que nous avons vus : les dents n'en sont pas biscornées, ce qui entraverait le passage de la soie, au cas où il se trouverait, comme cela arrive quelquefois, un bouchon ou un nœud dans le fil.

Les matières premières étant moins chères qu'en France, les Anglais peuvent livrer leurs peignes à meilleur compte que nous.

M. J.-B. Beurzi, de Vienne (Autriche), a exposé également une série de peignes, qui ne valent pas les nôtres pour le polissage et l'égalisage; il y en a cependant de très-bien montés, et surtout solidement. Du même prix que ceux de nos fabriques, ces produits offrent une économie de 25 %, pris à Vienne.

Nous ne nous étendons pas davantage sur cette branche de l'industrie : ce que nous en avons dit suffira à se former un jugement. Nous avons, d'ailleurs hâte d'arriver au résumé.

De tout ce que nous avons examiné, métiers à tisser mécaniques ou à la Jacquard, canettage, dévidage, moulinage, peignes à tisser, à main ou à mécaniques, il résulte pour nous que la France, quoiqu'elle n'ait pas exposé, ne s'est pas encore laissé surpasser d'une manière générale et qu'elle a, sur de certains articles, conservé la suprématie du bon et du beau. Les tissus de la Suisse et de l'Allemagne sont jolis, sans doute, mais nous n'en avons vu que quelques spécimens, tandis que la fabrique lyonnaise en fournit au monde entier des quantités considérables.

Il s'agirait, nous dit-on, de trouver un moyen pour soutenir la concurrence étrangère : nous ne sachons pas que, jusqu'à ce jour, elle ait été redoutable à notre industrie. Il nous est facile de livrer la majorité de nos produits, sinon à plus bas prix, au moins aux mêmes conditions que l'étranger.

Si cette concurrence devient plus apparente, il y aura, selon nous, pour la contrebalancer, plusieurs moyens dont nous ne citerons qu'un seul : empêcher l'émigration des industriels de mérite, en les encourageant dans leurs découvertes. Nous sommes sûrs qu'il serait inutile de remuer leur fibre patriotique; ils sont trop fiers d'appartenir à la France pour faire profiter les étrangers de leur génie. Mais souvent ces hommes ayant tout sacrifié pour la réalisation de leur idée, il arrive un moment où la gêne les tient sous sa dure loi; alors, à bout de ressources, ils implorent une aide, qui leur vient d'Angleterre ou d'autre part, et le pays perd les fruits d'une invention qui l'aurait enrichi.

Il serait temps que nos Chambres de commerce, d'accord avec le pouvoir, prissent des mesures pour arrêter cette émigration dont les effets sont si désastreux. Ne pourrait-on accorder des secours aux inventeurs méritants, lorsqu'ils sont dans le besoin, ou bien acheter leurs découvertes lorsqu'elles sont utiles? Il y a dans cette question toute une série de mesures à prendre que nous ne saurions indiquer et qui n'en sont pas moins d'une importance capitale.

Nous ne terminerons pas sans ajouter quelques réflexions relatives aux ouvriers anglais, français, et principalement lyonnais, que nous avons représentés.

Notre situation, comparée à celle des ouvriers étrangers, est évidemment plus précaire. En Angleterre, par exemple (nous citons les Anglais parce que c'est le peuple qui fait le mieux, produit le plus et à meilleur marché), les ouvriers ne travaillent que neuf ou dix heures par jour, au plus, sans qu'ils soient plus habiles que nous : nous sommes sûrs du contraire. Ils sont, en outre, mieux rémunérés, et cependant les produits sont d'une valeur moindre, ou tout au moins égale à ceux de nos fabricants. Il existe donc une cause qui permet d'obtenir ce résultat. Nous croyons bien la connaître en partie, mais on nous excusera de la passer sous silence, cela nous entraînerait dans une trop longue dissertation. Plus tard, s'il est nécessaire, nous émettrons notre opinion à ce sujet.

Revenons à notre situation. Cédant aux sollicitations d'un grand nombre de nos amis et camarades d'atelier, nous nous permettrons d'adresser une juste réclamation à qui de droit. Dans la plupart des professions, l'ouvrier ne consacre que dix heures à sa journée de travail, ce qui est bien suffisant; pourquoi un plus rude labeur nous est-il imposé?

Nous espérons que les fabricants, les chefs d'atelier, etc., comprendront qu'ainsi que les ouvriers de Paris, de Rouen, de Bordeaux, de Marseille, nous ne devons et pouvons raisonnablement travailler que ce laps de temps. On ne nous objectera pas qu'une modique diminution de présence à l'atelier ruinera nos maîtres. Paris, qui se trouve dans ces conditions, livre ses produits à meilleur marché que la province. D'ailleurs, les travailleurs tiendront compte de ce qu'on aura fait pour eux, et ils produiront autant de travail en dix heures que la plupart en produisent en douze. Il est évident que ce n'est pas en les exténuant qu'on leur fait accomplir davantage; bien au contraire. Les fabricants qui ont été ouvriers apprécieront les justes motifs de notre demande, en y faisant droit.

N'est-il pas déplorable de voir la seconde ville de France rester en arrière des autres centres industriels? Ne devrions-nous pas marcher de niveau avec la capitale pour les améliorations ouvrières?

Un grand nombre d'entre nous ayant été mis en apprentissage très-jeunes, n'ont pas même reçu les principes élémentaires d'une instruction quelconque, c'est une chose triste à avouer. L'État, dans sa prévoyance, a institué des cours du soir, que nous ne pouvons pas fréquenter, soit parce que l'atelier nous retient, soit parce que la fatigue d'un labeur émaciant nous absorbe entièrement. Que notre journée ne soit plus que de dix heures et nous pourrons acquérir des connaissances sinon supérieures, du moins indispensables à notre profession. A une époque où l'ignorance est une honte, on doit, par tous les moyens, chercher à vulgariser l'instruction, et la première chose à faire est de la mettre à la portée du peuple. Or, c'est la mettre à notre portée et nous permettre d'en profiter que de réduire la durée de nos travaux.

Nous serons très-heureux et très-reconnaissants si, par l'intervention du gouvernement, notre réclamation est acceptée. Sans avoir l'intention de rien brusquer, de rien exiger, nous attendrons paisiblement qu'il y soit fait droit, confiants dans la sagesse administrative et espérant au triomphe d'une idée juste.

BAL.
DEMURE.
SALLETTE.

ORFÉVRERIE

Je ne puis faire qu'un rapport sommaire des objets d'orfévrerie envoyés à l'Exposition internationale de Londres, par suite du peu de durée de mon séjour dans cette ville comparé avec le nombre considérable de produits. Comme l'orfévrerie religieuse est la spécialité de notre cité, c'est seulement cette branche que j'ai examinée spécialement.

Les moyens pratiques d'exécution ne différant dans aucun pays, il ne reste qu'à parler du côté artistique, d'une façon analytique et succincte.

L'Angleterre et la Prusse m'ont paru les seules puissances qui soient entrées sérieusement en lutte avec nous, mais surtout l'Angleterre, dont l'exposition d'orfévrerie de table est très-riche et très-complète. Je ne parlerai pas de l'Autriche, de la Belgique, de l'Italie, de la Russie : rien n'est à craindre de ces nations. La Grande-Bretagne est la seule avec laquelle nous aurons à compter un jour, car elle a réalisé de grands progrès artistiques depuis l'Exposition de 1855. Les Anglais ont compris le côté faible de leur travail, et, pour y remédier, ils ont multiplié leurs moyens de répandre dans les masses le goût et le sentiment de l'art. Ecoles, musées, argent et peines, rien ne leur coûte pour arriver à nous égaler et peut-être à nous vaincre. Jusqu'à présent nous avons été sans rivaux, nous occupons encore, il est vrai, la première place, mais nous ne la conserverons qu'à la condition de redoubler d'efforts. Les tendances persistantes des Anglais doivent nous donner à réfléchir et servir de stimulant au goût de notre art, qui ne périclite pas, mais qui s'est arrêté dans sa marche.

C'est donc aux ouvriers, mes confrères, que je dois dire qu'il nous est commandé de ne pas nous reposer sur notre réputation acquise. C'est à Lyon surtout qu'il faut marcher. Nous n'avons pas, comme à Paris, l'entrain nécessaire pour ce qui concerne l'art; nous nous laissons trop entraîner à n'exécuter que les choses faciles, en supputant seulement ce qu'elles nous rapporteront. Aussi fait-on plus mal, la réputation se perd, les commandes n'arrivent plus et désertent au profit des fabricants consciencieux d'autres localités.

Les Anglais, les premiers commerçants du monde, les premiers fabricants, peut-être, se sont mis courageusement en devoir d'acquérir ce qui leur manquait d'éléments artistiques; rien ne leur a coûté pour cela. Ils viennent encore de fonder le musée de Kensington, qui contient en orfévrerie, bronzes, sculpture, etc., les choses les plus belles, les plus rares. Collection d'une richesse inouïe, musée en planches, qui se transforme en palais et qui est en même temps une école. Elèves et ouvriers, industriels et artistes pourront puiser là et dans une foule d'autres collections publiques ou particulières, les meilleures études, les plus exacts renseignements. Et cependant le gouvernement n'est pour rien ou est pour bien peu de chose dans la création de ces institutions, qui sont dues à l'initiative individuelle ou au bon vouloir général.

A l'œuvre, donc! ne nous laissons pas devancer. C'est par le travail de chaque individu que les nations acquièrent leur réputation. En nous fortifiant, en reprenant une nouvelle vigueur, nous travaillons au bonheur et à la gloire de la mère-patrie.

Notre Chambre de commerce vient de créer un musée industriel, que chacun doit enrichir par des dons volontaires. A Kensington, les plus grands noms de l'Angleterre figurent sur la liste des donateurs, pour des objets d'art du plus grand prix. Que les classes de dessin soient multipliées et les heures d'étude mises en rapport avec la journée de travail; que les patrons encouragent leurs ouvriers, forcent les élèves à apprendre, et sans doute nous continuerons à soutenir notre réputation plus haut que celle des Anglais. Notons que la majorité des pièces les mieux réussies exposées par eux sont exécutées par des orfèvres et des ciseleurs français, ce qui prouve qu'ils ne reculent devant aucun moyen pour acquérir une suprématie constatée. Ainsi les beaux vases, les riches boucliers de la maison Hunt et Roskel sont exécutés par Veeth, notre grand ciseleur, sa fille et son gendre; mais, dans cette maison, il y a vingt ciseleurs qui étudient leur manière, et, parmi eux, quelques-uns font déjà très-bien.

La belle table en argent repoussé, de la maison Elkington, est aussi l'œuvre de notre compatriote Morel Ledeuil. Ici comme ailleurs, les Anglais se perfectionnent sous sa direction.

Quant à l'orfévrerie religieuse, elle est peu nombreuse et représentée seulement par la maison Skidmar's, qui a exposé quelques calices, ciboires et burettes, assez bien faits au point de vue archéologique, mais peu soignés comme exécution.

La maison Keitk a des calices, des vases d'autels, des plats repoussés, qui ressemblent à ce que tout le monde connaît ; cependant on remarque un calice avec des médaillons, ou pour mieux dire avec de gros camées en corail, d'un effet original.

En dehors de l'orfévrerie, l'Angleterre a consacré une salle à la décoration des édifices religieux, contenant des bronzes, des étoffes, des tapisseries, des meubles, etc., objets d'une grande simplicité et très-exacts comme reproduction des styles des douzième, treizième et quatorzième siècles.

Deux villes seulement représentent l'orfévrerie française : Paris et Lyon ; et encore une seule maison de cette dernière ville a exposé, celle de M. Armand Cailliat. Ce fabricant a obtenu une médaille pour son ostensoir de l'Immaculée Conception, composé par M. Bossan, et dont l'exécution mérite les plus grands éloges.

Il est bien regrettable que l'ancienne maison Favier, qui a obtenu la médaille à l'Exposition de 1855, se soit abstenue en 1862 ; car il y va de l'honneur de notre cité d'être représentée par l'élite de ses fabricants.

L'exposition d'orfévrerie de Paris est splendide. La maison Christofle, qui en occupe la plus grande partie, a des choses très-remarquables. Son service de la ville de Paris, que tout le monde connaît par les dessins qu'en ont donnés les journaux illustrés, est d'une exécution très-belle. Quant au service néo-grec, dont les figures, modelées par Barrye, sont en ivoire et en or, il ne m'a pas paru heureux sous le rapport de la composition et de l'exécution ; la maison n'est pas restée à sa hauteur.

Il n'y a que MM. Poussielgue, Bachelet, Trioullier et Rudolphi qui aient exposé de l'orfévrerie religieuse. M. Poussielgue a, entre autres choses remarquables, une grande châsse de saint Ouen et une châsse de la sainte Epine, pour Notre-Dame de Paris, des croix de processions, des crosses et des ostensoirs. Les calices et les ciboires ne présentent rien d'extraordinaire. Ce qui constitue surtout la richesse et la légèreté de l'exécution, c'est le nombre de pièces rapportées. Ainsi, aux châsses, crosses, etc., les choux et les filigranes sont généralement soudés ou montés à vis, ce qui donne beaucoup de finesse et fait bien comprendre quel est le métal employé. Le grand défaut de nos travaux vient du manque de pièces rapportées, soit estampées, soit fondues.

La maison Bachelet a de très-beaux fonts baptismaux et de grands candélabres (destinés à Sainte-Clotilde), d'après les dessins de Viollet-Leduc. Malgré que ces pièces rentrent dans l'appréciation du délégué pour le bronze, je n'ai pu les passer sous silence, à cause de leur grande valeur. On voit en orfévrerie un charmant ostensoir treizième siècle, avec concert d'anges à la naissance de la gloire, d'un joli effet et d'une grande légèreté. La gloire est formée d'ornements découpés, au milieu desquels sont placés les animaux symboliques ; en haut, sont placés le Christ en croix, la Vierge et saint Jean. Toutes les figures sont en ronde-bosse. Le tout est entouré d'un double rang de rayons superposés, ce qui est très-gracieux. Le pied est à quatre lobes avec ronde-bosse ; la boule du milieu de la tige, très-méplate, est ornée de pierres, ainsi que plusieurs parties de la pièce. —Il y a aussi une châsse simple, composée d'une arcature à deux lobes, avec fond et toitures gravés, dont l'apparence est fort bonne ; un ciboire à formes assez heureuses : pied rond, tige droite, formant colonne sans nœud, panse de coupe ronflante et couvercle en couronne ; enfin des crosses très-simples et d'un bon effet. Le milieu de la volute de l'une représente l'Annonciation ; l'autre, saint Michel terrassant le dragon.

M. Trioullier a exposé une croix et une crosse quinzième siècle, pour l'archevêque de Reims, qui sont d'un aspect délicat et d'une grande finesse d'exécution ; les crochets qui ornent les hampants ainsi que la volute de la crosse sont en feuilles et rapportées ; les émaux sont fort riches et les figures ont leurs draperies émaillées ; enfin, bien que ces pièces ne soient pas d'un arrangement de très-bon goût, elles séduisent par leur légèreté et leurs émaux. — La même maison a fait figurer dans sa vitrine des burettes douzième siècle, ornées de filigranes, estampées et rajustées, qui sont d'un bon effet, ainsi qu'un calice de la même époque, tout en émail.

La maison Rudolphi, en outre de ses belles pièces repoussées, ne possède en fait d'orfévrerie religieuse qu'une châsse douzième siècle en émail, avec deux grands anges à genoux à chacun des petits côtés. Ce sujet laisse à désirer.

La Belgique n'est représentée que par la maison Dufaur, de Bruxelles, qui a envoyé un riche ostensoir quinzième siècle, de médiocre exécution, ainsi qu'un ciboire fort ordinaire. Il n'y rien de Bruges, où l'art chrétien a cependant tant progressé.

L'Autriche et les petits Etats d'Allemagne n'ont presque pas envoyé de produits d'orfévrerie.

Seule, la Prusse paraît très-avancée. La maison Volgodret, de Berlin, a exposé deux grands candélabres et un vase en argent, dont l'exécution est bonne et qui dénotent une sérieuse tendance à bien faire.

Je croyais trouver la Russie plus riche en orfévrerie religieuse, car elle a conservé pendant longtemps le caractère éminemment bysantin, mais elle tend de jour en jour à se *moderniser*, ce qui lui retire de son originalité. Cette nation a exposé plusieurs couvertures d'Evangiles, dont l'aspect fort riche se ressent du goût oriental; l'or, l'argent, les émaux sont d'un effet séduisant. Malheureusement les figures sont peintes comme la porcelaine moderne, ce qui enlève le cachet de ces produits.

Je n'ai pas vu de vases sacrés.

Si maintenant je manifeste une opinion résultant des comparaisons que j'ai pu établir, je dirai que notre exécution lyonnaise manque généralement de finesse et de légèreté; et je crois que, par tous les moyens possibles, il faut tâcher d'arriver à un meilleur résultat, si nous voulons entrer en lutte sérieuse avec Paris.

Entre autres moyens à employer pour la rénovation de notre art, indépendamment d'*encouragements* qu'il faut accorder aux exécutants, suivant le *système anglais* (rémunération proportionnée au talent), il est nécessaire d'imprimer une bonne direction aux études artistiques professionnelles, en les appliquant à la connaissance des époques et des styles, et principalement, en ce qui touche l'art religieux, à ceux des douzième et treizième siècles, qui, de nos jours, obtiennent un si grand succès.

E. Violet.

PASSEMENTERIE

Passementerie. Guimperie. Enjolivure.

Avant 1789, les passementiers formaient, à Paris, un des corps de métier ayant syndics et jurés. L'importance de cette profession était considérable à Lyon, surtout sous les règnes de Louis XV et de Louis XVI, où elle avait acquis une grande extension.

La passementerie était alors divisée en spécialités bien distinctes, et chaque atelier avait son genre de travail propre. Une de ces spécialités comprenait l'industrie des rubans, dont l'origine remonte au quatorzième siècle. Les rubanniers formaient une corporation à laquelle Charles VI octroya des premiers priviléges, et qui fut réorganisée par un arrêt du 3 avril 1666. Les fabricants de rubans ont été longtemps appelés *tissutiers-rubanniers*, ou *ouvriers de la petite navette*, pour les distinguer des ouvriers en drap d'argent, d'or ou de soie. Cette industrie a pris, depuis l'application du métier Jacquard, un essor extraordinaire.

Les rubanniers confectionnaient le ruban uni, doubleté et broché soie, de dorure, tramé de soie, de lame et filé or et argent; la soie, l'or et l'argent étant employés pour la combinaison des dessins.

On appelait le ruban *espoliné* quand il fallait deux navettes, et *tricoté* lorsqu'il en fallait trois.

Les *galonniers*, formant une autre spécialité, fabriquaient les galons d'or et d'argent, pour les ornements d'église, les ameublements et les autres usages.

D'autres passementiers exécutaient enfin les articles de passement, tels que les franges, ouvrages à corps, ou *giselles*, et toutes sortes de nouveautés en soie, laine ou coton.

Les ouvriers de cette époque étaient généralement très-capables, et ils ne pouvaient s'établir fabricants qu'après s'être soumis à la formalité du *chef-d'œuvre*, ce qui consistait à décomposer un échantillon ou copier une carte, mettre un métier sur pied, lire le dessin, opérer l'appareillage, ourdir les pièces, faire le remettage et fabriquer l'échantillon.

Les métiers à *haute lisse* avaient ordinairement vingt-quatre hautes lisses et vingt-quatre marches. Les dessins composés de plus de vingt-quatre coups étaient multipliés autant de fois qu'il le fallait pour arriver au nombre de leurs coups; par exemple, un dessin de cent vingt coups nécessitait cinq retours.

Le dessin se lisait dans les hautes lisses, au moyen de cordes attachées au retour. A l'extrémité de ces cordes, ou *rames*, se trouvaient les maillons.

A partir de la Révolution, on n'exigea plus le *chef-d'œuvre* de l'ouvrier qui s'établit chef d'atelier. C'est vers cette époque que la fabrication des rubans commença à s'étendre au dehors de Lyon. Plusieurs fabricants de Lyon montèrent des métiers à Saint-Chamond et dans les environs de Saint-Didier et de Montfaucon. Peu à peu Saint-Chamond devint le centre de ces fabriques spéciales, et Lyon se vit enlever une industrie qui lui rapportait de grands profits.

Sous Napoléon Ier, la passementerie fut occupée à confectionner les galons en soie pour ameublements, autrement dits *bordures*, les galons tramés or et argent, pour l'équipement militaire et l'ornement d'église, et une sorte de galon appliqué à l'ameublement, désigné sous le nom général de *galon* ou de *gaze du Levant*.

A ces précédents articles viennent se joindre, sous la Restauration, les *nouveautés*, qui ouvrirent un nouveau débouché à l'industrie.

En 1822, le système Jacquard fut appliqué au métier de passementier à hautes lisses, par un sieur Pierre Giraud ; la mécanique était de 104 crochets.

M. Moulin, chef d'atelier, monta, de 1824 à 1825, un métier identiquement semblable, pour faire des galons dorures, dits *systèmes*, destinés aux ornements d'église.

L'application du mécanisme Jacquard se répandit rapidement à partir de cette époque, et non-seulement on ne s'arrêta pas aux 104 crochets, mais des métiers à 400, 600 et même 900 crochets furent créés, ce qui permit de fabriquer des articles entièrement nouveaux, c'est-à-dire des rubans gaze brochés dorure de soie, pour coiffures et garnitures de tête, et de riches ceintures pour dames.

Les métiers à retour disparurent complètement. De nos jours, il existe encore quelques métiers à hautes lisses sans retour, pour la fabrication des corps d'épaulettes en trait et du galon militaire.

Les métiers de passementerie à la *barre* furent introduits à Lyon vers la fin du premier empire. Ces métiers, qui fabriquaient plusieurs pièces à la fois, servaient à confectionner des galons de soie pour ornements d'église et garnitures de coiffures. Les produits en étaient ordinairement très-médiocres et d'une mauvaise disposition.

Le galon de soie ne commença à recevoir un perfectionnement que de 1830 à 1833, sous la direction de la maison Charrin, qui substitua la chaîne coton à la chaîne fil, employée jusqu'à cette époque.

De 1828 à 1830, M. Moulin avait organisé des métiers à la barre, pour la fabrication des galons dorures, dits *systèmes*, sans que ses premiers essais fussent couronnés de réussite. Ce n'est qu'une dizaine d'années plus tard que ce fabricant, ayant monté un atelier de métiers à la barre destinés aux galons de soie, parvient à fabriquer des *systèmes* dorures. L'émulation était provoquée, et l'on vit bientôt plusieurs chefs d'ateliers réussir dans leurs tentatives en employant des broches à rotation. Cependant ce mode n'était pas sans inconvénient : la canette ayant moins de tension au commencement qu'elle n'en avait à la fin, il en résultait une inégalité dans la largeur du galon.

A force de tâtonner, un résultat fut obtenu, mais on peut dire que le galon *système* ne se fabrique réellement sur les métiers à la barre que depuis l'année 1850, époque où l'on introduisit les boudins élastiques dans la navette. Le succès, comme on le voit, tenait à bien peu de chose. Le boudin permet à l'ouvrier de régler la tension des trames selon qu'il le faut et lui accorde la faculté de fabriquer des pièces régulières d'un bout à l'autre.

La découverte de Jacquard appliquée au métier de passementier et la fabrication de la *dorure* sur le métier à la barre ont donné un développement considérable aux produits de notre industrie, en permettant de les établir avec une variété et à un bon marché jusque-là sans exemples.

L'emploi qu'ont fait les Anglais de nos métiers à la barre a aussi communiqué une très-grande extension à leur confection des articles dorures et rubans. Les maisons Stilbwel fils et Léger, Jones William, Abraham et fils, de Londres, ont des produits remarquables en dorures, passementerie, enjolivures et broderies.

Les rubans façonnés, brochés et à disposition sont parfaitement réussis par MM. Cash's, Plain et Francis Ribbon, John Bethff, R.-S. Cox, de Coventry. Les fabricants de Saint-Etienne ont peu exposé, et par conséquent il est difficile de constater la richesse de leurs rubans. MM. Antoine Denis et Denis Mottet, seulement, se font remarquer par des articles passementerie nouveauté, d'une combinaison et d'un travail parfaits.

Suivant moi, les Anglais ont extraordinairement perfectionné leur fabrication de rubans et d'articles dorures, soit par les améliorations successives introduites dans leur main-d'œuvre, soit par l'élévation de leur goût. On voit qu'il ont songé à établir une concurrence sérieuse dont il faut prévoir les suites. Mais ils ont encore un pas à faire, si j'en juge par les produits sortant des maisons Truchis-Vaugeois, de Paris, et Tarpin père et fils, de Lyon. L'ancienne réputation de la dorure passementerie, de la broderie et de l'enjolivure françaises est soutenue habilement par ces fabricants. L'important est de se maintenir à une semblable hauteur.

Nous ne devons pas craindre de concurrence tant que les matières premières seront d'un prix de revient identique à celles de l'Angleterre: nos ouvriers, sans être plus complets que ceux de la Grande-Bretagne sous le rapport de l'exécution, du savoir-faire, me semblent leur être supérieurs par le sentiment artistique, si je puis ainsi dire.

Les dépenses des ouvriers des deux nations sont, je crois, dans les mêmes proportions. Il en est de même des salaires, qui m'ont paru varier entre 2 fr. 50 et 3 fr., c'est-à-dire qui sont très-minimes, si l'on considère l'augmentation successive des loyers et des subsistances.

Je terminerai par un résumé rapide des principaux produits exposés.

Algérie. — Après avoir examiné plusieurs ceintures assez mal exécutées, on s'arrête devant les ouvrages sortant de l'école des jeunes filles musulmanes, tenue par madame Luce, rue de Toulon, à Alger. Il y a divers objets fond gaze, brodés or et soie, un manteau même fond, brodé en soie jaune et plusieurs mouchoirs, le dessin formant des guirlandes au contour et des motifs détachés au centre; on voit encore des rideaux dont la broderie est assez bien faite pour de jeunes élèves.

France. — Charles Goyon, rue Vendôme, 13, Paris. — Bretelles variées de disposition, brodées or, argent et soie; le sujet représente un aigle enlacé par des ornements et surmonté de drapeaux. — Coussin de velours noir, brodé or et soie, avec l'écusson impérial brodé or brillant et mat, semé d'abeilles d'or et de feuillages soie : très-bien exécuté.

Truchis-Vaugeois, rue Mauconseil, 3, Paris, et rue de l'Arbre-Sec, 33, Lyon. — Epaulettes de généraux, dont les corps et l'enjolivure sont bien traités; galons militaires et d'administration, parfaitement fabriqués et en excellente matière; broderies et dentelles en or. — Bannière d'orphéon. richement brodée en relevé; écusson au centre entouré de drapeaux. Riche bannière de plusieurs villes, avec écusson central formé de la réunion de quatorze armoiries; au-dessus sainte Cécile sur un nuage : broderie magnifique.

Tarpin père et fils, rue Poulaillerie, 2, Lyon. — Bannière brodé filé et frisé or; au centre, l'Impératrice et Victoria se donnant la main : filés d'un beau dorage. — Contour de dais formé de torsades argent et gros glands or : beau travail d'enjolivure, quoique l'ensemble des dorures paraisse un peu noir; mais cet effet est produit par un mauvais jour, la vitrine étant placée dans un endroit obscur.

Vilain, rue Labat, 3, Paris. — Mécanique pour fabriquer des franges torses, fonctionnant à deux pièces : la trame, qui sert à faire la frange, passe au travers d'un peigne; le roquetain, sur lequel est enroulée la trame, est placé derrière le métier, près du rouleau de derrière; un crochet en fer, avançant dans l'ouverture de la marchure, saisit le fil de trame et se retire, un autre crochet s'empare du fil de trame, tourne sur lui-même et forme la torse.

Garapon, rue d'Angoulême-du-Temple, 85, Paris. — Enjolivure aluminium et garnitures de coiffures pour dames; le trait formant l'enjolivure a une teinte plombée. Je crois que le seul mérite de l'aluminium consiste dans sa légèreté.

Antoine Denis, Saint-Etienne. — Ruchettes giselles pour coiffures, fabriquées à la machine à vapeur; velours double face pour coiffures et ornements de robes : travail parfait.

Denis et Mottet, Saint-Etienne. — Divers articles pour coiffures et ornements de robes, articles de passementerie : belle confection.

Angleterre. — Ellington et Ridley, Londres. — Articles d'enjolivures pour ornements; garnitures d'appartements formées par des crêtes; contours et gros glands de soie, variés de couleurs, d'un fort joli effet : travail irréprochable.

Richard Evans et Cie, Londres. — Riches enjolivures d'ameublements garnies de superbes crêtes très-larges; contours et gros glands de soie variés de couleurs : crêtes et glands très-bien exécutés.

Stilbwel fils et Léger, Londres. — Galons or pour armée et administration, de 20 à 40 millimètres de largeur : travail ordinaire; épaulettes à gros bouillons bien exécutés; enjolivures, dragonnes et cordons à pointes de Milan : les dragonnes d'un beau fini. Les broderies sont très-régulières, les filés, réguliers, sont parfaitement faits et les traits d'un beau rouge. Il faut dire que les vitrines sont dans un jour avantageux, ce qui donne du reflet à la dorure.

William Jones, Lambert et Brown, Londres. — Exposition analogue à celle de la maison ci-dessus, mais les galons sont beaucoup mieux fabriqués. — Grande broderie avec écusson royal brodé en relevé or et argent. d'une grande richesse : filés d'un bon travail et traits bien dorés.

Abraham et fils, Londres. — Armoiries d'Angleterre en broderie relevé sur velours brodé or : belle exécution ; broderies diverses et enjolivures ; dragonnes à points de Milan, mal terminées à la pointe. Les galons or sont d'un travail ordinaire.

Louis Henle, Londres. — Traits de toutes dimensions et lames or et argent ; système or et passementerie, dessin de raisin à épis glacé placé tous les quatre fils. Ce dessin est sûrement copié sur celui qui a été créé à Lyon, cependant je crois qu'il a été fabriqué à Londres, car le glacé est placé à tous les dix fils, tandis que nous le plaçons tous les deux fils.

Cash's Cambric Frilling, Coventry. — Rubans brochés grande largeur, très-bien confectionnés.

Cox et Cⁱᵉ, Coventry. — Ruban de 16 centimètres de largeur broché, et autre de même largeur chiné : couleurs un peu ternes ; le fond taffetas laisse à désirer.

John Bethff et fils, Coventry. — Ruban broché sur fond taffetas : imparfait : rubans genre taille-douce de différents dessins et à médaillons : bonne exécution.

Robert Ormerod et Cⁱᵉ, Manchester. — Rubans coton à disposition : pour la matière employée, ces rubans sont bien compris.

Suisse. — Fichter et fils, Bâle. — Rubans de 8 centimètres de largeur ; dessin représentant Moïse, et autres : travail taille-douce d'une bonne exécution.

MM. Bischoff et fils, Dreffus, Frudinger, de Bâle, ont aussi exposé des rubans.

Sarrazin et Cⁱʳ, Bâle. — Rubans à dispositions et façonnés : d'une confection ordinaire.

Debarry, Bâle. — Ruban chiné et dessin taille-douce : assez bonne exécution.

En général, les rubans suisses sont très-bien fabriqués.

Prusse. — Steiner, Breslau. — Galons de voitures à triple roquetain. fond armure soie, d'un frappage irrégulier.

Schoers et Cⁱᵉ, Crefeld. — Velours unis, rubans armure et disposition, rubans velours façonnés et brochés : le tout très-bien fait.

MM. Burck, Soehne, Schebler, Kelenc, de Crefeld, et M. Hictel, de Leipsik, ont différents produits plus ou moins bien traités.

Turquie. — (Première vitrine.) — Dessus de pantoufles tissé, galon côteliné. façonné par le nombre de navettes ; c'est-à-dire que ce travail est le même que pour les galons à jour et qu'il faut de dix à douze na-

vettes, selon la complication du dessin, pour faire la traversée de l'étoffe.
— Galons très-riches pour bordures de tapisserie : les dessins de ces galons ont été si souvent employés à Lyon, que je doute que leur fabrication vienne de Constantinople. Le dessus de pantoufles ne me laisse pas le même doute; son dessin et son mode de fabrication appartiennent réellement au genre asiatique. — On trouve encore diverses broderies bien exécutées.

(Deuxième vitrine.) — Selle de chameau garnie d'une très-riche broderie en relevé or sur draperie laine, dorures à profusion; la broderie est d'un beau travail.

Bounteſs Somère, Constantinople. — Costumes complets de hauts personnages; pantoufles et tiges de bottes richement brodées or et relevé; costume de sultane. L'ensemble de ces costumes fait un bel effet, la dorure en est considérable; le filé et le trait sont très-gros, ce qui en augmente la richesse; la broderie en est très-bien faite, mais la grosseur du filé a facilité le travail.

Grèce. — Broderie or et costumes grecs de confection très-ordinaire.

Russie. — Moscou. — Galons or et argent, épaulettes à gros bouillons en trait argent : travail courant. — Galons façonnés côtelinés, genre indien, moins soignés que ceux de la Turquie.

La *Hollande* et l'*Italie* ont exposé des produits d'une médiocre valeur comme travail.

On comprendra que je n'ai pas voulu détailler dans cette nomenclature, déjà trop longue, la totalité des objets ayant trait à notre profession. Il est des maisons que j'aurais pu citer, surtout parmi les exposants français. Mon seul but a été de donner une idée de l'ensemble de l'Exposition, et notamment de prouver ce que j'ai établi en tête de ce rapport, relativement à la supériorité de la fabrique française, que je désire voir se maintenir toujours.

FERRA.

Tirage d'or.

Délégué à l'Exposition de Londres pour examiner la dorure en passementerie, je m'acquitte sommairement de la mission qui m'a été confiée, en signalant mes modestes observations. Que ceux qui m'ont élu veuillent bien croire aux sentiments de reconnaisance dont je suis animé pour la confiance qu'ils m'ont témoignée.

L'ensemble des produits de notre industrie était très-satisfaisant. J'ai remarqué que les Anglais préparaient spécialement les matières destinées à la passementerie ; ainsi, ils mettent beaucoup d'or sur des bâtons d'argent fin ou sur des bâtons mi-fin préparés à cet usage. Les maisons suivantes se faisaient remarquer par leurs articles exposés :

Stillwel fils et Ledger : très-beaux traits or et argent, filés, galons et broderies, d'une fort belle exécution.

William, Jones et Cie : traits, filets, franges, bouillons, ornements militaires, parfaitement faits.

Abraham : traits or et argent, broderies de tous genres, ornements d'église, très-bien exécutés.

Louis Henle : articles du même genre que ceux ci-dessus.

Voilà pour les maisons de Londres. Plusieurs exposants de Moscou ont également de semblables produits dont la beauté est incontestable.

D'Italie, la maison Giuseppe Martin (Milan) se fait remarquer par des traits or et argent fins et mi-fins, des broderies, des ornements d'église, d'une assez bonne exécution.

La Grèce est représentée par des broderies pour costumes.

Je noterai encore la maison Bountefs Somère, de Constantinople, qui a exposé des costumes de grands personnages, ainsi que des traits or et argent fins, des filés, des canetilles, des gros et des petits bouillons, etc., et une vitrine de Moscou, sans nom d'exposant, dont les produits étaient d'une bonne exécution. La broderie sur velours et soie était très-jolie.

Il est bien regrettable que la ville de Lyon n'ait pas exposé autant que sa réputation l'exigeait. On remarquait toutefois quelques maisons importantes de Lyon ou d'origine lyonnaise, et entre autres :

MM. Truchis-Vaugeois, de Paris, qui occupaient une place admirablement située comme lumière. Les produits exposés consistaient en traits or et argent, filés, bouillons, canetilles, paillettes : le tout d'une très-belle apparence ;

Les frères Magot, successeurs de MM. Tarpin père et fils, dont la vitrine, mal éclairée, contenait des produits qui auraient pu être appréciés plus avantageusement, vu leur beauté ;

Enfin M. Garapon, résidant à Paris, qui avait exposé des traits en aluminium de plusieurs grosseurs, ainsi que du filé très-bien exécuté, mais ne flattant pas la vue.

Il existe une grande différence entre l'argent français et l'argent anglais. La matière à tréfiler est de plusieurs titres, dont le plus fin est à 950 millièmes, tandis qu'en France, le seul titre est d'environ 985 millièmes. La matière française a donc 35 millième de plus, ce qui occasionne déjà un surcroît de 7 fr. 70 c. par kilo. J'ajouterai que les Anglais possedent une liberté complète pour la préparation de leurs matières, mais qu'il n'en est pas de même chez nous, où il faut acquitter un droit de garantie de 90 centimes par kilo, et un droit de régie d'environ 46 fr. par lingot (3 fr. 50 par kilo), ce qui, tout compris, produit une différence de 12 fr. par kilo en faveur des fabricants anglais.

Le prix de l'or fin battu à l'usage de notre profession est semblable à Londres et à Lyon. Mais l'or anglais m'a paru supérieur à celui employé par nos maisons de dorure qui ne le battent pas elles-mêmes. Les feuilles qui m'ont été présentées étaient remarquables par le compact de leurs pores, tandis que, chez nous, elles sont toujours percillées comme un tamis très-fin, ce qui ne laisse pas d'occasionner des difficultés nombreuses, par suite du manque d'adhérence.

Les détails de la fabrication anglaise sont les mêmes que les nôtres, excepté que le tréfilage se fait par des machines à force motrice, de plusieurs bouts à la fois, qui sont bien plus avantageuses que les modestes moyens dont nous nous servons.

Le salaire des ouvriers ordinaires est d'environ 3 shellings (3 fr. 75) et celui des femmes de 2 shellings (2 fr. 50) par journée de travail de dix heures. Les prix des subsistances et des choses de première nécessité ne m'ont pas paru plus élevés que ceux de France.

Xugoz.

SERRURERIE, QUINCAILLERIE

Nommés par les ouvriers de notre corporation, afin d'aller visiter l'Exposition de Londres, nous avons cherché à remplir fidèlement la mission qui nous avait été confiée, et voici le résultat de nos observations :

En réponse à la première question, nous dirons que les produits français, en serrurerie et quincaillerie, seraient inférieurs aux produits étrangers, qui sont d'un fini parfait, mais dont le prix de revient doit être plus élevé.

Quelques articles en quincaillerie, exposés par M. Bricard, de Paris, sont fabriqués avec soin ; aussi présentent-ils plus de solidité qu'un grand nombre de produits étrangers.

Les différences de prix entre les produits français et étrangers s'expliquent facilement. Les vitrines étrangères contiennent des ouvrages vraiment prodigieux comme main-d'œuvre, tandis que celles françaises ne laissent voir que ce que nous livrons habituellement au commerce. On peut alors dire que les fabricants français ont exposé sans prétention et sans vouloir accuser un fini qui n'est pas commun. Par ce fait, ils rivalisent avec les producteurs étrangers pour la modicité de leurs prix.

M. Baudrit, de Paris, a exposé des grilles, des combles et fermes en fer, réunissant l'élégance à la résistance nécessaire. Nous sommes convaincus que ces produits peuvent être livrés à l'industrie à des prix modérés.

Aucune autre puissance n'a exposé de travaux semblables.

M. Tronchon, de Paris, est le seul qui ait présenté des siéges en fer pour jardins.

M. Ducros, de Paris, a fait preuve de talent pour ses modèles de balcons et balustrades en fer, avec feuillages repoussés au marteau. Il est à dire qu'en Angleterre, dans les châteaux princiers, il existe de très-beaux ouvrages du même genre, et il serait à désirer que nos propriétaires français se décidassent plus souvent à faire exécuter de semblables travaux.

M. Durenne, fondeur, a exposé une très-belle grille avec son couronnement, imitant parfaitement le fer.

Des limes de toutes sortes, venant de la Prusse, ont une supériorité sur celles fabriquées en France.

L'Allemagne a exposé des coffres-forts en fer d'une beauté sans égale. Nous regrettons seulement de n'avoir pu visiter l'intérieur des serrures.

En définitive, la plupart des travaux étrangers manquent de ce goût et de cette grâce qu'on admire ici.

Deuxième question. — Il nous a été impossible de savoir les prix de revient, ainsi que le chiffre des salaires, les agents mis à la garde des objets exposés ne parlant pas notre langue et d'ailleurs ne donnant que peu de détails.

Troisième question. — Il nous est également impossible d'indiquer ce qui serait à faire pour supporter la concurrence, d'après ce que nous venons de dire, et ensuite n'ayant pu visiter suffisamment d'ateliers anglais.

Quatrième question. — Les noms des ouvriers exécuteurs des travaux n'étant nullement indiqués, ceux des exposants sont les seuls qu'il soit possible de connaître.

Les quelques ateliers à signaler n'ont rien de différent d'avec les nôtres, si ce n'est par l'emploi de quelques machines-outils activant les travaux.

En somme, nous dirons ceci : que notre serrurerie et notre quincaillerie peuvent rivaliser avec toutes les fabriques étrangères, malgré cependant que l'Angleterre fasse chez elle, avec plus de hardiesse, les ouvrages grandioses, tels que ponts et charpentes en fer.

Voilà, d'après nos appréciations, ce que nous pouvons dire sur les produits de quincaillerie et de serrurerie français et étrangers.

P. Franckam.
L. Gilbault.

TAPISSERIE-DÉCORATION

Choisi par les ouvriers tapissiers de Lyon pour les représenter à l'Exposition de Londres, je me suis attaché à justifier leur confiance en recueillant toutes les observations qui peuvent profiter à notre profession. Mes camarades voudront bien compléter l'honneur qu'ils m'ont fait en m'accordant toute leur indulgence.

Qu'il me soit d'abord permis, en mon nom et en celui de mes collègues, de déclarer notre vive gratitude à la Commission ouvrière pour les soins bienveillants et incessants que ses membres ont prodigués au groupe de délégués dont je faisais partie. Aucune expression ne saurait peindre leur dévoûment à nous faciliter une tâche souvent ingrate, vu le peu de durée de notre séjour à Londres. La cordialité de ces messieurs a droit à nos meilleurs souvenirs.

Il serait superflu de faire le récit des impressions que fait naître l'aspect général de l'Exposition. D'autres, plus autorisés, raconteront les splendeurs dont l'œil est ébloui et décriront ces merveilles envoyées par chaque nation, dans l'espoir de mériter la palme de la victoire, soit par la nouveauté, l'irréprochable confection, soit par la modicité des prix de revient. Je me contente de formuler mon opinion sur les produits de notre industrie.

Ici j'éprouve la crainte de ne pas paraître impartial ; on pourrait croire que l'esprit de nationalité me dominera dans l'énoncé du jugement que je porterai, tandis qu'il n'en est rien. C'est avec conviction et sans parti pris, après un long examen, que je dis : sous le rapport du goût et de la variété des ameublements, siéges, tentures et décorations, la France a acquis ou conservé une supériorité incontestable. Cependant la Prusse, l'Angleterre, l'Italie et l'Autriche ont exposé des objets dignes de fixer l'attention, qui se distinguent par leur richesse, l'élégance de la conception, et surtout par l'ampleur de l'exécution. Nous verrons tout à l'heure que nous pouvons emprunter quelque chose à l'étranger, malgré notre supériorité.

On remarque chez les différents exposants non français, l'influence d'une émulation remarquable. Presque tous approchent de la perfection, et, en présence de la manifestation d'un goût qui s'épure tous les jours, je ne sais si nous conserverons longtemps encore le premier rang auquel nous sommes placés.

Dans tous les produits étrangers j'ai remarqué, en outre d'un cachet particulier à chaque nation, le talent de joindre à l'art les avantages d'un grand confort. La forme est soumise aux régles de la commodité; l'ampleur des dispositions commande aux caprices. Nous ne suivons pas toujours cette manière de faire, et trop souvent, en France, les folies de la mode servent de guide dans des productions qui n'ont d'autre mérite que la fantaisie, sans qu'il soit tenu compte de la commodité.

Les Anglais, particulièrement, ne s'attachent pas, comme nous, d'une façon exclusive à la grâce et à la variété; ils donnent à leurs ameublements cette ampleur que je viens d'indiquer, et qui m'a paru judicieuse. Il me semble qu'en cela nous devrions les imiter; nos produits n'en seraient que supérieurs.

Les étoffes de siéges, tentures et décorations sont, pour toutes les espèces, identiques à celles que nous employons. La soie, avec des applications de passementerie, domine dans l'Exposition. Je ne dirai rien de ce genre que tous connaissent et qui, du reste, n'offre rien de nouveau.

Les fournitures sont semblables aussi. L'Angleterre, seule, emploie du coton pour la garniture. Cette application, au sortir des mains de l'ouvrier, présente une jolie apparence, mais ne la conserve guère ; les ameublements ont l'inconvénient de perdre leur forme, en s'aplatissant au bout de peu de temps.

Les tentures des exposants étrangers comportent les mêmes appréciations que les ameublements : elles sont largement développées et conçues avec art; mais je les trouve trop chargées. Nos décorateurs français sont plus sobres dans la disposition. En admirant la profusion des étoffes, des accessoires, la richesse des couleurs qui se marient entre elles, on regrette vivement la perspective simple et coquette de nos tentures françaises.

J'ai été obligé d'établir un parallèle de mémoire entre les produits nationaux et ceux étrangers. Nos tapissiers n'ont presque pas exposé ; pourtant ils le pouvaient et le devaient, la fabrication française est assez remarquable pour soutenir toute comparaison.

Dans la visite d'un atelier anglais, j'ai pu me former une opinion sur la manière dont s'opère la main-d'œuvre chez nos voisins : ne présentant pas une sensible différence avec les moyens usités en France, je m'abstiendrai d'en parler.

Les outils anglais sont les mêmes que les nôtres. Longtemps ils ont été d'une meilleure qualité, par la trempe de l'acier ; mais aujourd'hui nous les avons aussi bons.

Il est difficile d'établir une comparaison des prix de vente de chaque nation. La valeur des produits de notre industrie est subordonnée au goût déployé par les artistes et les ouvriers, mieux qu'à la qualité des matières employées, relativement peu coûteuses. J'ai pu cependant constater que la façon est rémunérée en Angleterre plus qu'elle ne l'est en France, malgré que le travail fait chez nous présente davantage de complications, principalement sous le rapport de la base, de l'intérieur, de l'ensemble et du fini des meubles.

Le résumé de mon rapport est dans les lignes suivantes :

1° Les tapissiers anglais, allemands, italiens, par leurs produits exposés, prouvent d'un bon goût, qui croît tous les jours, et dénotent une heureuse aptitude pour marier l'élégance et le confortable ;

2° Notre profession est représentée par la France d'une manière presque nulle ; mais ce que l'on voit ou connaît des travaux français établit une supériorité absolue pour le choix des étoffes, la disposition des couleurs, l'agencement des dessins, l'achèvement de l'intérieur des meubles et l'art proprement dit. Il n'est malheureusement pas assez tenu compte du confortable, et notre fabrication ne sera réellement irréprochable que le jour où elle aura fait son profit de ce que les autres nations lui enseignent à cet égard.

Louis Chène.

TEINTURE

Nous avons l'honneur de vous adresser le résumé de notre examen des produits de l'industrie tinctoriale que nous avons remarqués à l'Exposition universelle de Londres.

Nous n'avons pas toujours pu y comparer les nuances entre elles, nous n'avions pas la facilité de nous faire ouvrir les vitrines et nous avons jugé simplement à distance. Or, l'expérience nous enseigne que de pareilles conditions ne suffisent pas à qui se propose de se prononcer, même sur de faibles différences, dans le mérite relatif de deux couleurs. Puis, dans certaines positions — et le cas en est fréquent — la lumière n'arrive aux objets exposés qu'avec la teinte rougeâtre que lui communiquent les tentures écarlates qui portent écrites les indications dans la salle. Pour ces deux raisons, nous ne signalerons que de ces différences saillantes dont on peut juger dans toutes les conditions.

De la soie teinte en flottes a été exposée par MM. Guinon, Marnas et Bonnet, ainsi que par MM. Renard frères. Ces deux maisons représentent la teinture en couleurs pour notre ville.

MM. Gillet et Pierron et M. Drevon ont fourni de beaux noirs, ainsi que M. Martin, de Roanne. — Nous pouvons dire que, si le nombre des teinturiers exposants est peu considérable, nous sommes dédommagés par la supériorité de leurs produits. Noirs et couleurs diverses prouvent que les maisons qui les envoient tiennent à rester au premier rang.

Nous nous attendions à rencontrer de nombreux spécimens d'application de ces matières colorantes artificielles, que la mode adopte maintenant pour beaucoup d'articles; nous ne nous étions pas trompés : à côté des bleus, des violets, des rouges, que fournissent les huiles de houille, on remarque les nuances qui résultent du mélange de ces couleurs. L'aspect devait en être splendide à l'ouverture de l'Exposition.

Malheureusement, ce n'est que par exception que quelques-unes, placées dans des vitrines peu éclairées, ont conservé leur fraîcheur et leur éclat primitifs. Toutes les autres ont été plus ou moins profondément altérées par la lumière directe ou diffuse qui réagit sur elles depuis plusieurs mois.

Du reste, naturelles ou artificielles, toutes les couleurs, hors le noir, ont subi plus ou moins la même atteinte.

Cependant, après une comparaison sérieuse, nous pouvons affirmer que, comme ensemble de couleurs, l'avantage reste encore largement à l'industrie française. Il est encore plus vrai que l'industrie tinctoriale étrangère a réalisé d'immenses progrès dans ces dernières années.

C'est ici le lieu de signaler certains marrons, nuance Havane, d'une beauté exceptionnelle, et certaines étoffes moire antique de couleurs diverses d'un fort grand éclat. Les unes et les autres sortent d'ateliers anglais, et semblent nous inviter à une étude sérieuse de moyens qui doivent certainement différer des nôtres.

Nous en dirons autant d'autres couleurs marron foncé pour étoffes de parapluies, que nous avons vues dans un atelier de teinture à Londres. Elles sont d'une fort belle apparence et d'un grand rendement en poids; aussi nous pensons que leur apparition serait favorablement accueillie dans les magasins lyonnais.

Dans certaines vitrines prussiennes nous avons vu de fort beaux noirs; nous pensons que, pour eux, l'on a dû négliger la question de surcharge.

Quant à la Suisse, son exposition de rubans nous a paru remarquable par sa variété et sa perfection; nous la croyons de nature à stimuler le zèle de nos producteurs en ce genre.

Nous voudrions fournir des renseignements sérieux sur le prix de revient de chacune des choses que nous avons vues. Et, bien que les bases d'un pareil calcul soient toujours d'une fixation difficile, nous avons sérieusement cherché à nous en procurer quelque chose par la visite des ateliers anglais. Tout en restant d'une excessive politesse à notre égard, les chefs des maisons que nous avons vues ont su rester d'une réserve impénétrable, quelque adresse que nous ayons pu employer.

Nous avons pu cependant être fixés sur le chiffre des salaires qu'ils accordent à leurs ouvriers. Les plus ordinaires de ces derniers gagnent

— 141 —

25 fr. par semaine ; les plus habiles beaucoup plus, et selon leur mérite.

Parmi les propositions auxquelles nous devons répondre, figure celle-ci : « Dire ce qu'il y aurait à faire pour soutenir la concurrence étrangère, sans que ce soit au détriment de l'ouvrier. » Cette question nous semble être de celles sur lesquelles on peut écrire des volumes sans les épuiser.

Selon nous, l'un des meilleurs éléments à rechercher en pareil cas est une organisation industrielle qui permette de fournir des produits de plus en plus parfaits. Conséquemment, nous pensons que les patrons doivent chercher à s'entourer d'ouvriers habiles et faciliter à tous ceux qu'ils occupent les *moyens* de s'instruire.

Nous émettons le vœu qu'il soit donné suite aux projets d'élargissement de l'enseignement professionnel, par la fondation de cours spéciaux à l'usage des ouvriers.

En somme, nous nous résumons en disant :

1° Que l'industrie tinctoriale française, à Lyon surtout, a conservé jusqu'à ce jour la supériorité sur ses rivales étrangères ;

2° Que cependant la distance qui les sépare va s'amoindrissant de jour en jour, et que nous devons accélérer notre marche dans la voie du progrès, sous peine de nous voir dépasser dans l'avenir;

3° Et nous signalons l'enseignement professionnel spécial comme un moyen capable d'exercer une heureuse influence sur notre industrie.

Nous espérons que ces questions, qui, pour notre ville, sont celles de la prospérité générale, seront soumises aux sommités industrielles et scientifiques qu'elles intéressent.

A elles de signaler les améliorations que nous ne pouvons pas aborder.

Dans une corporation aussi nombreuse que la nôtre, il n'est pas facile de connaître quel ouvrier a coopéré à l'exécution d'une œuvre saillante. Cet embarras se complique dans le cas présent, par l'habitude qu'ont acquise nos maisons de fabrique de faire teindre un peu partout pour choisir ensuite de la fabrication parmi les meilleures pièces.

Nous n'avons donc pas de noms d'ouvriers habiles à citer. Cependant, sans le connaître, nous félicitons l'ouvrier qui a teint la série de couleurs de MM. Renard frères, de Lyon.

Arnaud.

Peyron.

Pivot.

Au risque de blesser sa modestie, nous ne pouvons terminer sans adresser nos sincères compliments à notre codélégué et ami, M. Peyron, pour l'habileté consommée avec laquelle il s'est tiré de la teinture que MM. Schultz frères et Béraud ont fait servir à la confection de leurs pièces à oiseaux de paradis et à orchidées.

ARNAUD et PIVOT.

TISSAGE

Délégués par nos confrères pour visiter l'Exposition de Londres, afin de comparer la situation de la fabrique lyonnaise avec celle des fabriques étrangères, nous venons vous communiquer le résultat de nos travaux.

Un programme nous avait été tracé par la Commission ouvrière; nous avons cherché autant que possible à ne pas nous en écarter, mais le peu de temps qui nous était accordé et le manque de renseignements indispensables nous ont empêché de traiter certaines parties qui auraient été pour nous du plus grand intérêt.

Quelle que soit l'imperfection du travail que nous vous présentons, nous considérons néanmoins notre mission comme un heureux précédent qui ouvre la voie aux délégations futures, et nous remercions profondément la Commission impériale et l'autorité locale de la protection et du concours qu'elles nous ont accordés, dans une haute pensée d'émancipation et de progrès.

Depuis longtemps les soieries lyonnaises, recherchées pour le bon goût de leur dessin, la beauté et la finesse de leur tissu, régnaient sans rivales. L'Exposition de 1851 ne fit, par la comparaison, que confirmer cette supériorité.

Alors les fabriques étrangères, à peine protégées par les lois prohibitives, ne comptant plus sur leurs propres forces pour soutenir la concurrence et rivaliser avec le degré de perfection des produits lyonnais, ne songèrent plus qu'à copier nos dessins et imiter nos nouvelles créations ; ainsi, sans tâtonnement, elles suivaient la voie que nous ouvrions, avec peine et à grands frais, à travers l'inconnu.

L'imitation, toutefois, nous paraît bien moins redoutable que généralement on se l'imagine ; tant que l'on nous imitera, nous ne serons pas dépassés et nous n'aurons pas à craindre que les caprices de la mode, trouvant dans les produits de nos rivaux quelque originalité, ne leur donnent une vogue qui pourrait nous faire plus de tort que toutes leurs copies plus ou moins parfaites.

Cependant les efforts tentés par les fabriques étrangères ont réussi à diminuer la distance qui les séparait de nous ; mais ce progrès incontestable tient à d'autres causes.

Dans ces dernières années, les magnifiques soies de France ayant manqué, ce ne fut qu'avec de grandes difficultés que les fabricants lyonnais purent s'approvisionner de matières premières pour les étoffes riches et surtout les taffetas en comptes forts. Les soies de l'Orient, jusqu'alors réservées pour des articles peu délicats, furent perfectionnées et mises à même de remplacer nos belles soies dans une foule d'articles.

Ce progrès, dû à la nécessité, a rendu de grands services et enrayé un peu la décadence qui s'est manifestée depuis 1856 ; mais il est, en quelque sorte, contrebalancé par un inconvénient que les commerçants lyonnais devraient à tout prix tenter de faire disparaître. Le principal marché des soies de la Chine et du Japon étant à Londres, nous ne pouvons les acheter qu'après avoir passé par la main des marchands anglais, qui savent conserver pour eux les qualités supérieures, dont cependant ils sont loin de tirer tout le parti possible.

Ainsi, en visitant les petits ateliers de Spitalfield, les seuls qu'il nous ait été possible de visiter, nous vîmes sur les métiers des pièces qui certainement étaient de très-belles soies du Japon, mais si mal préparées que l'un de nous prenait pour des fils manquants ce qui n'était que des fils très-fins à côté de fils plus gros.

Ce fait, qui nous surprit, nous fut confirmé à l'Exposition en voyant les moires anglaises. qui, quoique belles et bien réussies, surtout placées sous le jour le plus favorable, nous parurent d'une grande irrégularité en trame et en chaîne.

Après quatre années d'épreuves occasionnées par le manque de soie, la fabrique lyonnaise crut devoir s'ouvrir une ère nouvelle qui devait permettre à ses avantages naturels et aux ressources considérables dont elle dispose, de dévopper leur puissance. .

Le traité de commerce entre la France et l'Angleterre était à peine conclu, lorsque la guerre civile des Etats-Unis survint, et, après tant de mauvais jours, nous montra l'avenir sous l'aspect le plus sombre.

On pourra se faire une idée de la détresse qu'a dû apporter dans nos ateliers cette guerre déplorable, quand nous aurons dit que notre fabrique recevait, année moyenne, 130,000,000 fr. en échange de ses soieries. c'est-à-dire la moitié du chiffre de ses affaires, et que, l'année dernière, elle n'a dû recevoir que le tiers de cette somme, ce qui constitue, en admettant que le contre-coup de cette crise n'ait pas réagi sur ses autres débouchés, une diminution d'un tiers dans le chiffre général de ses affaires. Si l'on considère que la plupart des articles se fabriquent maintenant dans des conditions plus mesquines, que l'on augmente les difficultés du travail sans les rémunérer, et que les métiers disponibles, toujours offerts, semblent solliciter une diminution de salaire à laquelle le fabricant le plus consciencieux a bien de la peine à résister, on arrivera à conclure que le produit de chaque métier n'a pas atteint le tiers des années précédentes.

Reste maintenant à savoir si, comme on se l'imagine généralement. l'ouvrier actif et économe peut se mettre à l'abri de ces crises commerciales. Nous allons tâcher de présenter un état de sa situation, que nous avons pris dans une année de travail actif.

Les chiffres sont d'une logique qui ne se discute pas : nous en produisons d'authentiques, et qui. nous en avons la certitude, ne seront contestés par personne.

L'article uni est certainement le plus avantageux : c'est celui que nous prendrons comme offrant le plus de facilité pour établir des chiffres certains.

Plusieurs maisons, des premières de la place, ont payé 1,350,000 fr. pour occuper 1,425 métiers pendant un an. Sur ces 1.425 métiers, un cinquième, exigeant plus de frais et d'habileté que les autres, a prélevé pour sa part 366,225 fr. ; un autre cinquième, pour les mêmes motifs. 320,625 fr. Il restera donc, pour les métiers exigeant moins de frais et d'habileté, 663,150 fr., soit, pour la première catégorie, 1,285 fr. par métier ; pour la deuxième, 1,125 fr. ; enfin, pour la troisième, 775 fr. 60 centimes.

La moitié de la façon étant retenue par le maître-ouvrier, pour le prêt de ses ustensiles et son travail de préparation, on saura donc qu'un ouvrier fort et adroit, dans des conditions de capacité qui le placent au premier rang parmi ses collègues. peut gagner 642 fr. 50 cent. ; qu'un autre ouvrier tout aussi habile, mais à qui il n'est pas échu un métier de la première catégorie, gagne 562 fr. 50 cent., et qu'un autre ouvrier ou une ouvrière moins habile, peut gagner 386 fr. 80 cent., tout cela à la condition qu'il n'y aura point de chômages et qu'ils travailleront pour les meilleures maisons.

La moindre chambre, aussi malsaine qu'incommode, coûtant, dans les quartiers ouvriers, 72 fr. par an, et le prix des substances de première nécessité étant admis, nous demandons si l'ouvrier le plus favorisé peut faire de fréquentes visites à la caisse d'épargnes. Pourtant cela arrive, mais ce sont des exceptions, de même que les métiers rendant de 7 à 900 fr. aux ouvriers qui les occupent.

Nous éprouvons le plus profond découragement à dévoiler le mystère qui couvre les moyens d'existence des ouvriers et ouvrières à qui la force ou l'adresse ne permet pas de faire les ouvrages les plus avantageux, ou qui n'ont pu obtenir de travailler pour les maisons qui spéculent le moins sur le salaire de l'ouvrier.

On peut demander à messieurs les médecins de l'Hôtel-Dieu combien de jeunes hommes, et surtout de jeunes femmes, tombent chaque année moissonnés par l'impitoyable phthisie occasionnée par des veilles exagérées et des privations de toutes espèces.

Nous avons parlé des maîtres-ouvriers et dit qu'ils prélevaient la moitié de la façon pour leurs frais et leur travail de préparation, nous allons maintenant examiner les frais qui sont à leur charge, en supposant un atelier de quatre métiers, dont un de la première catégorie, un de la deuxième et deux de la troisième. Le total des sommes produites par ces quatre métiers s'élèvera à 1,980 fr. 60 centimes.

La location et l'impôt personnel s'élèveront à. .	300 fr.
Le dévidage.	425
Remettage, tordage et pliage.	205
Chauffage et éclairage.	80
Usure du matériel et frais imprévus.	140
Total des frais. . . .	1,150 fr.

Ainsi, il restera 824 fr. au maître-ouvrier pour son travail de préparation, qui consiste à rendre l'ouvrage, le préparer, surveiller son exécution, faire les canettes, corriger les accidents qui surviennent et parer aux dégâts dont il est responsable.

Afin de montrer combien le salaire s'est équilibré dans les différentes parties du tissage, nous mettons sous les yeux le produit d'un métier de châles au quart, conduit par un ouvrier propriétaire de son métier.

La journée moyenne est de dix mille coups de navettes par jour. Trois cents jours de travail à dix mille coups par jour, au prix de cinquante centimes le mille, produisent dans l'année 1,500 fr.

La location s'élève à.	160 fr.
Chauffage et éclairage.	35
300 journées à un aide-ouvrier (lanceur). . . .	330
Canettage et courses pour rendre l'ouvrage et chercher les matières premières.	180
Transport des dessins, changement de dispositions et frais imprévus.	62
Tordage et pliage.	32
Usure du matériel, au 5 %, et rabais pour fautes de fabrication impossibles à prévoir	92
Total des frais. . . .	891 fr.

Produit	1,500 fr.
Frais. . . . . , ...	891
Reste à l'ouvrier possédant son métier.	609 fr.

Quoique le façonné haute nouveauté offre des gains journaliers généralement plus élevés que l'uni riche, celui-ci est considéré avec raison comme étant le plus avantageux. Les changements imprévus et les essais sont si nombreux dans celui-là, qu'il arrive très-souvent qu'après avoir beaucoup travaillé, il se trouve que les frais ont excédé les bénéfices, et cela est si vrai, que, dès que le commerce présente quelques symptômes de défaillance, le fabricant, craignant les réclamations du maître-ouvrier, ne manque pas d'écrire sur la disposition : « *métier déclaré monté*, » afin d'éluder, par ce moyen, la loi des prud'hommes, qui met à la charge du fabricant les frais de montage dépassant le 10 % du total du produit de la fabrication.

Quelques fabricants sont assez consciencieux pour ne pas user de pareils subterfuges et ne font pas monter les métiers qu'ils savent ne pouvoir occuper suffisamment pour couvrir les dépenses qu'ils nécessitent, mais beaucoup d'entre eux sont loin d'être aussi scrupuleux; ce sont surtout ces fabricants plagiaires, toujours en quête de commissions au rabais. Véritables plaies de la fabrique, ils la ruineraient en deux ans s'ils savaient pouvoir faire leur fortune avant ce temps. Sans talent, ils pillent les dessins et les dispositions de leurs confrères, et leur esprit égoïste et mesquin leur montre l'abaissement des salaires comme la seule économie possible et le dernier mot des combinaisons commerciales.

La facilité avec laquelle cette sorte d'économie se réalise a beaucoup de séduction : on y voit le moyen de faire fortune rapidement et sans de grands efforts. La concurrence étrangère sert de prétexte à cet acte tyrannique, que l'ouvrier isolé et pressé par le besoin est forcé de subir.

Cependant cet ordre de choses commence à porter ses fruits : les ouvriers habiles et intelligents abandonnent une profession qui ne peut subvenir à leurs besoins, ou émigrent et portent à l'étranger, moins sordide, leur expérience et nos procédés ; et nous savons très-bien, nous, quels sont les ouvriers qui ont monté et exécuté différents ouvrages établis dans les vitrines étrangères de l'Exposition. Encore quelques années ainsi, et la fabrique pourra reprendre ; mais il lui sera impossible d'exécuter les merveilles de 1851 et de 1855, en dépit de tout son matériel et des progrès de détail réellement accomplis.

Telle était notre situation, lorsque nos confrères nous ont dit : « Allez à l'Exposition, et voyez si les ressources et les moyens de l'étranger sont supérieurs aux nôtres, et si la concurrence doit nous réduire à abandonner l'état que nos pères nous ont donné. » Aujourd'hui, voilà ce que nous avons à répondre : « Nous sommes toujours les maîtres dans l'art de tisser la soie. »

Toutes les nations progressent, il est vrai ; peut-être, entravés que nous étions par mille obstacles, ont-elles été plus vite dans l'art d'imiter que nous dans celui de créer. Mais il y a loin encore d'elles à nous. L'éclat de nos nuances, la beauté de nos dessins, la richesse, la variété de nos tissus et la parfaite exécution sont toujours inimités.

Quant à leurs procédés, nous n'avons rien à leur prendre, car c'est nous qui avons innové les moyens dont ils se servent, et notre organisation par petits ateliers, quoi qu'en pensent certains économistes, est infiniment supérieure aux grandes fabriques, pour la parfaite exécution et la célérité du travail, et pourrait devenir le dernier mot de l'économie, s'il était permis aux chefs d'ateliers d'établir une sorte de solidarité tentée depuis longtemps, mais que le peu de relations qu'il leur est laissé d'entretenir a rendu impossible jusqu'à ce jour.

La fabrique lyonnaise, en masse, est un immense atelier à la disposition de quiconque en a besoin, dirigé par une foule de contre-maîtres intelligents et très-intéressés à produire bien et beaucoup, et à profiter des matières qui leur sont confiées, sous peine d'en payer les dégâts. Si l'on objecte que cette division par petits ateliers exige une quantité de contre-maîtres qui pourrait être réduite, nous avons démontré que le produit d'un atelier de quatre métiers ne pouvait suffire qu'à la personne chargée de le surveiller, et qui sera très-occupée, et que l'intelligente surveillance du maître-ouvrier est à peu près sans rétribution, car il est impossible que deux personnes puissent vivre, si l'une d'elles n'occupe pas un métier comme ouvrier. Maintenant, nous conseillons à nos confrères de faire tous leurs efforts pour s'opposer à la création de grandes fabriques, dont ils ne seraient pas les propriétaires associés. Que le capital s'empare de nos ateliers et des machines pouvant réduire le travail, nous deviendrons des serfs industriels à la merci de nos seigneurs manufacturiers, ainsi que le paysan irlandais l'est de ses lords, propriétaires du sol. Que le perfectionnement des machines devienne tel qu'il suffise de quelques milliers de travailleurs pour combler le débouché étranger, c'est-à-dire de celui qui donne de l'or, pourquoi appellera-t-on à la consommation les bras qu'on ne sait de quelle manière utiliser? Alors qu'arrivera-t-il? Le voici : le cordonnier en guenilles se croisera les bras, tandis que le tisserand, pieds nus, ne saura comment occuper les siens. Ce fait se produit déjà. Les débouchés manquant à l'étranger, nous nous arrêtons tous de produire, sous prétexte que la production excède la consommation, et nous, travailleurs besogneux, nous convenons que, puisque le capitaliste n'a aucun intérêt à notre production, nous devons attendre pour travailler que de nouveaux besoins se fassent sentir.

Paysans, gardez vos lopins de terre; ouvriers, gardez vos instruments de travail, et si le perfectionnement des machines parvient à adoucir le travail, soyez assez intelligents pour associer vos efforts, afin d'exploiter à votre profit ce qui n'a pas été fait pour quelques-uns.

Maintenant, jetons un coup d'œil sur les productions de nos rivaux étrangers dans l'art du tissage.

La France, l'Angleterre et l'Autriche sont les seules nations qui aient envoyé des spécimens de leurs fabriques de châles laine.

L'Autriche a peu de châles riches, ils sont généralement grossiers, de mauvaises nuances et mal fabriqués.

Ceux d'Angleterre sont beaux, très-fins; dans le genre des châles de Lyon, mais au-dessous comme dessin.

Il nous semble que plusieurs maisons de cette dernière ville n'ont pas exposé ce qu'elles avaient de mieux, soit comme nouveauté de dessin, soit comme finesse.

La maison Bouteille a exposé un châle fait par un procédé qui économise 75 °/₀ sur les frais de cartons.

C'est à Paris que revient la première place. Dessin, finesse de tissus, fraîcheur de nuances, tout contribue à faire penser qu'elle la gardera longtemps.

Les imitations de châles de l'Inde sont parfaites; ces châles, fabriqués d'une seule pièce, sont brochés par 1,200 espolins, mis en mouvement par un battant brocheur; on parvient ainsi à employer les laines fines qui ne pourraient supporter le choc nécessaire pour traverser une grande largeur et on supprime tout découpage.

Les moires anglaises, quoique belles et bien réussies, comme nous l'avons déjà dit, laissent à désirer pour la perfection du tissu, et nous sommes persuadés que l'habileté qui a présidé à leur étalage est pour beaucoup dans le succès qu'elles ont obtenu. Disposées en draperies aux plis longs et arrondis, dans des vitrines spacieuses et bien éclairées, la lumière produit les reflets les plus chatoyants dans chacun de leurs plis profonds, et fait ressortir leurs tons riches et sévères, sans être heurtés par un entourage de nouveautés aux nuances éclatantes, comme le sont les moires lyonnaises, qui, faute d'espace ou de lumière, disparaissent inaperçues à travers une foule d'étoffes qui les effacent par leurs brillants dessins et leurs vives couleurs.

Toutes les nations ont exposé de beaux spécimens de leurs fabriques d'unis. La Suède a des satins, des gros grains et des gros d'Écosse fort beaux, qui peuvent rivaliser avec ceux de la Belgique et de la Suisse. Cette dernière a une collection de satins et de taffetas légers, à des prix excessivement bas, mais rayés crépés. Ceux de l'Angleterre, faits au métier mécanique, sont mieux tendus. Nous attribuons cette supériorité à l'emploi du système à défiler pour le canettage.

Les taffetas lyonnais doivent leur supériorité à leur éclat, à la régularité des soies employées, à la fraîcheur de leurs nuances et enfin à leur parfaite exécution.

Il ne serait pas inutile de dire ici que l'usage de la lissette, pour prévenir les piqûres dans le taffetas, est remplacé, en Angleterre, par un procédé assez singulier. Au lieu de deux marches, ils en mettent quatre. L'ouvrier commence à en enfoncer une avec la pointe du pied; ensuite avec le talon il enfonce la suivante. Ce travail en deux temps doit beaucoup dégager la soie, mais il est lent. On pourrait le remplacer par quelque procédé mécanique produisant le même effet sans nuire à la vitesse.

Les articles pour ameublement sont peut-être ceux que les étrangers traitent le mieux. L'Angleterre a un étalage magnifique de lampas à médaillons, brocatelles, brocards et damas brochés d'une beauté remarquable. L'Autriche ne lui cède en rien et possède quelques genres que l'Angleterre n'a pas, tels que velours pour tentures. La Russie a l'étalage le plus riche par la dorure. Ses draps d'or, brocards, damas, gros de Tours brochés, sont fort riches, mais ils laissent beaucoup à désirer pour l'exécution et la nouveauté du dessin. La Prusse a exposé un fort beau velours ciselé, imitant le velours de Gênes, avec nuances d'ourdissage pour le deuxième corps, d'un bel effet, et très-bien exécuté. Les lampas et brocatelles de la Suède ne sont pas au-dessous de l'Autriche. Le portrait de Charles XV, en lampas, qu'elle a exposé, est fort admiré. La Turquie a aussi exposé des étoffes pour ameublement. Ses arabesques orientales sont plus admirées que ses imitations des dessins de l'Occident.

Tours a soutenu et agrandi son ancienne réputation; ses lampas à personnages et médaillons, ses brocatelles et damas brochés, satins liserés et marquises pour voitures, sont d'une richesse de dessin et d'une fraîcheur de nuances inimitables.

Nous n'avons découvert rien de saillant comme procédés nouveaux dans cette partie. Le pavillon impérial, fabriqué d'après le procédé Meynier, est un tour de force dont tout le mérite échappe à celui qui n'est pas averti qu'une seule mécanique de 600 crochets a suffi pour son exécution.

C'est dans la haute nouveauté que notre supériorité se révèle dans toute sa force. Rien dans les vitrines étrangères n'est à comparer à nos châles velours façonné, gaze et étoffes brochées, à nos robes de velours ciselé, taffetas broché, médaillons imprimés, double chaîne, satins brochés, broderies imprimées, robes à pentes relevées, etc.

Dans le court séjour que nous avons fait à Londres, nous n'avons pu avoir que de rares entrevues avec les ouvriers tisseurs anglais; cependant nous avons pu constater que, quoique le prix des façons soit élevé environ d'un dixième à un huitième de plus qu'en France, et que les frais soient à la charge du fabricant, nos confrères d'outre-Manche sont les plus misérables des ouvriers anglais.

Notre supériorité est incontestable aujourd'hui, le sera-t-elle demain ? Si nous en jugeons par les avantages que nous offre la situation que nous occupons, au centre des contrées qui produisent les plus belles soies du monde, et les ressources qu'une longue pratique couronnée de succès a mises à notre disposition, l'avenir nous paraît rassurant, et l'ère nouvelle des franchises commerciales, qui fera triompher au profit de tous l'aptitude et les ressources particulières à chaque peuple, doit être le signal de notre prospérité.

Malheureusement tous ces avantages ne sont pas suffisants pour conserver ou obtenir la suprématie dont ils sont les éléments, si la nation qui les possède ne sait, par son énergie et son intelligence, en tirer tout le parti possible.

L'Angleterre a bien compris cette vérité, aussi rien ne coûte à cette nation pour faire naître ces précieuses facultés au sein des classes laborieuses; écoles professionnelles, bibliothèques ouvrières, expositions permanentes de collections industrielles ou artistiques, liberté de réunion, rien de ce qui peut développer l'énergie et l'intelligence n'a été négligé.

En face de ces efforts inouïs, nous croyons qu'il n'est pas trop du concours de tous pour tenir tête à nos infatigables rivaux, et nous avons la confiance que ce n'est pas en vain que le gouvernement est venu secouer la torpeur qui pesait sur nous, en nous donnant l'occasion et les moyens d'émettre notre avis sur des questions que, jusqu'à ce jour, on a regardé comme intéressant les seuls chefs d'industrie, comme si l'ouvrier n'avait aucun intérêt à la prospérité et à l'avenir de l'industrie à laquelle sont liées son existence et celle de sa famille, qui est le seul patrimoine qu'aient pu lui léguer ses pères et qui est le seul qu'il aura à laisser à ses enfants.

Dans aucune profession l'ouvrier n'est isolé comme dans la nôtre. Parqué dans de petits ateliers, les seules relations qu'il puisse entretenir avec ses confrères ne peuvent avoir lieu que dans les cabarets, et ce besoin d'expansion communicative, si naturelle à tous les hommes, est comme étouffé sous une sorte de régime cellulaire; aussi cette puissance innée de l'énergie française, ne pouvant prendre un libre essor vers les choses nobles et utiles, se jette-t-elle, lorsqu'elle ne s'est pas anéantie, dans les travers les plus pernicieux.

Nous croyons de notre devoir d'émettre le vœu que le gouvernement, dans l'intérêt de l'industrie lyonnaise et du bonheur des classes laborieuses de notre cité, autorise l'organisation de la corporation des tisseurs et donne la vie intellectuelle à cette famille, en lui accordant le droit de se réunir en cercles collectifs.

Afin d'aviser aux besoins de notre industrie, nous pensons que, quant à présent, il serait nécessaire de nommer une commission mixte, composée de fabricants et d'ouvriers, sorte de syndicat chargé des intérêts respectifs de chacun, et remplaçant en quelque sorte les anciennes jurandes. Alors, nous ne craignons pas de le dire, parce que nous sentons que cela est possible, chacun apportant sa part de lumière au foyer commun, on sera étonné des merveilles industrielles qu'enfantera notre cité.

Tant d'abus se sont introduits dans la fabrique depuis quelques années, qu'il nous semble urgent de réviser certaines coutumes et de donner plus de force à quelques autres.

Cela est d'autant plus nécessaire, que la plupart des ouvriers sont toujours disposés à subir les plus criantes injustices plutôt que de rester sans ouvrage pendant toute une saison.

Parmi ces abus, nous citerons :

1° Un grand nombre de fabricants ont perdu l'habitude de mesurer l'ouvrage avec les seules mesures que la loi reconnaît ;

2° Depuis quelques années, dans un but de spéculation, les soies se chargent tellement à la teinture, qu'il est devenu impossible au maître-ouvrier honnête de trouver ses comptes dans beaucoup de maisons ;

3° L'usage qui met à la charge du fabricant les frais dépassant 10 °/₀ du total de la façon est devenu presque illusoire, par la facilité avec laquelle il est éludé.

COCHARD.   P. FAURE.
J. BERGERON.   BUREL.
SAUZION.   BOUVIER.
J.-M. ROUX.   P. AUDIBERT.
BOUDOIT.

Comme tisseur et comme membre de la Commission ouvrière, je croirais manquer à mon devoir, si au travail de tous je ne joignais, en quelques mots, le résultat de mes appréciations personnelles, ce livre étant destiné à contenir tous les renseignements qui peuvent intéresser les travailleurs.

Le rapport des délégués de notre profession établit d'une manière trop vraie la situation des tisseurs de Lyon, pour que j'y ajoute de nouveaux détails; je me bornerai à dire, avec les rapporteurs, que cette situation est déplorable pour le présent et inquiétante pour l'avenir.

Doit-on pour cela désespérer et s'abandonner à une stérile indolence? Evidemment, non. Si notre vieille organisation a produit de tristes résultats, cherchons à fonder une institution durable et progressive qui, sous l'auspice des lois, nous assure un meilleur avenir.

Pour trouver le remède, il faut remonter aux causes du malaise; elles sont nombreuses, mais la plus importante réside dans une division qui étend son principe funeste parmi les fabricants ou parmi les ouvriers.

Puisque le mal est dans la division, le remède doit donc se trouver dans l'union. Cherchons par conséquent un moyen de nous unir. Le problème de l'avenir est là tout entier.

Nous unirons-nous en société corporative, pour nous prêter un mutuel appui, opposer une digue à la décroissance des salaires, et détruire les suites funestes de la concurrence? Ce moyen, qui permet d'espérer des résultats peut-être immédiats, mais peu durables, ne me paraît pas d'une exécution possible. Le seul que je croie praticable, qui ne me laisse aucun doute sur ses conséquences, et que je propose comme le plus efficace, non-seulement pour les ouvriers, mais encore pour le salut de l'industrie tout entière, ce moyen, c'est l'association.

En effet, par l'association, nous échappons aux effets de la concurrence, en opérant la liaison d'intérêts communs ; nous produisons une économie considérable, en réunissant en une seule fabrique une quantité de maisons traitant exactement les mêmes articles, et ayant chacune de grands frais d'établissement, de location, de luxe, de personnel, etc. Par l'association, il nous sera facile de répandre l'instruction industrielle, et un grand nombre d'ouvriers pourront développer leur intelligence et rendre des services profitables à la masse.

Du jour où l'association sera pratiquée sur une grande échelle, nous n'aurons plus à redouter l'application des moyens mécaniques au tissage. Bien au contraire ; ce qui est une cause de ruine pour l'ouvrier, avec l'organisation actuelle, deviendra une cause de prospérité pour tous. Enfin, l'association, seule, peut nous rendre propriétaires de notre travail, en nous faisant participer directement aux bénéfices qui en résultent. Cette considération doit, pour nous, être concluante.

Telles sont les principales raisons qui m'ont poussé à proposer à mes collègues l'association comme le but vers lequel doivent converger toutes nos aspirations et tous nos efforts.

J'exprimerai ici le vœu de voir quelques ouvriers intelligents et dévoués prendre une initiative qui trouvera des imitateurs. Mais que les principes de leur institution soient larges et sages, qu'aucun sentiment d'égoïsme ne s'y manifeste. Pas de préférence pour l'un, au détriment d'un autre ; la justice et les mêmes droits pour tous. Les hommes d'élite qui s'organiseront les premiers sur de telles bases auront bien mérité des travailleurs, et leurs noms se transmettront parmi les générations ouvrières, entourés d'une auréole de respect et de reconnaissance.

Monet.

TISSAGE MÉTALLIQUE

Ce n'est pas en France qu'a été créée l'industrie des toiles métalliques ;
l'Allemagne, qui avait, la première, fait des fils de cuivre d'une remarquable ductilité, les appliqua également, la première , à l'industrie du
tissage métallique, en faisant des toiles à papier. Là se borna pendant
longtemps tout l'emploi de la toile métallique.

Lorsqu'en 1834, M. Mage aîné fonda, à Lyon, une fabrique de tissus
métalliques, la France n'avait jamais tiré que de l'étranger ce dont elle
avait besoin. Le plus grand mérite de M. Mage, celui qui lui a valu la
croix, c'est d'avoir vulgarisé la toile métallique en fer et en cuivre, c'est
d'avoir fourni à une foule d'industries des tissus appropriés à chacune
d'elles. En effet, ses applications sont considérables : la toile métallique
sert à la fabrication des porcelaines, des faïences, de la chaux, du ciment,
aux farines, sucreries, raffineries, huileries, teintureries, garances, etc..
enfin à tout ce qui nécessite un tamisage quelconque.

La supériorité de la France s'est maintenue à Londres, comme bonne
fabrication et comme diversités d'application. Seulement il faut reconnaître que l'étranger, surtout la Saxe et la Suède, disposent de fils de fer
plus doux que les fils français, et qu'on y peut, par conséquent, arriver
à des réductions relativement plus fortes.

Les fils de cuivre sont rivalisés avec avantage par les produits de la
France, et le fil d'Augsbourg n'est pas supérieur au fil de Laigle.

Comme résumé suffisant d'appréciation, on peut dire :

1° Que la fabrication française n'est pas inférieure à la fabrication étrangère ;

2° Que le fil de fer étranger, supérieur au fil de fer français, permet un tissage plus facile ;

3° Que le fil de cuivre est de qualité égale au fil d'Allemagne, et de beaucoup supérieur au fil anglais ;

4° Que les applications sont plus nombreuses en France qu'à l'étranger ;

5° Que la main-d'œuvre est plus avantageuse, tout en fournissant un salaire suffisant ;

6° Enfin que, malgré les frais de douane et de poids, la France peut vendre avec bénéfice encore sur les marchés belges et anglais.

BUHLER.

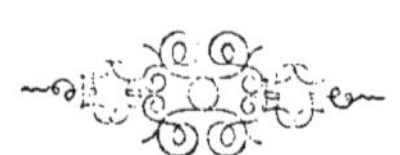

TULLES

—

Tulles bobins.

Plusieurs fables ont été débitées sur l'origine de l'industrie des tulles et dentelles mécaniques. S'il faut en croire les historiens anglais, elle remonterait au révérend William Lee, curé de Calverton, dans le comté de Nottingham, qui, le premier, de 1586 à 1589, aurait imaginé de produire les bas au métier. On assure que Lee, chargé d'une nombreuse famille, voyait avec peine sa femme s'épuiser à un travail pénible de tricotage, et qu'à force de persévérance il était parvenu à remplacer l'œuvre des doigts par un moyen mécanique.

Les auteurs français ont donné une autre version. Selon eux, la découverte des métiers à bas a été faite par un compagnon serrurier des environs de Caen. Les causes de la découverte ne manqueraient pas d'un certain piquant. Ce serrurier était épris d'une jeune tricoteuse à laquelle il faisait vainement une cour assidue, sans que son amour parût partagé. Un jour vint où, enhardi par de certaines apparences, il osa lui demander de partager son sort ; la jeune fille répondit, au milieu de joyeux éclats de rire, qu'elle s'unirait à lui lorsqu'il aurait inventé une machine à tricoter. Cette réponse, qui aurait désespéré tout autre, ne rebuta point notre amoureux ; il se mit à l'œuvre avec un courage héroïque, et bientôt le succès couronna son entreprise. L'histoire ne nous dit pas si la belle fut fidèle à sa promesse; tout ferait supposer, au contraire, qu'elle y manqua. Ce qui est certain, c'est que Louis XIV, qui régnait alors, voulut travailler sur le métier et qu'il se fit fabriquer des bas; mais le corps des marchands bonnetiers de Paris, effrayé du préjudice qu'allait lui causer la nouvelle découverte, corrompit un valet de chambre du roi, lequel coupa quelques maillons aux produits offerts à Sa Majesté. L'invention fut dès lors déclarée mauvaise, sans qu'on procédât à un plus ample examen.

En butte aux tracasseries sans nombre que lui suscitèrent les marchands bonnetiers, bourgeois égoïstes et méchants, notre serrurier porta sa découverte en Angleterre. Elle en fut rapportée en 1656, par un Français, nommé Jean Hindres, qui établit au château de Madrid, près Boulogne, la première manufacture de bas qu'on ait eu en France. D'autres prétendent que ce Jean Hindres était lui-même le compagnon serrurier que l'amour avait fait inventeur.

Ce ne fut qu'en 1780 seulement que l'on fit du tulle sur un métier à bas perfectionné. A cette époque, le nombre de métiers était de vingt; en 1810, il était de quinze cents, et quinze mille ouvrières s'occupaient à broder des fleurs sur le tulle produit.

Vers 1784, la chaîne fut appliquée pour remplacer la trame des métiers à bas. Depuis, une multitude de systèmes ont été créés : on a fait des métiers dits à la Sarrazin, Warp, Mecklin, à la chaîne, etc., produisant les tricots en pièces, les bourses, la blonde en tulle, les gants à jour, les filets et les tatings. On fabrique encore à Lyon, sur les mêmes métiers, des filets, des étoffes élastiques de laine et de soie, pour les gants; des tulles damassés, châles, écharpes, voilettes, qui prennent les différents noms d'articles ordinaires, de double corps, de Bruxelles, de quatre rangs et d'articles à la cantre; enfin, des tulles à mouches, pour servir de fonds aux voilettes. Tous ces produits, en grande partie destinés à l'exportation, subissent l'influence de la crise commerciale et ne donnent lieu, en ce moment, qu'à un chiffre restreint d'affaires.

Les tulles bobins, dont la première fabrication a eu lieu en Angleterre, ne datent que du commencement de ce siècle. Le tulle est tissé avec des chariots et des bobines, d'où son nom. Ce système a beaucoup d'analogie avec le tissage de la toile, c'est-à-dire qu'il comprend une chaîne et une trame, et qu'il diffère entièrement du métier à bas. En 1808, MM. Heathcoat et Lacey prirent un brevet de quinze ans, pour un système à chachariots et à bobines, qu'ils nommèrent *old Longborough*. Devenus maîtres de la propriété de ce système, ils se réservèrent la faculté de vendre le droit de l'employer; mais plusieurs mécaniciens, qui travaillaient depuis longtemps à des métiers similaires, leur contestèrent ce droit, et, en 1810, on produisit le métier traverse Warp. MM. Heathcoat et Lacey intentèrent immédiatement de nombreux procès aux auteurs de ce métier et à d'autres créateurs de systèmes analogues, qui furent condamnés à payer une redevance annuelle pour l'emploi des bobins et des chariots.

William Morley, en 1811, imagina un nouveau procédé, connu sous le nom de *straight bolt*, qui n'eut pas de succès, par suite des difficultés d'application. Le *pusher*, ou pousseur, différant du métier ordinaire sous plusieurs rapports, et inventé en 1812, par Samuel Clark, de Nottingham, reçut un brillant accueil, malgré les inconvénients qu'il présentait. C'est avec son secours qu'on fabrique actuellement les plus belles dentelles noires, c'est-à-dire qu'il trace par le dessin le contourage des fleurs ; son seul désavantage est de faire des pièces trop courtes.

Le système *Leaver*, du nom de son inventeur, parut en 1814 ; il ressemble au pusher en ce qu'il n'a qu'une seule rangée de chariots divisée par moitié, pour faire le tulle bobin. C'est ce genre de métier qui domine aujourd'hui et qui sert à fabriquer les imitations, les blondes, les malines, les nevilles, les articles de fantaisie et les imitations Cambrai contourées au métier, ainsi que des petits fonds à mouches. Vint ensuite, en 1815, le *rotary Leaver, traverse Warp*, qui n'eut aucun succès.

En 1817, le même William Morley remania son *straight bolt* et lui donna sa forme concave actuelle, ce qui fit appeler son système *circular bolt* (ou *circulaire*). On fabrique sur ce métier le tulle bobin uni, coton ou soie, les tulles zéphirs ou illusions, les tulles en bandes, les dentelles Cambrai, en châles, pointes, volants, voilettes, etc., ainsi que les mêmes articles en laine, qu'on nomme *lamas*. En 1822, on a ajouté au circulaire, pour la fabrication du tulle uni, le *rolling Locker*, ou cannelé, qui donne une grande vitesse au travail, mais qui ne permet de faire qu'une seule largeur d'étoffe.

C'est vers 1815 que le métier à tulles bobins fut introduit à Calais par les Anglais, dont les produits n'avaient pas accès chez nous, et qui cherchaient le moyen de déguiser la fraude à laquelle ils se livraient. Les importateurs de la nouvelle industrie, qui s'accrut bientôt, étant Anglais, les tulles conservèrent toujours un cachet particulier, remarquable encore aujourd'hui.

Parmi les premiers fabricants de Calais, on peut citer M. James Clark, associé de MM. Webster et Bonington ; M. Dubout aîné, le doyen actuel des tullistes de la ville, qui s'associa avec M. Austin ; MM. Bonsor-Morris et Charles Macarther, tous deux de Leicester, et venus en France dès l'origine de l'industrie.

En 1824, MM. Jenny et Sailly achetèrent à Nottingham un métier circulaire, qu'ils installèrent à Saint-Pierre-lès-Calais, où il fut dirigé par M. Ferguson; on y montait en même temps le premier métier Leaver. L'industrie tullière, qui fait la richesse du pays et qui en est la plus importante, prit à cette époque un développement extraordinaire. Quelque temps après, un grand nombre de métiers de Calais furent transportés à Saint-Pierre par leurs propriétaires, désireux de se soustraire aux plaintes des habitants de la ville, que le travail de nuit incommodait.

L'industrie des tulles s'est encore répandue sur plusieurs points de la France, à Lille, Saint-Quentin, Caudry et Douai, mais seulement pour la fabrique de tulle en coton.

Le premier métier qui parut à Lyon fut monté en 1825, dans les ateliers importants de M. Dognin père; MM. Panaye et Baboin s'en servirent aussi quelques années après. A ce moment on ne produisait que du tulle uni en soie, et les métiers ne fabriquaient que de la soie grenadine cuite, de soixante deniers, tandis que, de nos jours, on se sert de soie grége crue, de douze deniers à peine, ce qui économise au fabricant la dépense de moulinage.

En 1848, il y avait à Lyon 250 métiers; on en compte aujourd'hui plus de 500, dont la majeure partie est composée de circulaires servant à la fabrication des tulles bobins unis soie ou des bandes fortes. Une cinquantaine de métiers Leaver sont occupés à fabriquer des tulles malines en soie, spécialité de tulle qui s'est centralisée à Lyon, soit par les facilités de teinture, d'apprêt, ou la supériorité des soies, et qui servira toujours de sauvegarde contre la concurrence étrangère.

Chargé de constater la différence qui existe entre les produits nationaux et ceux des autres pays, j'ai été assez étonné, lors de mes visites à l'Exposition, de ne trouver que des articles tulles français et anglais. Les exposants britanniques sont au nombre de vingt, parmi lesquels je citerai les suivants, comme méritant des éloges :

MM. Reckless et Hicking, de Nottingham. — Dentelles faites sur un puscher, en châles, pointes, volants et coiffures : produits bien exécutés et parfaitement réguliers;

M. William Wickers, de Nottingham. — Dentelles au pusher, pour robes, châles, pointes et voilettes, admirablement traitées et d'un mérite incontestable;

MM. Higgins, Eagle et Hutghinson. — Dentelles à la mécanique pusher, très-riches et d'une parfaite exécution. Les châles imitation blonde d'Espagne sont assez bien faits, et surtout très-apparents;

MM. Heymann et Alexander, de Nottingham. — Articles pour rideaux et pour ameublements, collection de tulles unis : produits d'une bonne facture, mais manquant de grâce et de fraîcheur;

MM. Copestaque, Crampton et Cie, de Nottingham. — Dentelles Leaver et pusher, supérieures et parfaitement soignées;

M. Henry Mollett. — Dentelles Leaver, en imitation blonde d'Espagne, en châles et en pointes; collection de petites blondes d'une grande variété : articles de beau choix et d'une irréprochable exécution;

M. Robinson, de Nottingham. — Blondes d'Espagne sur métiers Leaver, fort bien traitées et très-riches de dessins;

MM. Moulave et Alliot, de Nottingham. — Tulles à pois, petites blondes d'un nouveau genre, imitation d'enjolivures pour rideaux ou garnitures : produits bien compris et importants.

Les exposants français sont au nombre de 24, ainsi répartis : Calais, 10; Lyon, 6; Paris, 3; Saint-Quentin, 3; Amiens et Grand'Couronne, chacune un.

Voici les noms les plus méritants :

M. Galoppe, de Calais. — Dentelles pusher, riches et très-belles, qui s'approchent beaucoup des dentelles à la main;

M. Dognin fils, de Lyon. — Dentelles Cambrai, à dessins d'un goût exquis et recherché; manteau à filaments d'or, article de valeur et de grande difficulté; imitation pusher, d'une finesse de détails et de dessin impossibles à rendre sur un autre métier. L'exposition de M. Dognin fait honneur aux personnes qui dirigent la maison;

MM. Ferguson et fils, d'Amiens. — Dentelles Cambrai créées par eux : lamas d'une régularité parfaite. L'établissement à la tête duquel sont ces exposants a une renommée de fabrication méritée à tous égards;

L'exposition collective des fabricants de Calais est remarquée par les dentelles pusher, des petites blondes très-fraîches, des articles pour rideaux et pour ameublements, et des tulles à fonds de mouches, le tout varié et d'un écoulement facile ;

MM. Herbelot, Genet et Dufay, de Calais. — Dentelles Leaver parfaitement exécutées, bandes et blondes, genre fantaisie, d'une bonne exécution et d'un mérite réel;

M. Dubout, de Calais. — Blondes en noir très-fines et d'un goût recherché ;

M. Monard, de Paris. — Dentelles Leaver, en pointes, volants, ombrelles et pèlerines : belles marchandises, dessins bien compris;

M. Lefort, de Grand'Couronne. — Jolie collection de petites bandes imitation blonde; articles fantaisie d'un grand choix et de dessins d'un haut goût;

M. Champallier, de Lyon. — Dentelles à la mécanique, en volants et bandes, bien réussies et de bonne confection :

M. Dolfus-Moussy, de Lyon. — Dentelles Cambrai bien soignées en broderies; tulles damassés imitation guipure, châles quatre rangs. La marchandise est belle et de grande apparence;

MM. Rafford et Gonnard, de Lyon. — Dentelles Cambrai, en mantelets, volants, voilettes, coiffures, de beauté parfaite; tulles damassés, bien confectionnés et très-avantageux.

Je considère les produits anglais supérieurs aux produits français, par la régularité des étoffes et leur solidité occasionnées par un matériel supérieur au nôtre. En outre, l'industrie anglaise produit davantage, livre à meilleur marché et se trouve centralisée, ce qui fournit des éléments constants de progrès.

Mais, d'un autre côté, les produits français ont tous les avantages d'un dessin supérieur, d'une variété incomparable, et ils brillent sous le rapport de la finesse des étoffes et du plus grand nombre de belles qualités. C'est ce qui les fait préférer dans beaucoup de circonstances.

Il est utile de compléter ce rapport par quelques documents qui ne sont peut-être pas assez connus et qui auront toujours de l'intérêt pour mes confrères. Ce sera aussi un rapprochement établi entre les industries des deux pays.

On compte, dans le comté de Nottingham, 4,500 métiers de différents systèmes, qui, joints aux immeubles, aux machines à vapeur et aux établissements de l'industrie tullière, représentent un capital de 120 millions, occupent 14,000 ouvriers ou ouvrières, et assurent le pain quotidien à plus de 130,000 personnes. Le chiffre annuel des affaires, pour les tulles et les dentelles à la mécanique, est d'environ 120 millions, c'est-à-dire égal à celui du capital engagé. Les articles qui se fabriquent à Nottingham sont les tulles unis en coton et soie, les dentelles pour rideaux et ameublements, les petites blondes et tulles fantaisie, et les tatings.

A Calais, Saint-Pierre et les environs, du ressort de la Chambre de commerce calésienne, 750 métiers fonctionnent, qui, avec le matériel et les immeubles, sont évalués à 20 millions. Dans une note officielle, la Chambre de commerce a constaté que l'industrie tullière du pays occupait 6,000 ouvriers ou ouvrières et procurait de l'emploi à plus de 50,000 personnes. La production annuelle est de 20 à 22 millions. Les produits consistent en tulles fantaisie, dentelles noires, rideaux et ameublements.

Environ 600 mécaniques à tulles ou dentelles, représentant un capital de 10 millions, avec les accessoires, emploient 4,000 ouvriers ou ouvrières, et donnent de l'occupation à 30,000 personnes de Lyon. Le montant annuel des affaires et d'à peu près 15 millions. On fabrique dans notre ville les tulles soie unis, les tulles damassés et les dentelles Cambrai.

Si nous ajoutons à ce que je viens de dire sur Calais et Lyon, que quelques centaines de métiers, d'une valeur de 6 millions, ne fabriquant que du tulle coton, sont éparpillés à Lille, Saint-Quentin, Caudry, Inchy et Paris, on aura pour résultat que l'industrie tullière, en France, produit, avec un matériel de 40 millions, une fabrication annuelle de 50 millions, qui se répand dans les modes, la lingerie, la confection, la broderie, et devient la base principale de plusieurs branches du commerce français, sans compter le chiffre d'affaires réalisé par les exportateurs.

Les soies dont se servent les Anglais proviennent en grande partie de la Chine ou des Indes, et sont préparées par des procédés particuliers. On emploie peu de soies de France, sauf pour quelques beaux articles, dont la fabrication est très-rare. La concurrence ne me semble pas bien redoutable; les Anglais, ne visant qu'à la production à bon marché, au détriment du goût, de la fraîcheur et de la variété des produits, se sont fait une spécialité d'articles contre lesquels nous ne pourrons jamais lutter ; mais la France aura toujours le monopole du beau et demeurera, je le crois, sans rivale sous ce rapport. Il n'en est pas de même pour les produits en coton. La promulgation du traité de commerce a causé une rude concurrence aux fabriques de tulles de Lille, de Douai et du Cambrésis, et il serait à craindre qu'elles ne s'en relevassent de longtemps, si l'on n'apporte des modifications immédiates dans le matériel des métiers, afin de les mettre en rapport de vitesse avec les métiers anglais.

J'arrive à la question des salaires, et je trouve encore un avantage du côté de l'Angleterre, où les ouvriers sont mieux rétribués que ceux de France, ce qui leur permet de vivre plus largement, d'avoir des logements moins exigus et de subvenir convenablement à leurs dépenses d'entretien. Les femmes et les enfants d'ouvriers sont, de préférence, occupés dans des ateliers à règlements justes, humains, réglant les heures de présence et ne les surchargeant pas d'un travail au-dessus de leurs forces.

La plupart des métiers marchent à l'aide de la vapeur ; aussitôt qu'une amélioration surgit, elle est immédiatement appliquée, si la chose est possible ; sinon, le métier est remplacé par un autre, établi dans de meilleures conditions. Les manufacturiers anglais n'ont pas de raison de décentraliser leur industrie, parce qu'il n'existe dans les villes aucune surcharge de droit intérieur; ils n'obtiendraient donc pas de réduction de salaires, et le montant de la production serait le même. Il en est autrement en France, et c'est une des causes du malaise de la classe ouvrière.

Pour me résumer, l'industrie tullière française, dont les efforts sont incessants, les sacrifices immenses, vu les perfectionnements constants que nécessite son matériel, a besoin d'être encouragée à Lyon d'une manière toute spéciale. Cette industrie, qui s'est développée sans nuire à l'antique fabrication de la dentelle à la main, est arrivée, par le bas prix de ses produits, à les mettre à la portée de toutes les classes de la société. Les tulles sont indispensables : ils ont ouvert un nouveau débouché au commerce, leur fabrication doit être encouragée, sous peine de nous voir ravir le fruit de longues années de travail.

Nous demandons bien peu : le perfectionnement des ouvriers par l'ouverture d'un cours professionnel gratuit, et l'autorisation d'un cercle industriel, où, par un contact quotidien, l'étude d'ouvrages scientifiques et la discussion de matières ayant trait au travail, on parviendrait à acquérir mutuellement les connaissances élémentaires dont chacun a besoin.

Je remercie la Commission ouvrière du concours bienveillant qu'elle nous a accordé pour remplir notre mission, et de son soin à entretenir les relations amicales entre tous.

MONIN.

Tulles à la chaîne.

Ayant eu l'honneur d'être choisi comme délégué par mes confrères, je viens leur soumettre le résultat de mes observations et de mes appréciations personnelles.

Les tulles à la chaîne sont généralement peu représentés.

Si Paris a pu largement exposer ses produits, il n'en est pas de même de Lyon, à ce qu'il me paraît ; la fabrique locale, entassée, manque d'espace ; aussi son exposition n'arrête-t-elle pas les visiteurs, et il faut des intérêts particuliers pour lui accorder quelque attention.

J'ai passé en revue les tulles envoyés par les fabricants français, en commençant par ceux de notre ville.

La maison Dolfus-Moussy et fils, a exposé des types de tous les articles, double corps, quatre rangs et bobin façonné. Inutile de dire que les produits étaient, pour cette maison comme pour les autres, des mieux fabriqués et réussis, comme dessin et comme effet. On remarquait surtout un volant guipure, note droite, fort joli et d'un mat très-épais ; à côté se trouvaient des articles tissés en deux couleurs, qui ne sont, après tout, que des travaux de patience. Cette exposition, complétée par des pointes laine à la cantre, était bien la plus remarquable ; au reste, l'unique médaille accordée à notre ville a été méritée par elle. Le bobin exhibé était beau et convenablement produit.

M. Champallier n'a exposé que son article bobin, mais le bon goût et le fini de ses produits, éminemment supérieurs, lui ont valu une mention honorable, distinction qui a aussi récompensé MM. Raffard et Gonnard, dont l'ensemble d'exposition était très-satisfaisant.

J'ai remarqué les produits de M. Idril, qui, pour n'être point nouveaux, n'en ont pas moins de mérite.

M. Burnier a exposé son article bobin.

MM. Dognin et Cie ont été médaillés, et vraiment leur exposition était fort brillante. Le principal objet est un manteau or tendu sur du satin blanc, dont le mérite consiste dans la difficulté du tissage. On remarque, en outre, un assortiment de bobins façonnés soie et laine, de pusher, et un article maillé, imitation dentelle. L'étoffe de cette maison est très-soignée et bien brodée.

MM. Ferguson et Cie, qui se prétendent les seuls producteurs de vraies dentelles Cambrai, soie, laine et poil d'yack, ont une exposition assez belle, mais leurs étiquettes, assaisonnées de trop d'emphase, nuisent à la bonne opinion qu'on est disposé à se former de leurs produits. Il n'y a rien d'absolument remarquable dans les bobins exposés par cette maison.

M. Monnard, de Paris, a exposé une dentelle très-épaisse, portant son nom, qui constitue pour lui une véritable spécialité. Cet article, assez goûté, a son apparence dans la matière et dans le fil de contournage, qui est en cordonnet et fait saillie, tandis que les bobins ordinaires sont brodés avec une grenadine fine se rapprochant de celle de la vraie dentelle.

La maison Foulquié et Cie, de Paris, offre aux regards des pointes de filet faites à la main. Le mat ou dessin est ombré, c'est-à-dire de deux épaisseurs. On peut parfaitement produire cet article à Lyon, à prix réduits, et avec nos métiers.

Les autres exposants français n'ont que des produits ayant une entière analogie avec ceux de Lyon. Aussi je les passe sous silence, pour aborder l'exposition britannique.

M. Bradburg, de Nottingham, est l'unique fabricant anglais qui ait exposé du tulle à la chaîne, et encore n'est-ce qu'un châle quatre rangs. Le fond, uni, est en points taffetas et très-réduits: le dessin ou mat (qui n'est qu'une bordure autour du châle) repose sur un petit filet ordinaire contournant le dessin. Cet article est soigné, sa fabrication irréprochable, mais le prix en est trop élevé. — Le même exposant a encore quelques châles, fond taffetas, rentrant dans la confection pour dames: au fond quatre rangs tout uni et fond taffetas, est adapté un entre-deux bobin.

auquel s'ajoute une dentelle assez laide. Plusieurs de ces châles ont les coins brodés en soie.

Il est un article purement anglais avec lequel on fait une rude concurrence à la fabrique locale, parce qu'il se rapproche beaucoup des broderies au passé qui, il a quelques années, se faisaient à Lyon; de plus, on le produit à un bon marché inaccessible à nos métiers. En Angleterre, où l'on fait entrer le tulle dans la plupart des toilettes, son usage est fort répandu. C'est un produit fabriqué sur métier bobin, réseau en bobin soie, mat fort épais et formant relief, que je soupçonne être en fantaisie; ce mat est contourné. Son prix de vente est incroyable, car, dans les magasins de détail, il est coté 13 francs, qualité médiocre, il est vrai; mais nous n'avons jamais pu arriver à produire des châles tulle à ce prix, au détail. Les métiers servant à cette fabrication sont très-rares dans notre ville : il en existe un ou deux au plus; on en voit cependant dans le Nord. Tous les exposants anglais font ce genre d'articles, dont je parle une fois pour toutes, et qu'il nous serait utile d'étudier spécialement, afin de le fabriquer à Lyon, où les hommes intelligents ne manquent pas.

M. Mallet a des dentelles noires et blanches qui sont très-belles.

MM. Recklefs et Heckling ont exposé de jolis articles noirs. On admire un châle mérinos ou cachemire, auquel est adapté un cadre de dentelle : c'est un châle tulle dont le fond a été enlevé et remplacé par un carré de mérinos. L'aspect en est magnifique, mais le prix trop coûteux. Cela appartient à la confection.

MM. Moulave, Alliot et Livesey ont des barbes et des voilettes à deux couleurs, les unes fabriquées sur des métiers de bobin point d'esprit, les autres sur des métiers Warp. Ces articles, qui imitent un peu les tulles plumes que nous faisions vers 1860, flattent l'œil et sont peu coûteux.

Les volants guipure bobin, de MM. Barnet-Maltby et Cⁱᵉ, sont d'une bonne exécution.

M. Vickens a des châles cachemire et tulle du même genre que ceux de MM. Recklefs et Heckling. Exposition de dentelles très-soignées. J'en dirai autant de MM. Copestake, Movre, Crampton et Cⁱᵉ, dont la maison est une des plus importantes de l'Angleterre.

On ne peut s'empêcher de louanger MM. Higgins, Eale et Hutchinson, pour leurs magnifiques châles dentelles, avec fonds semés, admirablement réussis.

Il serait facile de fabriquer à Lyon des tulles filets unis brochés non brodés, semblables aux jolis échantillons exposés par MM. Jacoby et Cⁱᵉ.

Pour clore, je citerai de superbes picolomini de la fabrique de MM. Debenham fils et Freebody.

Voilà, le plus brièvement, ce qui m'a paru mériter une attention spéciale pour les tulles français ou ceux étrangers. Les Anglais ont généralement de beaux dessins, qu'ils se procurent à Paris, aussi rivalisent-ils avec nous d'une manière complète : leurs bobins sont même supérieurs aux nôtres, mais leurs prix sont plus élevés.

Je suis persuadé que nous n'aurions pas à craindre la concurrence, si l'organisation de notre industrie, à Lyon, était pareille à celle de l'Angleterre, ou tout au moins à celle de Calais.

Nous avons peu ou point à craindre pour les tulles à la chaîne : les Anglais n'en font presque pas. Nos métiers à la chaîne sont d'une grande ressource, et nous arriverons à produire la dentelle aussi bien qu'avec les métiers bobins.

Les métiers à la chaîne étant d'un montage difficile, il faut du temps et de la patience pour arriver à produire, c'est ce qui explique leur abandon par les Anglais, qui se sont rejetés sur les métiers bobins, faciles à organiser, convenant mieux à leurs aptitudes et qu'ils ont, du reste, perfectionnés.

Avec les métiers à la chaîne on peut produire depuis le simple tulle jusqu'au tissu laine pour gants, et même du drap pour pantalons ; j'en vois la preuve par la médaille décernée à M. Saile jeune, pour sa bonne fabrication de gants tissu et laine au métier à la chaîne et circulaire.

Je le répète, nos métiers offrent des ressources invraisemblables et inconnues ; malheureusement la routine nous guide encore, et nous tâtonnons trop souvent. Beaucoup de chefs d'atelier ne peuvent tourner de légères difficultés, parce qu'ils ignorent les premiers éléments de la mécanique. Un cours spécial et gratuit, appliqué à notre industrie, serait le complément indispensable de l'apprentissage ; il serait même utile pour les vieux praticiens.

Que la Chambre de commerce de Lyon, si désireuse du bien-être de la classe ouvrière et si glorieuse de la réputation industrielle de Lyon, veuille prendre en considération le vœu que j'émets ; elle fera plus pour notre industrie qu'aucun encouragement ne pourrait le faire. Tous nos chefs d'atelier tendent à un même but, la perfection des produits. Il faut les seconder, en développant l'enseignement professionnel.

Le jour où des encouragements de ce genre nous seront accordés, je ne doute pas qu'un renouvellement de notre matériel s'opère et que la vapeur soit appliquée à nos métiers. Nous défierons alors toute concurrence. Lyon fera comme Calais, qui s'est emparé de l'industrie des blondes anglaises. Calais, depuis le traité de commerce, manque de machines et de bras, et Nottingham vend ses métiers.

Le moment est propice pour donner du développement à notre industrie ; quantité de débouchés nous sont ouverts, qui, jusqu'à ce jour, nous avaient été fermés à cause de nos prix élevés. Par suite de l'abaissement des droits, nos produits peuvent lutter de bon marché avec les produits étrangers. Il ne faut pas mettre de temps d'arrêt dans nos efforts; cherchons à produire beaucoup et vite, nous vendrons davantage et à plus bas prix, sans que la concurrence se fasse au détriment du travailleur.

Revenant sur mes pas, je dois constater que l'ensemble général de l'exposition française des tulles et dentelles est aussi satisfaisant, comme production, que celui de l'exposition anglaise. Les fabricants de Calais, qui ont exposé de magnifiques produits, n'ont rien à craindre, surtout si le métier mécanique se perfectionne en se simplifiant, ce dont je ne peux douter. On arrivera à imiter exactement tous genres de dentelles, comme le fait déjà M. Laserve, constructeur des métiers à fabriquer les valenciennes exposées par M. Planche, Lafon et Sivial, de Paris.

Je regrette de n'avoir pu nous arrêter à Calais, où l'organisation des fabriques est semblable à celle de l'Angleterre et où des perfectionnements mécaniques utiles à tous auraient certainement été étudiés.

En Angleterre, il m'a été impossible de visiter un atelier, et je n'ai pas aperçu de métier pour notre industrie dans le local de l'Exposition.

Peu de mots me restent à dire. Indépendamment du cours professionnel dont j'ai parlé plus haut, et sur lequel j'appuie encore, je désirerais que l'administration accordât la permission de fonder un cercle industriel de différents métiers, où, chacun apportant son opinion, une découverte, un perfectionnement pourraient être soumis à la discussion et recevoir une plus vive application. Je ne verrais pas d'inconvénient à ce que les délégués de 1862 formassent le noyau de cette réunion.

Notre industrie est encore ignorée à Lyon, et beaucoup croient que nous sommes des *bonnetiers*, comme le comporte le nom de notre section au Conseil des Prud'hommes de notre ville. Cependant nous comptons un nombre considérable de métiers, et il me semble que ce chiffre n'est plus en rapport avec les Prud'hommes appelés à juger nos différends. Doubler le nombre de ces magistrats serait justice. Notre industrie, naissante il y a cinquante ans, lors de la création de ce tribunal, possède aujourd'hui plus de 1,500 métiers de tulles en tous genres, ce qui produit un personnel nombreux, eu égard aux ouvriers que chaque métier emploie. J'appelle encore l'attention de l'administration sur ce point (1).

JACQUEMET.

---

(1) Ce rapport aurait dû être fait de concert avec M. Monin, délégué des tulles bobins. Par suite de circonstances indépendantes de ma volonté, j'ai été obligé de le rédiger seul. Si j'ai commis quelques oublis, j'espère qu'ils ont été relevés dans le rapport de mon collègue.

TYPOGRAPHIE

Parmi les industries remarquables qui figurent dans une exposition , l'imprimerie occupe toujours le premier rang et sollicite le plus l'attention des hommes sérieux. Quel que soit le nombre de produits exposés , tout offre matière à l'observation , depuis le modeste opuscule jusqu'aux éditions splendides qui ont nécessité le concours d'écrivains émérites, de dessinateurs célèbres et d'artistes hors ligne. Il n'existe pas de science, de branches littéraires ou industrielles qui ne soient tributaires de l'imprimerie : elle se sert des unes et glorifie les autres. Instrument de la pensée, elle seconde merveilleusement les efforts du génie, en étendant son action sur tout. C'est l'agent propagateur de la civilisation, la messagère de l'instruction des peuples.

Laissons à d'autres, plus autorisés, le soin de développer les réflexions que fait naître l'art de Gutenberg, et, esclaves du devoir que nous nous étions imposés, essayons de résumer notre opinion, en restant dans les limites du programme tracé par la Commission ouvrière. La sobriété de phrases, la précision du dire, l'exactitude des faits, sont, à notre avis, les seules qualités d'un rapport. Puissions-nous ne pas nous être écartés de cette voie et voir ce modeste compte-rendu satisfaire nos collègues mieux qu'il ne nous satisfait nous-mêmes.

En divisant nos matières en trois parties principales, nous commencerons par nous reporter à l'origine et au développement de l'imprimerie lyonnaise pendant le quinzième et le seizième siècle (1), puis, en suite de l'examen des œuvres exposées, nous essaierons de tracer un tableau de la situation actuelle, en indiquant les améliorations qu'il nous semblerait indispensable d'appliquer, lesquelles nous ont été suscitées par l'étude attentive de l'organisation typographique des Anglais. Si, par inadvertance, il nous arrivait de froisser quelques susceptibilités, nous déclarons que telles n'ont pas été nos intentions. Nous disons la vérité, rien que la vérité, sans nous laisser dominer par des influences de personnalité, qui doivent être bannies de ce livre.

I

Lyon, pendant deux siècles, a été une grande fabrique de livres, et ses quatre foires annuelles équivalaient en librairie à la foire aux livres de Leipsik, qui fournit toute l'Allemagne et l'Europe orientale de nos jours. Barthélemy Buyer, conseiller de la ville, descendant d'une vieille famille d'échevins, fut le premier typographe de Lyon. Il fit venir et établit dans sa maison, sur le quai de Saône, près des Augustins, Guillaume Regis (en français Leroy), lequel imprima, en 1473, un ouvrage du cardinal-diacre Lothaire (Innocent III), sous le titre de *Compendium*. Ce rarissime ouvrage classe Lyon au troisième rang, pour les productions typographiques, dans l'ordre des temps et dans l'histoire de l'imprimerie française.

Strasbourg débute en 1465 (2).

Paris, en 1470,

Lyon, en 1473.

Le *Doctrinal de Sapience*, imprimé à Lyon, par Leroy, le 9 février

---

(1) Nous saisissons l'occasion de remercier M. Martin-Rey, à l'obligeance duquel nous devons la communication de documents importants, relatifs à l'imprimerie lyonnaise, qui nous auraient permis de nous étendre davantage, si telle eût été notre intention. Les érudits aussi complaisants que M. Martin-Rey sont rares.

(2) En considérant Strasbourg comme ville impériale allemande, on peut affirmer que Lyon est la deuxième ville de France où l'imprimerie fut introduite.

1485, est un des premiers incunables en langue française, peut-être le premier (1).

Lyon eut bientôt des fabriques de papier avec une marque bien connue des bibliophiles : la roue dentée. En vingt-huit années, près de soixante imprimeurs vinrent s'établir dans notre ville, qui n'en compte plus que dix-huit de nos jours, dont beaucoup sans importance. La plupart de ces imprimeurs étaient originaires ou émigrés de Venise.

Voici, d'après le savant M. A. Péricaud, la liste chronologique des imprimeurs qui florissaient à Lyon pendant le quinzième siècle :

1473.	Barthélemy Buyer.	1491.	Antoine Lambillon.
	Guillaume Regis ou Leroy.		Marin Sarrazin.
1477.	Nicolas-Philippe Pistoris.		Josse Bade.
	Marc Reinhart.	1493.	Jean Mareschal.
1478.	Martin Hutlz.	1494.	Jean de Vingle.
	Jean Cyber.		Michel de Basle.
	Jean Clein ou Schwab.	1495.	Jacques Arnollet.
1479.	Perrin Lathomi.		Edmon David.
1482.	Pierre le Hongre.	1496.	Barnabé Chaussard.
	Mathias Hussz.		Nicolas de Benedictis.
	Jean Fabri.		Jacques Suigo.
1483.	Jean Scabeler.		Etienne Gueynart ou Pinet.
1484.	Jean Battenschne.		Jean Bachelier.
1487.	Jean du Pré.		Pierre Berthelot.
	Pierre Bouteiller.	1497.	Claude Daigne.
	Jacques Buyer.		Jean Pivard.
	Jean Allemannus ou Trechsel.		François Fradin.
1488.	Michelet Topie de Pimont.	1498.	Guillaume Balsarin.
	Jacques Haremberck.		Claude Gibolet.
	Jean Carcani.		Zachon.
1489.	Lazare David Grosshofer.		Nicolas Wolf.
	Jacques Maillet.		Aymon de la Porte.
1490.	Pierre Mareschal.	1499.	Benoit Bonin.
1491.	Engelhart Schultis.	1500.	Jean Dyamantier.

Indépendamment des imprimeurs ci-dessus cités, on compte encore les suivants, qui existaient à Lyon vers la même époque, sans que l'on con-

----

(1) On évalue à cinq cents le nombre des ouvrages imprimés à Lyon pendant les vingt-sept dernières années du quinzième siècle.

naisse au juste la date de leur établissement : Olivier Arnollet, Sixt Gloc-
kengieser, Martin Havart, Claude de Huchsin, Jacques Mareschal ou
Rolland, Gaspard Ortuin, Pierre Schenck et Barthélemy Troth (1).

A la suite de ces industriels, Lyon vit s'établir une véritable colonie
de compositeurs, correcteurs, imprimeurs, fondeurs de caractères, gra-
veurs sur bois et relieurs, sans compter les papetiers, dont nous avons
déjà parlé. L'imprimerie et les professions qui s'y rattachent prirent un
essor extraordinaire, qui ne fit que s'accroître pendant la première moitié
du seizième siècle. Le consulat fit de grands sacrifices pour fixer et re-
tenir à Lyon cette industrie, non moins avantageuse à la cité que la
soierie. On le vit intervenir avec empressement lorsque, en 1540, les
« ouvriers imprimeurs s'étant bandés pour avoir plus gros gages et *nour-*
« *riture plus opulente,* » les maîtres menacèrent d'aller s'établir à Vienne,
en Dauphiné. Le *considérant* du consulat portait : « que ce serait gros
« dommage de perdre une si *grosse* et si *belle* manufacture de l'impri-
« merie, qui a cousté beaucoup.... »

C'est par les Dominicains et les Augustins que nos premiers typographes furent secondés. Les couvents regorgeaient de manuscrits dont on
désirait des copies, et les presses gémissaient nuit et jour afin de fournir
des exemplaires aux érudits de tous les pays.

Bien que l'imprimerie fût libre, comme profession, les livres de liturgie
ne pouvaient être édités sans l'assentiment de l'autorité ecclésiastique, et,
tandis que la Sorbonne avait, à Paris, la surveillance de la presse, ce
droit appartenait, à Lyon, au clergé et au consulat, qui s'étaient entendus
pour empêcher la publication de livres licencieux. Cette surveillance était
souvent mise en défaut, si l'on s'en rapporte aux cas nombreux où les
prêtres tonnaient en chaire contre les livres jugés contraires aux mœurs
et à la foi, avec une véhémence qui nous ferait croire que les éditeurs du
temps étaient aussi amoureux du gain que les éditeurs d'aujourd'hui. Il

---

(1) Le *Livre des Connailles,* les *Quinze joies de mariaige,* la *Complaincte de
François Garis,* le *Roman de la rose,* ont paru, sans date, sans nom de lieu
et d'imprimeur. Les premiers typographes avaient des presses ambulantes et ne
s'arrêtaient guère que dans les villes où les libraires, les couvents, fournis-
saient de la *copie* abondante. Lyon était dans ce cas. Etienne Coral, avant
d'importer l'imprimerie à Parme, en 1472, avait probablement travaillé à
Paris et à Lyon. D'après une conjecture de M. Péricaud, Antoine Neyret, qui
imprima à Chambéry, en 1484, l'*Exposition des Evangiles,* pourrait bien être
aussi un typographe nomade de Lyon.

Le plus ancien privilége connu pour l'impression d'un livre à Lyon, fut accordé par Louis XII à Jean de la Place, le 3 juin 1512.

faut entendre frère Maillard, saisi d'une sainte indignation, s'écrier en
les apostrophant : « Pauvres libraires ! vous éditez des livres à bas prix
« sur la luxure et l'art d'aimer.... Allez à tous les diables !.... »

Au seizième siècle, l'imprimerie vénitienne, voulant utiliser le premier
marché d'Europe, établit des succursales à Lyon. L'immense commerce
des Aldes ne pouvait manquer de fonder des établissements dans notre
cité, ce qui eut lieu, en effet. Les imprimeurs lyonnais les plus distingués
se mirent également à imiter ou à contrefaire le caractère italique des
Aldes, qui avait détrôné le gothique, et conquirent en peu de temps une
influence commerciale et intellectuelle des plus considérable. C'est de ce
moment que date la célébrité de l'imprimerie lyonnaise (1). Ses représentants n'étaient pas seulement les premiers parmi leurs pairs, c'est-à-dire
parmi les fabricants et les marchands, ils avaient rang dans la haute
littérature européenne; leurs auxiliaires étaient eux-mêmes profondément versés dans la connaissance des textes; leurs familles s'élevaient
dans l'étude des langues mortes, et l'action exercée par cette intelligente
colonie, non moins que le voisinage de la cour d'Avignon, contribua à
former une génération savante, dont les femmes participaient aux goûts
de leurs maris et de leurs frères. Louise Labbé, Pernette du Guillet, Clé-
mence de Bourges, sont l'expression de cette vie littéraire du seizième
siècle, à Lyon.

Les célébrités de l'imprimerie lyonnaise, à cette époque, étaient :

> Sébastien Gryphe ;
> Etienne Dolet;
> Jean de Tournes, de la rue Raisin ;
> Guillaume Roville (ou Rouille), de la rue Mercière, trois fois
> membre du consulat ;
> Horace Cardon, de Lucques.

Parmi les libraires-imprimeurs secondaires, bien qu'universellement
connus en Europe, on cite :

> Rigaud ;
> Huguetau ;
> Juste ;
> Carteron.

---

(1) Parmi les éditions remarquables de cette époque, il faut citer : *Simula-
chres et historiees faces de la mort*, 1538, et *Historiarum veteris testamenti Icones*,
italique et romain, 1539. Le British Museum de Londres possède de magni-
ques exemplaires de ces deux ouvrages et de plusieurs autres, imprimés à Lyon.

Lorque la prédominance de la fabrique lyonnaise entraîna peu à peu la chute des foires, la librairie d'édition tomba en décadence, et par suite l'imprimerie. Lyon de tout temps ayant été un centre religieux, la librairie dévote devait y prospérer. Mais les heures et les catéchismes vendus à la grosse ont remplacé les grandes publications in-folio et les petits classiques in-12. Les livres mystiques trouvent encore des éditeurs à Lyon, mais le monopole n'existe plus.

Hélas! l'antique rue Mercière a perdu pour toujours son illustration et sa richesse. La plupart des auteurs de la localité vont chercher à Paris ou ailleurs une exécution qu'ils ne peuvent trouver ici, non par manque de bons ouvriers, mais par l'insuffisance de matériel et le défaut de goût des maîtres. — *Du courant! du courant!* demandent-ils; et du courant, on tombe dans le gâchis.

La décadence de l'imprimerie est manifeste à Lyon. Sauf chez deux ou trois imprimeurs, qui n'ont pas perdu complètement le sentiment de l'art, il est impossible de confectionner une édition qui vaille. Dans une visite au British Museum, nous avons contemplé avec peine ces vieux livres si beaux, si nets, dont s'enorgueillissaient nos ancêtres et qui avaient tant élevé la réputation de la cité lugdunienne à une autre époque. De toutes parts, alors, accouraient les auteurs; les imprimeurs joignaient à leurs connaissances typographiques complètes une érudition de bénédictin. Aujourd'hui . . . .
. . . .

II

Nous aurions trop à dire sur les causes qui font que l'imprimerie lyonnaise est de nos jours une branche déchue de notre ancienne production, même au point de vue purement commercial et industriel; il faudrait aborder le chapitre des personnalités, et nous n'y gagnerions peut-être pas, car le terrain deviendrait glissant. Il nous semble plus prudent, pour donner un autre cours à nos idées, de transcrire ici les impressions que nous ont laissé nos visites à l'Exposition.

IMPRIMERIE ALLEMANDE.

Leipsik. — Les impressions exposées par cette ville sont d'une magnificence dont rien n'approche. En première ligne, il faut citer la maison Giesecke et Devrient. Le spécimen de cet établissement, orné de vues des ateliers, gravées sur bois, est superbe de délicatesse et d'exécution. La disposition typographique bien ménagée est complétée par une perfection remarquable de détails ; les anglets des cadres se joignent parfaitement, le tirage est soigné ; en un mot, tout est achevé. Cette imprimerie, qui a obtenu une médaille de prix, n'a exposé aucune œuvre médiocre. On remarque des gaufrages bien exécutés.

Brandstetter. — Jolies impressions. Le volume *Feuilles et fleurs de poésies allemandes*, en texte allemand, avec des clichés imitant la gravure en tête des chapitres, est incroyable de fini et de beauté.

Brockhaus. — Belles impressions, récompensées avec justice par une médaille de première classe.

Berlin. — Imprimerie royale. — L'ensemble de cette exposition est satisfaisant. Nous avons surtout remarqué les *Œuvres de Frédéric le Grand*, édition grand in-4°, en caractères français, 30 volumes d'une grande pureté, au tirage égal comme foulage et comme noir : l'édition in-8° du même ouvrage est moins soignée. — *Bible*, en allemand, très-belle. — Impression irréprochable ; caractères microscopiques et types allemands fort jolis, types français bien moins réussis. — *Prize medal*.

Trowitzsch et Sohn. — L'emplacement occupé par cette exposition est assez vaste ; on y trouve des impressions diverses, des polyglottes, des galées en zinc à coulisse, des modèles de blocs avec griffes en cuivre, des clichés en galvanoplastie, des caractères fondus à la mécanique, etc. Dans tout cela, il n'y a rien de bien saillant.

M. Bayern a exposé de jolies presses réduites pour économiser la place. Le levier, brisé, est accompagné d'un régulateur pour le foulage. Il aurait fallu que nous vissions fonctionner ces presses pour nous prononcer sur leur valeur.

IMPRIMERIE AUTRICHIENNE.

L'Autriche s'est montrée au-dessous de sa réputation. Son exposition contient beaucoup de reliures, mais peu d'impressions remarquables. Nous avons été habitués à voir mieux.

IMPRIMERIES DANOISE ET SUÉDOISE.

Le Danemark n'a exposé que des reliures, de M. Clément, quelques cartes géographiques et des livres d'éducation, dont le mérite typographique est entièrement nul.

Nous ne parlons que pour mémoire de la Suède, qui est encore dans l'enfance de l'art, à en juger par ses produits.

IMPRIMERIE BELGE.

M. Lelong a exposé des travaux d'administration indignes du passage du Caire. Les ouvrages religieux de M. Dessain ne brillent que par la reliure.

IMPRIMERIE ANGLAISE.

Sauf de belles impressions, la typographie n'est pas représentée d'une manière suffisante. Ce que les visiteurs regardent, ce sont des affiches en chromo-lithographie, pour lesquelles les anglais se sont acquis une réputation universelle. La papeterie a des articles remarquables.

Nous ne parlerons qu'en passant des quelques imprimeurs qui ont exposé, d'autant plus que leurs ouvrages, enfermés pour la plupart dans des vitrines, ne laissent juger que de la reliure, qui paraît très belle, du reste. La fonderie de caractères anglaise nous a semblé mériter une attention toute spéciale, surtout pour les types courants destinés aux *labeurs* et aux journaux. La matière est généralement plus dure que celle employée par nos fondeurs, et l'*œil* a davantage de relief; aussi les impressions sont-elles moins pâteuses et la durée des *fontes* est-elle plus longue.

Citons les principales maisons :

MM. Besley et Cie (ces messieurs n'ont pas eu de prix, parce qu'ils étaient membres du jury). — Types magnifiques d'écritures et de labeurs; caractères pour les journaux fondus avec une perfection remarquable. Ayant visité les ateliers de cette fonderie, nous avons pu nous rendre compte des produits qui y sont fabriqués, et nous les déclarons supérieurs. La variété des types permet le choix aux goûts les plus différents; le spécimen des caractères forme un énorme volume in-4°.

M. Figgins. — Fonderie modèle; caractères de fantaisie pour livres et journaux; types orientaux, vignettes, etc.; mécaniques à fondre. Nous avons vu de la musique mobile sortant de cette maison, que tout d'abord nous croyions gravée, tant la jointure des déliés est poussée à son dernier degré.

Il serait désirable que tous les industriels imitassent la franchise de M. Figgins, qui nous a avoué que, malgré le grand nombre de ses matrices, chaque fois que les fondeurs de Paris créaient quelque belle nouveauté, il ne reculait pas devant son achat pour compléter l'assortiment de sa maison. Que M. Figgins reçoive nos remercîments pour la cordialité qui a présidé à notre réception et l'empressement qu'il a mis à nous faire visiter ses ateliers.

Le même remercîment à M. Frédérick Ulmer's, fournisseur de matériel d'imprimerie.

Caslon et Cte. — Fonderie mécanique fonctionnant dans l'exposition. — Médaille de prix.

Miller et Richard, fondeurs de la reine.—Spécimen de jolis types courants, à l'œil net et aux déliés fins.

Wood's, fondeur et marchand d'ustensiles d'imprimerie. — Caractères très-beaux ; presses à système ordinaire, bien exécutées.

Johnson. — Machine à fondre, à rogner et à couper, c'est-à-dire rendant le caractère entièrement achevé. Nous supposons que cette machine doit être sujette à des dérangements qui peuvent influer sur la *justesse* des caractères. Le même exposant possède une machine à composer d'un nouveau système. Il y a des touches comme aux précédentes, mais la lettre est entraînée sur un ruban formant courroie jusqu'au composteur dans lequel elle se range. La justification s'opère après coup. Le problème de la composition par les machines est bien loin d'être résolu. Cette mécanique a été médaillée.

Tandis que nous y sommes, disons un mot des machines à composer et à distribuer de James H. Young's. Malgré toute notre patience et la bonne volonté de l'inventeur, aidé de deux ouvriers, il a été impossible de les faire fonctionner d'une manière convenable, pendant deux heures que nous sommes restés à les regarder.

M. Balls Garrett a exposé de jolies presses à bras et diverses à rogner, à satiner, qui ne sont recommandées par aucune amélioration sensible.

Nous avons examiné une machine de MM. Napier et fils, de Londres. Cette machine, qui a deux marbres et des frisquettes, paraît extrèmement curieuse et ne ressemble en rien aux autres ; malheureusement nous n'avons pu la voir en mouvement. Le jury lui a accordé une première médaille.

IMPRIMERIE FRANÇAISE.

L'Imprimerie impériale a voulu s'écarter de la voie suivie par les éditeurs modernes de livres illustrés, qui, tous, avec plus ou moins de succès, tâchent de lutter contre la gravure en taille-douce. Elle a pensé que ce n'était pas là le but véritable de la typographie sérieuse et que les images ainsi produites perdaient sous le rapport de l'art tout ce qu'elles gagnaient sous le rapport du métier. Voilà une résolution qui ne peut qu'être approuvée par des typographes. Nous regrettons seulement que l'Imprimerie impériale ait d'abord arrêté qu'elle ne se présenterait pas à l'Exposition de Londres, et qu'elle ne soit revenue sur sa décision qu'en décembre, époque à laquelle l'*Imitation* a été commencée. Malgré la perfection de ce livre, on peut supposer qu'un plus long délai ne lui aurait pas nui. Ce n'en est pas moins une merveille de dessin et de gravure sur bois.

On remarque, en outre :

Les Évangiles, ouvrage qui a obtenu la grande médaille à l'Exposition universelle de 1855;

Une série de volumes en langues française et étrangères, parmi lesquels il faut citer *les Ouvriers européens*, monographies de M. Le Play, véritable modèle de *disposition* typographique, et plusieurs livres composés en caractères orientaux ;

Un spécimen de moyens nouveaux pour l'impression de la musique, sous le nom de *pyrostéréotypie*, procédés empruntés à l'industrie de l'impression à planches plates sur étoffes. L'Imprimerie impériale assure que, d'une exécution facile et peu dispendieuse, ces procédés semblent avoir résolu le problème du beau uni à un extrême bon marché.

Figurent encore dans les vitrines les résultats de diverses applications de l'électricité aux besoins de la typographie.

Au résumé l'exposition de l'Imprimerie impériale est à la hauteur de cet établissement, sans rival au monde.

M. Plon, imprimeur de l'Empereur. — M. Plon possède une *fonderie*, une *imprimerie*, une *librairie*, et, comme accessoires, une *galvanoplastie* et une *stéréotypie*, il peut donc surveiller l'ensemble d'exécution d'une manière complète. Aussi son exposition est très-belle. Nous avons admiré surtout les *Livres d'Heures* et les *Chants populaires de la France*, avec gravures imitant la taille-douce. En voyant ce dernier ouvrage, nous ne connaissions pas encore l'opinion émise par l'Imprimerie Impériale, à laquelle, du reste, nous adhérons complètement.

Claye. — Ouvrages enfermés dans la vitrine.

Paul Dupont. — On n'aperçoit que le dos d'une quantité de volumes rangés les uns à côté des autres et portant pour titres : *Annales des ponts et chaussées* ou *Bulletin des lois et ordonnances*. Il serait facile au visiteur de juger de l'impression de ces livres, puisque le devant de la vitrine est encombré de bulletins de souscription *qu'on peut signer et jeter à la poste.* Nous n'étions pas assez riches pour user de ce moyen-là. Cinq épreuves de cadres de Derriey sont au-dessus de la *bibliothèque* de M. Dupont. Nous supposons que la composition en a été exécutée par Moulinet, un ouvrier artiste qui travaillait dans la maison.

Curmer. — M. Curmer a bien fait les choses; ses livres n'ont pas été mis sous verre et chacun peut les feuilleter. Nous avons admiré de splendides éditions en chromo-lithographie et typographie, entre autres le *Lac* et l'*Imitation*. L'impression typographique de ce dernier ouvrage, qui a été faite chez Claye, laisse beaucoup à désirer, ce qui est fâcheux pour l'ensemble.

Best et Cie. — Les imprimeurs du *Magasin pittoresque* se sont montrés dignes de leur réputation ; leurs épreuves de gravures sur bois éblouissent les yeux.

Poupart-Davyl et Cⁱᵉ. — Gravures sur bois parfaitement imprimées.

Mallet-Bachelier. — Spéciale pour les ouvrages algébriques, cette maison a obtenu une médaille. Il est probable que le jury a dû pouvoir feuilleter les ouvrages exposés, ce qu'il nous a été impossible de faire, puisqu'ils sont enfermés. Les deux volumes ouverts ne nous le font pas regretter ; ils sont d'un aspect médiocre qui ne donne pas une haute opinion du reste.

Mame, à Tours. — La reliure domine trop dans l'exposition de M. Mame ; toutefois les échantillons typographiques sont jolis et font regretter de ne pouvoir en contempler davantage.

Silbermann, Strasbourg. — Chromo-typographies magnifiques ; peu de choses en typographie proprement dite.

Berger-Levrault, Strasbourg. — L'exposition de M. Berger-Levrault dénote beaucoup d'efforts pour bien faire ; mais, disons-le, si le tirage est assez bon, la disposition typographique est disgracieuse, lourde, se ressentant de ce qu'à tort ou à raison, on est convenu d'appeler le *goût de la province*. Les vignettes sont mal combinées, les filets ne se joignent pas, les caractères eux-mêmes, de forme vieillotte, sont d'une mauvaise *coupe*. En un mot, il manque aux ouvrages de cette maison ce *tout qui distingue les belles œuvres typographiques*.

Crété. — Les *Châteaux de la Loire*, in-folio, de cet imprimeur, lui font tenir plus qu'il n'avait jamais promis.

M. Perrin, de Lyon. — Les caractères augustaux de M. Perrin ne nous ont jamais séduits, et nous préférons de beaucoup les types modernes ; cela ne nous empêche pas de reconnaître à ce compatriote un sentiment artistique qui manque à bon nombre de ses confrères. M. Perrin étant l'unique exposant de notre ville, nous avons cherché avec soin sa vitrine, qu'il nous a été difficile de trouver, tant son apparence est modeste. La plupart des livres sont fermés, et, par un fâcheux hasard, le *Musée lapidaire*, le seul ouvert, laisse peut-être voir les deux pages les plus mal venues. Il ne faudrait pas en déduire une opinion trop défavorable à cette maison, dans laquelle se font ordinairement de très-belles impressions. Les visiteurs non prévenus passent devant l'exposition de M. Perrin sans la regarder, de magnifiques gravures de Chardon, qui la surmontent, absorbant l'attention à son détriment.

Derriey, fondeur et graveur. — Des cadres, vignettes, coupoirs, numéroteurs, sont entassés dans la montre de ce célèbre artiste. Beaucoup de pages du spécimen de M. Derriey, faites avec un art remarquable, nous ont cependant paru trop chargées et d'une lourdeur nuisant à leur effet.

Coblence, Paris. — Les clichés galvanoplastiques exposés sont d'une admirable netteté. Une *Cène*, sortant des ateliers de M. Coblence, et exécutée sur un bois ayant tiré 85,000 exemplaires, montre toutes les ressources offertes aux typographes par l'application de l'électrotypie et de la galvanoplastie.

Tantenstein, Paris. — Ses caractères mobiles de musique et de plain-chant n'ont pas encore atteint la perfection désirable.

M. Alauzet a exposé une presse typographique à mouvement varié, mais uniforme pendant l'impression, destinée aux ouvrages de grand luxe, et ne tirant que 600 à l'heure. Des tapis du treizième siècle, imprimés chez Silbermann, avec une grande finesse de couleurs, recommandent suffisamment cette machine à l'attention des imprimeurs soigneux.

M. Dutartre a aussi une machine en blanc à deux cylindres, imprimant en deux couleurs, qui nous paraît assez ingénieuse.

M. Lorilleux a envoyé des encres qui, paraît-il, réunissent la double condition de bon marché et de belle qualité. Les spécimens que nous en avons vus ne démentent pas ce dire.

Delcambre, machine à composer. — Cette machine est formée d'un clavier comme celui d'un piano, mais à triple rang de touches; chaque touche est liée à un levier vertical à tête horizontale, et correspond à l'un des réservoirs dans lesquels les lettres sont placées par catégories; sous ces réservoirs ou casiers se trouve un plan incliné sillonné par autant de rigoles qu'il y a de réservoirs; ces rigoles aboutissent toutes à une seule, qui débouche elle-même dans un long composteur, où, par un mouvement mécanique, les lettres se rangent régulièrement. Ce long composteur conduit la composition à un appareil *justificateur*, que le compositeur fait mouvoir; il faut ensuite *jeter* des espaces, diviser les mots, etc.

Si nous ne nous trompons, les imprimeurs qui ont essayé des machines de M. Delcambre ont été forcés d'y renoncer pour revenir à l'emploi de compositeurs. Nous ne voyons là rien d'étonnant, car nous soutenons que les machines à composer produites jusqu'à ce jour sont, malgré leurs combinaisons ingénieuses, inapplicables, même aux journaux. Indépendamment de l'*italique*, des minuscules, des *grasses*, qui ne peuvent trouver leur place dans les casiers, sans compliquer extrêmement le mécanisme, le temps perdu à la *justification*, donne pour résultat un peu moins de vitesse que par les moyens habituels. En outre, la division de la *copie* par petites *cotes*, repousse toute idée d'application de ces machines. Tout est encore à découvrir sous se rapport.

Nous ne parlerons pas de la machine à distribuer du même inventeur. L'emploi de miroirs pour lire le texte doit inévitablement conduire aux *Quinze-Vingts* ceux qui oseront s'en servir.

III

Notre visite générale à l'Exposition étant accomplie, résumons-nous par la comparaison des produits exposés.

Un cachet de supériorité incontestable distingue les impressions de Berlin et de Leipsik ; on voit que les typographes de ces pays s'attachent exclusivement à l'art et ne mettent pas les *raisons de commerce* en première ligne de compte. La disposition typographique est presque toujours irréprochable ; les *tirages* sont parfaitement exécutés.

La France vient en second lieu. Des imprimeurs de province, tels que M. Mame, soutiennent encore la comparaison, surtout pour les éditions à bon marché. On remarque aussi quelques beaux livres des exposants que nous avons cités, mais généralement on tombe dans la pacotille, on s'attache trop à soutenir la concurrence. Des maîtres, ne recherchant pas assez les bons ouvriers ou ne mettant pas à leur disposition les moyens de faire bien, produisent des ouvrages avec des erreurs monstrueuses de typographie, des titres mal combinés, des fautes contre le goût ; ils emploient des caractères grossiers et obtiennent un tirage médiocre. Nous connaissons des chefs de maison, lésinant sur les *étoffes*, qui, pour une économie insignifiante, recueillent des impressions défectueuses là où ils auraient pu en espérer de parfaites.

Les Anglais n'ont pas encore acquis le goût qui commence à nous abandonner. Leurs travaux, uniformes comme disposition et comme aspect, ont au moins le mérite d'une bonne exécution. S'ils possédaient plus d'initiative, sans aucun doute ils nous dépasseraient. Ils sont déjà nos maîtres sous le rapport des impressions régulières, et les matières employées par eux sont supérieures à celles dont nous nous servons. Nos journaux ne soutiennent pas la comparaison avec ceux de Londres. Les caractères, de premier choix, sont d'un relief et d'une netteté sans pareils. Les Anglais ont compris que le bon marché était toujours trop cher. Et pourtant trois cents imprimeurs sont établis dans la capitale de l'Angleterre, imprimeurs desquels on n'exige pas de *brevet de capacité*, ainsi qu'on le fait en France. L'imprimerie étant libre et le nombre de maîtres illimité, on s'établit imprimeur comme on s'établit épicier. Où trouverons-nous donc la cause de cette supériorité de production?... Peut-être dans les mœurs des Anglais : les imprimeurs de ce pays ne s'attachent pas à ruiner leur industrie, en livrant une guerre terrible au voisin. Point de concurrence impitoyable, bénéfices plus grands, estime réciproque, meilleure exécution, telles sont leur règle de conduite et les bénéfices qu'ils en recueillent.

Nous avons visité plusieurs ateliers anglais, et leur organisation nous a émerveillé. L'ouvrier, respecté, considéré, est rémunéré selon son mérite. Point de ces imprimeries à l'administration compliquée qui diminue tant les profits en augmentant les frais généraux. On n'y voit pas ces armées de commis, de surveillants, sous-surveillants, contre-maîtres, chefs de ceci, sous-chefs de cela ; un prote suffit à tout, et les ouvriers font eux-mêmes la police de l'atelier et exécutent les travaux sous sa direction. Cette absence de complications administratives permet d'accorder aux typographes anglais des salaires bien plus élevés que les nôtres ; ainsi le minimum de la journée de conscience est d'environ 7 fr., tandis que les bons ouvriers français reçoivent 5 fr. et même 4 fr. 50 (1). Nous ne

---

(1) Voici quelques renseignements sur l'organisation et les prix typographiques de Londres, que nous devons à l'obligeance de M. Wasbenter, Français résidant dans cette ville :

Du 13 au 8, le prix du mille est de 57 cent. 1/2, matière interlignée, et de 60 cent., matière non interlignée. La page se mesure avec des cadrats du corps. depuis la ligne de tête, en comprenant la ligne de pied, et compte comme pleine et compacte, *que la matière soit interlignée ou non.*

Le 7 se paie 2 cent. 1/2, et la nompareille 7 cent. 1/2 de plus que les caractères précédents. Le 5 interligné, 72 cent. 1/2 ; non interligné, 75 cent. Le 4 interligné, 97 cent. 1/2 ; non interligné, 1 fr.

La réimpression est payée 7 cent. 1/2 de moins que le manuscrit. Les langues étrangères 5 cent. de plus que l'anglais.

Le grec est payé 85 cent., interligé ; 87 cent. 1/2, non interligné. L'hébreu, l'arabe, le syriaque, etc., sont payés double. Il en est de même des ouvrages d'algèbre.

Une surcharge de 2 cent. 1/2 par mille est accordée pour les grammaires et ouvrages de même nature ; cette surcharge est de 7 cent. 1/2 pour les dictionnaires.

Les ouvrages de cinq feuilles et au-dessous entraînent une surcharge de 1 fr. 25 par feuille.

Les notes d'un ouvrage sont comptées à part et suivant le caractère. Les notes marginales entraînent une surcharge de 1 fr. 25 à 2 fr. 50, suivant le format.

La matière à deux ou trois colonnes, lorsque ces colonnes ne correspondent pas, est payée de 1 fr. 75 à 2 fr. 50 en sus, par feuille ; à quatre colonnes, dans l'in-4°, 3 fr. par feuille ; à cinq colonnes, moitié en plus. La matière à plusieurs colonnes correspondantes (ou en regard) se paie de la manière suivante : à trois colonnes, sans en-tête, un quart en plus ; à trois colonnes, avec en-tête, la moitié en plus ; à quatre colonnes, avec en-tête, ou à cinq et plus, sans en-tête, le double.

Les tableaux sont payés le double de la matière ordinaire. Les heures de correction sont de 60 cent. 1/2 l'heure.

parlons que de Lyon et de Paris, où les aliments sont aussi coûteux qu'à Londres.

Il est vrai que l'apprentissage est plus sérieux en Angleterre qu'en France. L'apprenti doit réunir les conditions d'aptitude auxquelles on ne s'attache point chez nous. Tandis qu'à Londres on s'enquiert s'il sait parfaitement lire, s'il possède de bons éléments de grammaire, dans notre pays on ne considère que sa force physique, car plus il est robuste, et mieux il supportera les fardeaux dont on le surcharge. Nous avons des apprentis qui remplacent les hommes de peine et qui passent deux ans sur trois à faire les courses ; ces malheureux, après être devenus *ouvriers*, apprennent à leurs dépens leur métier, quand ils ne sont pas forcés d'y

---

La gratification jusqu'à minuit est de 1 fr. 25 ; elle est de 30 cent. par heure passé minuit.

Le prix le *plus bas* de la conscience est de 41 fr. 25 par semaine. La journée est de dix heures à dix heures et demie.

Les journaux sont payés 85 cent. le mille, moitié de plus qu'à Paris et Lyon.

Dans les maisons à labeur, les compositeurs sont formés par petites compagnies ; ils élisent généralement leur metteur en pages, qui travaille en conscience. Les corrections se font à l'heure, le reste du travail se fait aux pièces. Chaque compositeur a sa part des blancs et du *bon*. Cette organisation offre beaucoup d'analogie avec l'excellent système des *commandites*, adopté dans plusieurs maisons de Paris. Les ouvriers de quelques petites imprimeries de Londres mettent encore en pages leur propre composition.

Chaque imprimerie est constituée en *chapelle*. Un père de chapelle, élu par les membres, préside et dirige les travaux ; deux auditeurs vérifient les comptes. Toute difficulté relative au travail est d'abord soumise à la discussion et à la décision de la chapelle, avant d'être portée devant la société. La chapelle a aussi pour objet de maintenir l'ordre dans l'imprimerie ; elle juge les différends, censure et applique des amendes. Au moyen d'une cotisation particulière de 15 centimes, la chapelle alloue des secours aux passagers ; elle provoque les souscriptions, au cas de maladie ou de mort. C'est, en un mot, l'organisation en famille de chaque atelier.

Il existe à Londres une société typographique générale, composée de 2,500 sociétaires environ. Tous les trois mois, il y a assemblée de délégués désignés par les différentes chapelles. Chaque année a lieu une assemblée générale, à laquelle tout membre a le droit d'assister.

Le comité qui dirige la société est composé de membres délégués par les chapelles, à tour de rôle. Toutes les fonctions sont rétribuées ; les membres du comité reçoivent 2 fr. 50 par séance, les délégués aux assemblées, 1 fr. 25.

Dans toutes les provinces, il y a des sociétés en correspondance entre elles et avec celle de Londres.

La société de Londres est destinée à un triple but : le soutien du tarif des

renoncer. Combien en avons-nous vus réduits à cette nécessité. Et l'on s'étonne de la quantité de typographes médiocres! Nous ne sommes surpris que d'une chose, c'est qu'il n'y en ait pas davantage.

En supposant d'excellentes dispositions, nous pensons que cinq années sont à peine suffisantes pour produire un bon ouvrier typographe. La durée de l'apprentissage, en France, est de trois et quatre ans; elle est de sept années à Londres. Ce laps de temps doit sembler effroyable à ces imprimeurs français, qui prétendent, en quelques mois, enseigner la typographie aux femmes. Les Anglais ne sont pas assez fous pour suivre cet exemple; leur perspicacité leur indique que ce serait la ruine de l'art typographique *et leur ruine propre.*

Nous pourrions encore nous étendre sur la différence d'organisation chez les deux peuples, mais déjà nous avons dépassé les bornes que nous nous étions imposées. Nous souhaitons une chose, c'est que les typographes français jouissent bientôt des avantages accordés aux typographes anglais. Espérer un salaire égal à celui que ces derniers reçoivent est un rêve chimérique qui ne deviendra, hélas! jamais une réalité. Bornonsnous momentanément à faire des vœux pour que les limites qui enferment nos droits s'élargissent bientôt par l'intervention bienveillante ou la tolérance de l'administration.

L. Décléris.
P. Richard.

Je m'aperçois qu'il est un point que nous avons omis dans le rapport précédent, et sur lequel je me permettrai en peu de mots d'attirer l'atten-

---

prix de main-d'œuvre, l'aide aux chômeurs, le soulagement des malades; à cet effet, elle comprend trois divisions sociétaires. On peut faire partie de la première seulement, mais on n'est reçu membre des deux autres qu'après qu'on l'est de cette première. Les sociétaires qui manquent de travail, par suite de leur fidélité aux prix établis, reçoivent 31 fr. par semaine; ceux atteints par le chômage, 15 fr. par semaine; enfin, les malades, 12 fr. 50 par semaine. La société possède un beau cabinet de lecture, avec les journaux et les revues, et une bibliothèque contenant 9,000 volumes.

La durée de l'apprentissage est de sept années; les conditions en sont trèssérieuses.

Le salaire des ouvriers imprimeurs est environ d'un quart plus élevé qu'à Paris et à Lyon.

tion. La situation actuelle des typographes est extrêmement fausse. D'un côté, ils sont dominés par le monopole exclusif des brevets de maîtres, dont le nombre paraît être limité tacitement ; d'autre part, ils sont passibles des lois et règlements qui concernent les ouvriers en général, malgré que leur position soit tout-à-fait exceptionnelle, ce qu'il est facile de prouver par l'hypothèse suivante.

Supposons l'ouvrier d'un métier quelconque aux prises avec son patron relativement à une question de salaires. Admettons que ses économies ou des fonds propres lui permettent de s'établir : il se fait patron à son tour. Suivant l'industrie, c'est une affaire de plus ou moins de capitaux à risquer. Liberté entière est laissée à cet égard par l'administration.

Il n'en est pas de même de l'ouvrier typographe, qui doit être au préalable muni d'un brevet spécial, que généralement il ne lui est pas possible de se procurer, car on n'en accorde *qu'exceptionnellement* dans les villes où existent déjà des imprimeries. Il reste donc la ressource d'en *acheter* un, lorsqu'on trouve un détenteur qui veut s'en dessaisir ; ce qui n'arrive pas tous les jours, et encore est-on forcé de passer par des conditions souvent bien dures. Or, le droit de vendre un privilége accordé gratuitement existe-t-il ? Je n'en sais rien ; mais si cela est, je ne m'en explique pas la raison. Je comprends que les héritiers directs d'un maître imprimeur conservent le privilége de leur prédécesseur ; c'est juste. Une vente aux enchères de ce privilége me paraît léser les intérêts des ouvriers, dont les modestes ressources ne peuvent lutter contre la spéculation. Il y a plus, plusieurs brevets *inexploités* restent quelquefois entre les mains de personnes étrangères à la typographie, qui, pour des motifs particuliers, refusent de s'en défaire. Il en est d'autres qui achètent, sous un prête-nom, plusieurs brevets d'une ville, quelquefois tous (j'en connais), afin d'anéantir toute espèce de concurrence. En un mot, la tolérance à l'égard de la vente des brevets donne lieu à des tripotages dont l'ouvrier typographe subit toujours les conséquences. N'avons-nous pas vu des maîtres imprimeurs — voire même un directeur de journal — ne pas connaître les premiers éléments d'orthographe ? Quelle impulsion la typographie peut-elle recevoir de la part de tels hommes ?

La plupart des typographes des grandes villes ne gagnent pas 3 francs par jour, et la perspective consolante d'utiliser un jour leur intelligence à leur profit ne leur est jamais offerte. De tous les ouvriers, ce sont les moins privilégiés et les plus restreints sous le rapport de la liberté d'action individuelle.

Il pourrait arriver qu'un riche capitaliste désintéressât les dix-huit maîtres imprimeurs de Lyon, s'établît à leur place, sous les noms de dix-huit *hommes de paille*, et fixât les prix des impressions. Non-seulement les clients seraient forcés d'en passer par les conditions qu'on leur imposerait, mais encore les ouvriers, sous peine de déplacement ou d'abandon de la profession, seraient obligés de travailler pour le prix qu'il *plairait* au maître de leur accorder. C'est ce qui arrive dans une grande quantité de villes, où il n'existe qu'un ou deux imprimeurs; l'ouvrier, qui, par des motifs particuliers ou de famille, est attaché à la localité, se trouve exploité, mal payé, sans qu'aucune chance se présente pour lui de sortir de sa position.

Tous les gens intelligents que j'ai entretenus du sort qui nous était réservé m'en ont paru étonnés. Ils ne comprenaient point que le monopole des maîtres ne fût équilibré par aucun avantage accordé aux ouvriers; il ne comprenaient pas davantage que le typographe fût soumis à des règlements communs à tous....

Nul n'est imprimeur en France, s'il n'est breveté et assermenté. Nous ne demandons pas la suppression du brevet ni du serment, mais nous voudrions que le brevet fût assimilé à une licence, qui ne pourrait être refusée à personne remplissant les conditions requises de capacité et de moralité. La concurrence établirait bientôt chez nous, comme en Angleterre, une émulation bien désirable pour la perfection des produits de nos presses départementales; les ouvriers typographes ne seraient plus dans une dépendance exclusive de quelques-uns, brevetés.

Car, il faut bien le dire. la décadence de l'imprimerie me semble provenir de l'insuffisance des brevets, qui sont en nombre restreint et accaparés par quelques spéculateurs, au détriment du public, des ouvriers et de l'art typographique.

Si cette résolution n'est pas prise, que l'administration entre au moins dans la voie des améliorations, en décidant que :

1° Aucun brevet ne sera transmissible autrement que par voie de succession ;

2° En aucun cas, un brevet ne pourra être vendu. En cas de non-exploitation, il retournera à l'administration ;

3° Un maître imprimeur ne peut exploiter un deuxième brevet, à l'aide d'un prête-nom ;

4° Au moins la moitié des brevets accordés à l'avenir le seront à des ouvriers réunissant les capacités requises ;

5° Le certificat de capacité ne devra jamais être un certificat de complaisance, comme cela a lieu trop souvent ;

6° Les brevets inexploités seront retirés à leurs détenteurs dans un délai de trois mois, s'ils ne justifient qu'ils possèdent une imprimerie. Un imprimeur ne pourra conserver deux brevets.

En supposant que ces mesures ne conviennent pas encore, il est juste et indispensable de nous accorder l'autorisation de fonder une société protectrice de nos intérêts ; autorisation qu'on ne peut nous refuser, puisque la société des auteurs dramatiques l'a bien obtenue, et qu'il y a rapprochement entre ses statuts et ceux que nous désirerions voir régir une association typographique.

P. Richard.

RAPPORT

DÉLÉGUÉS DE LA MARTINIÈRE

Au moment où la Chambre de commerce de Lyon venait de signaler sa sollicitude éclairée pour l'industrie de notre pays, par la généreuse initiative des délégations ouvrières à l'Exposition universelle, la Commission de l'école La Martinière, avide de saisir les occasions d'être utile à l'établissement dont elle a la haute direction, nous a proposés à la Chambre de commerce, comme représentant la délégation de cette école. Nous avons cru que le meilleur moyen de répondre à cette libérale et confiante marque de bienveillance, c'était de rendre notre excursion aussi instructive que possible, en recueillant, partout où nous en pourrions trouver, des notions, des renseignements, des idées. Voués à l'enseignement, en nous instruisant nous-mêmes, nous travaillons dans l'intérêt des jeunes intelligences qu'on nous donne à former ; telle est la pensée qui nous a portés à faire notre profit de tout ce qu'il nous a été possible de voir aussi bien hors de l'Exposition qu'à l'Exposition même.

N'étant ni ouvriers, ni industriels, ni agriculteurs, ni marchands, c'est-à-dire n'étant attachés, d'une façon particulière, à la confection ou à la vente d'aucun des innombrables produits dont l'enceinte de l'Exposition renferme les spécimens variés, nous ne pouvions pas nous ranger dans la catégorie des visiteurs spécialistes. Que le forgeron, l'ébéniste ou l'horloger regarde avec l'œil et le discernement du connaisseur la partie qui le concerne ; que le marchand examine en particulier la marchandise qui fait l'objet de son trafic de chaque jour : rien n'échappera à son regard exercé ; c'est à lui, vu ses connaissances spéciales, qu'appartient d'apprécier ce que vaut la matière première, de critiquer la main-d'œuvre et de discuter les prix. Son jugement sera celui d'un homme compétent.

Quant à nous, qu'une spécialité industrielle ou commerciale ne concerne pas plus qu'une autre spécialité, nous devions nous attacher à voir de l'Exposition l'ensemble plutôt que les détails, à saisir l'esprit qui en a conduit et réglé les dispositions générales. Nous avons aussi cherché à signaler tout ce qui nous a paru présenter un caractère de nouveauté ; mais nous n'entendons pas qu'une simple mention de notre part, relative à l'invention qui paraîtra même la plus ingénieuse, soit prise pour une approbation. Nous savons trop que l'expérience seule peut établir la valeur de la nouveauté.

Nous ne pouvions pas abandonner un sol aussi fertile en enseignements de toutes sortes que celui de l'Angleterre, sans chercher à faire notre profit de ce que nous pouvions voir hors de l'Exposition. Munis de lettres de recommandation dues à des sources influentes, nous avons pu pénétrer dans quelques ateliers, soit particuliers, soit nationaux, et voir à l'œuvre ces habiles et redoutables émules que tous les industriels cherchent à égaler, sinon à surpasser. Nous avons aussi été à même de juger des efforts que fait l'Angleterre dans le domaine des choses de l'intelligence, pour combler, au profit de la génération qui vient, les lacunes de son éducation artistique; efforts louables, puissants, sans doute, mais, dans tous les cas, bien propres à flatter notre amour-propre national, parce que nous croyons pouvoir dire que le voisinage de notre France en est un des principaux stimulants.

Nous prions toutes les personnes qui ont contribué à rendre instructif et profitable notre séjour à Londres, d'agréer l'hommage de notre reconnaissance, et nous remercions d'une façon toute particulière M. Spiers, membre de la Commission impériale, et M. Owen, surintendant du musée Kensington, pour l'empressement plein de bienveillance et de bonté, avec lequel ils se sont efforcés de nous être utiles.

Voici dans quel ordre nous allons rendre compte des choses qui nous ont paru plus particulièrement dignes d'intérêt :

Pour les produits chimiques et les industries qui se rapportent à la chimie, les expositions étant réparties par nations, nous commencerons par les produits français et nous continuerons par l'examen des produits étrangers. Pour les machines, comme nous les avons trouvées réunies sans distinction d'origine, nous les citerons dans l'ordre de leur importance, ou dans l'ordre où elles se sont présentées à notre examen. Quittant ensuite l'Exposition, nous parlerons de quelques-uns des établissements industriels qu'il nous a été possible de visiter, et enfin du musée Kensington.

EXPOSITION FRANÇAISE.

Près de 31,000 exposants avaient envoyé leurs produits à ce concours universel. L'Angleterre, sans ses colonies, entrait pour 6,300 dans ce nombre. La France, qui, après l'Angleterre, était la plus nombreuse, comptait, sans ses colonies, 4,780 exposants.

Pour classer ces nombreux produits dans le vaste bâtiment de Kensington, et pour faire son catalogue, la Commission générale britannique les avait répartis en trente-six classes, que nous croyons inutile d'indiquer.

Les produits exposés avaient été groupés par nation, méthode désavantageuse pour l'étude comparative des produits similaires, qui ne se trouvent pas dans les mêmes conditions d'exposition, et qui, étant le plus habituellement très-éloignés les uns des autres, exigent de l'observateur une perte considérable de temps. Nous avons regretté que l'on n'ait pas fait pour chaque classe ce qui a été fait pour les machines en mouvement, qui étaient réunies dans une même annexe.

D'après cette méthode, la Commission britannique avait attribué à chaque nation un certain emplacement. Celui accordé à la France, après de nombreuses réclamations de la Commission impériale, était encore trop insuffisant. Aussi l'industrie française n'était-elle pas complètement représentée à l'Exposition. Nous pouvons voir en particulier que dans le département du Rhône, le plus nombreux après celui de la Seine, si on ne tient pas compte des exposants de la troisième classe (produits agricoles et alimentaires), neuf classes ne comptent qu'un seul exposant, et quinze n'ont pas de représentant. Il est évident cependant que notre département possède des industriels qui auraient pu figurer avec une certaine supériorité dans quelques-unes de ces vingt-quatre catégories.

Pour tirer le meilleur parti du peu de place attribué à la France, la Commission impériale a été forcée d'adopter une division parcellaire, qui a converti le grand carré français en un labyrinthe dont il était difficile de suivre les sinuosités, même avec l'excellent catalogue français, publié par la Commission impériale. Il en résultait que certaines parties de notre exposition étaient peu fréquentées, et il nous est souvent arrivé de nous trouver seuls pendant assez longtemps en face de certaines vitrines françaises, alors que la foule affluait vers des produits étrangers d'un abord plus facile. Cette abstention du public ne coïncidait pas avec l'époque de notre visite, car, d'après des renseignements pris auprès de représentants français qui étaient à l'Exposition dès son ouverture, il en avait été presque toujours ainsi.

C'est avec un sentiment pénible que nous avons parcouru solitairement, à plusieurs reprises, notre belle exposition de soieries lyonnaises, installée dans de hautes vitrines mal éclairées et d'une profondeur trop peu considérable pour un étalage convenable. Il fallait être Français, et surtout Lyonnais, pour savoir qu'on se trouvait en présence des produits d'une industrie sans rivale dans tout l'univers.

La vue de l'exposition des produits chimiques français nous a causé aussi une impression défavorable. D'abord elle est placée dans un coin mal éclairé ; ensuite, les vitrines des fabricants sont presque toutes construites sur le même modèle : elles ressemblent à une suite d'armoires vitrées placées contre des murailles. Ces placards, souvent très-élevés, ne laissent pas voir aux visiteurs les produits qu'ils renferment. Personne n'est chargé de leur entretien, ou bien s'il y a quelqu'un délégué à cet office, on ne saurait s'en douter, à l'incurie et au désordre qui frappent les regards. Certains placards sont ouverts, d'autres contiennent des produits qui tombent en efflorescence ou en déliquescence. Quelques fabricants, qui ont exposé une collection assez nombreuse de produits plus ou moins remarquables, semblent avoir voulu dérober leur exposition aux yeux des visiteurs, en couvrant leurs flacons d'énormes étiquettes qui ne montrent que le nom du produit ; quant à l'aspect, il faut que l'imagination devine ce qu'il doit être, derrière cette malencontreuse affiche.

Nous signalerons même quelque chose de plus incompréhensible. Nous avons remarqué des vitrines pleines de produits non étiquetés. Que peut-on dire, en vérité, à la vue de ces flacons remplis de corps solides ou liquides diversement colorés ? Il nous semble qu'entre un luxe prétentieux d'étiquettes et une absence complète, il y a une moyenne rationnelle et logique, à laquelle on aurait dû s'astreindre.

L'industrie des produits chimiques français n'est représentée que par un petit nombre d'exposants ; c'est fâcheux. Mais il est plus fâcheux encore que les quelques fabricants qui ont jugé à propos d'exposer n'aient pas su donner à leur exposition ce cachet d'élégance et de bon goût que les fabricants anglais ont su donner à la leur. On nous fera observer peut-être que les beaux cristaux coûtent cher à obtenir, qu'ils ne représentent pas le produit commercial, industriel, que ce ne sont que des produits de laboratoire. C'est vrai dans un grand nombre de cas ; mais aussi on doit convenir que la vue d'un beau produit impressionne toujours favorablement ; que l'état cristallisé constitue le *facies particulier* des corps qui ne sont pas amorphes ; qu'il est par conséquent souvent une garantie de pureté des corps chimiques, et que dès lors, on doit applaudir aux efforts des fabricants qui cherchent à livrer au commerce des produits bien cristallisés.

En somme, l'impression générale que nous avons éprouvée, en parcourant l'exposition française, a été d'abord pénible, par suite des causes que nous avons énumérées, et qui avaient pour résultat de diminuer l'éclat habituel des produits de notre industrie.

Hâtons-nous de dire cependant, qu'en examinant avec une scrupuleuse attention, nous avons été à même d'admirer bien des chefs-d'œuvre, que nous allons indiquer, en parcourant, suivant l'ordre de classification, les expositions qui nous regardent particulièrement.

Classe Ire.

La belle exposition d'aluminium, de M. Morin, nous a montré que ce métal tendait de plus en plus à devenir industriel, par suite des perfectionnements apportés à sa fabrication, et de son application à une foule d'usages artistiques, économiques et domestiques. Sa grande malléabilité permet de le réduire en feuilles très-minces, qu'on peut employer à la place de feuilles d'argent, et qui présentent sur ces dernières deux avantages : 1° économie, 2° inaltérabilité sous l'influence des émanations sulfurées. On peut l'étirer en fils très-fins, employés pour la passementerie ; enfin, sa belle sonorité, sa faible densité, la difficulté avec laquelle il se laisse attaquer par les agents chimiques employés dans la préparation des aliments, l'innocuité de ses combinaisons, en font un métal à part, dont nous désirons vivement voir se développer les applications. Ce qui s'y oppose encore, c'est l'élévation de son prix. Cependant, quand on considère que ce métal valait 300 fr. le kilog., il y a cinq ans, et qu'aujourd'hui sa valeur n'est plus que de 120 fr., il y a lieu d'espérer que les efforts de nos chimistes et de nos manufacturiers, et en particulier de l'usine d'Alais, qui approvisionne d'aluminium M. Morin, résoudront le problème de la fabrication de l'aluminium, à un prix qui permettra de réaliser les avantages qu'on attend de l'emploi de ce métal.

L'aluminium, en s'alliant au cuivre dans la proportion de 1/10e, donne un alliage, qu'on a nommé bronze d'aluminium, susceptible de prendre un beau poli, possédant l'éclat et la couleur de l'or et une rigidité plus grande que celle de l'acier. Indépendamment de l'application de ce bronze à la confection d'objets d'art et d'ornement, on l'emploie aussi à la fabrication des coussinets pour les machines. Son prix est de 15 fr. le kilog. De nombreux essais ont établi qu'il résiste au frottement pendant un temps six fois aussi considérable que les coussinets de bronze ordinaire, et qu'il est moins attaquable par les agents atmosphériques.

M. Morin a joint à son exposition les matières servant à la préparation de l'aluminium, entre autres plusieurs kilogrammes de magnifiques morceaux de sodium.

13

Les procédés de fusion du platine, de MM. Deville et Debray, commencent à être employés au travail de ce métal. MM. Demoutis, Chapuis et Quenessen , dans leur riche vitrine , où ils exposent le platine et les métaux congénères du platine, présentent des appareils aussi remarquables par leurs dimensions que par leur construction ingénieuse, solide et économique. Nous y avons particulièrement remarqué avec intérêt un alambic pour la concentration de l'acide sulfurique, dans la construction duquel, la soudure à l'or est remplacée par la soudure autogène au platine. Cette innovation est importante à tous les égards, car elle procure une économie considérable dans la fabrication ; elle abaissera donc le prix des alambics de platine, ce qui permettra d'en généraliser l'usage.

La fonte , le fer et l'acier, ces matières métalliques, auxquelles l'industrie est redevable de presque tous ses progrès , présentaient de beaux échantillons. Il nous a paru cependant, que les masses exposées étaient au-dessous de la puissance de notre production en ce genre.

M. Jackson (de la Gironde) a exposé différents objets faits avec de l'acier obtenu par le procédé Bessemer, procédé sur lequel nous reviendrons à propos de l'exposition anglaise.

Nous avons remarqué de beaux spécimens de fonte recouverte d'une couche de cuivre, épaisse de $0^m,006$, $0^m,01$ et même plus, au moyen de la galvanoplastie. Ces échantillons sortaient des ateliers de M. Oudry, qui a bronzé les statues des fontaines de la place de la Concorde.

Notre sol n'est pas fécond en mines de cuivre ; les mines de plomb, quoique nombreuses, sont exploitées en petit nombre. Cependant nous avons pu constater que nous n'étions pas complétement tributaires de l'étranger, pour ces deux métaux dont nous avons trouvé des échantillons sous différentes formes, fabriqués et exposés par des maisons françaises. Nous appellerons surtout l'attention sur les tuyaux de cuivre sans soudure, de la maison OEschger, Mesdach et Cie (Pas-de-Calais).

Quatre exposants avaient envoyé des échantillons de houille agglomérée, avec ou sans goudron. Tout le monde sait que la fabrication , très-économique et très-active maintenant, de ces agglomérés, permet d'utiliser les menus débris de houille qui se produisent en grande abondance dans les exploitations.

Enfin de nombreux spécimens de ciments, de chaux hydrauliques, attestaient la richesse de notre pays en matériaux de construction.

Nos fabriques de porcelaine tirent une grande partie de leur matière première, le kaolin, d'Angleterre ; nous avons vu des échantillons de kaolin français qui, en nous révélant de nouveaux gisements, nous font espérer que nous nous affranchirons, en tout ou en partie, du tribut que nous payons à l'Angleterre.

Classe II.

Nous avons remarqué avec beaucoup d'intérêt des échantillons de potasses indigènes, extraites des résidus de la distillation du jus de betterave, et surtout celle provenant du suint des moutons. Le lavage à l'eau tiède des laines brutes, fournit une dissolution qui est fort avantageusement employée au désuintage complet de la laine, sous l'influence d'une température modérément élevée. Nous félicitons MM. Maumenée et Rogelet d'avoir songé à retirer des eaux de lavage la potasse qui s'y trouve. C'est une nouvelle source précieuse et assurée d'un alcali qui tend à devenir de plus en plus rare et cher, par suite du déboisement.

L'usine d'Alais, dirigée par M. Merle, offrait une nombreuse exposition de sels de potasse et de soude, extraits des eaux mères des marais salants, par le procédé Balard. Dans l'exposition de cette usine, nous avons aussi observé l'aluminate de soude, qui fournit un nouveau moyen de fixer économiquement, sur les tissus à teindre, de l'alumine exempte de fer, indispensable à la fixation de certaines matières colorantes.

Les industries qui s'occupent des produits de la distillation des goudrons de houille, c'est-à-dire de la benzine, de la nitro-benzine, des acides phénique et picrique, étaient dignement représentées par MM. Guinon, Marnas et Bonnet, de Lyon; la Compagnie parisienne du gaz; M. Dehaynin, de Valenciennes; M. Bobœuf, de Paris; M. Perra, de la Seine, qui notamment a exposé de magnifiques échantillons d'acide picrique à différents états; M. Larocque et M. Collas, pharmaciens. La vue des échantillons de ces produits si variés, si utilement appliqués aujourd'hui, montre bien quelles ressources l'industrie peut tirer des travaux du chimiste. Qui eût cru, il y a une vingtaine d'années, que le goudron de houille, cet infect résidu de l'épuration du gaz d'éclairage, et dont on ne savait comment se débarrasser, serait devenu une matière aussi précieuse et aussi recherchée? L'observation de ce fait doit ouvrir une ère nouvelle à ceux qui cherchent, et encourager les pionniers de la théorie. Du moment, en effet, où la minime quantité d'un produit rare, obtenu à grand prix dans le laboratoire, devient susceptible d'une application utile, bientôt l'industrie s'en empare, les esprits se tendent vers un but nouveau; de nouvelles sources de production se découvrent, s'utilisent, et le produit rare, coûteux, difficile à obtenir, devient une matière commerciale. A l'appui de ce que nous disons, il nous est permis de rappeler un fait. Il y a quatre ans à peine, l'aniline valait 500 fr. le kilog.; aujourd'hui, elle vaut de 12 à 20 fr. Mais c'est qu'aujourd'hui l'aniline fournit à la teinture des nuances solides et si admirablement belles, qu'on les croirait ravies à la palette du divin peintre de la nature.

Ces magnifiques matières colorantes dérivées de l'aniline, étaient surtout remarquées dans les vitrines de MM. Renard frères et Franc, de Lyon; Fayolle, de Lyon; Monnet et Dury, de Lyon; Laurent et Casthelaz, de Paris; Poirier et Chappat, de Paris, etc.

Il est juste de dire que, si les travaux de Perkin, en Angleterre, ont amené la découverte et l'application du violet d'aniline, la ville de Lyon peut revendiquer avec orgueil, la priorité de l'application de la matière rouge ou fuchsine.

M. Kulhmann, de Lille, avait exposé une nombreuse collection de produits chimiques, parmi lesquels nous devons citer les silicates alcalins, si utilement employés aujourd'hui pour le durcissement et la conservation de certaines pierres de construction, et environ quinze grammes d'un nouveau métal, le thallium.

M. Kestner, de Thann, qui produit d'énormes quantités de sels d'étain pour la teinture, et d'acide tartrique, expose aussi un nouveau produit, à la découverte duquel nous applaudissons sincèrement : c'est un oxyde de chrôme, d'une belle couleur verte, capable de remplacer dans la peinture et la fabrication des papiers peints les combinaisons cuivreuses et arsénicales, si vénéneuses et par conséquent si dangereuses. La découverte de cette nouvelle matière colorée, importante par son innocuité, est due à M. Guignet. Malheureusement, cette couleur est encore d'un prix assez élevé, qui en limite la consommation.

Quatre fabricants du Finistère et de la Manche avaient envoyé des produits extraits des warecks : de splendides cristallisations d'iode, et des combinaisons de l'iode avec des métaux, notamment des iodures alcalins. Parmi ces fabricants, nous avons particulièrement remarqué MM. Cournerie et fils.

MM. Coignet frères, de Lyon, avaient fait représenter les beaux résultats de leur production de phosphore amorphe.

La fabrication du bleu d'outremer a pris un grand essor dans notre pays, puisque sept fabricants français en avaient exposé. Nous sommes heureux de rappeler que cette industrie, toute française, est due à M. Guimet, l'un de nos administrateurs de l'école La Martinière.

Parmi la grande quantité d'exposants français qui avaient des produits extraits de l'opium, de la noix vomique, des écorces de quinquina, c'est-à-dire de la morphine, de la strychnine, de la brucine, de la quinine, etc., et des composés de ces alcaloïdes, nous citerons M. Armet de Lisle, et M. Ménier; dans la vitrine de ce dernier, nous avons vu des produits organiques obtenus par synthèse, d'après les méthodes nouvelles de M. Berthelot; notamment de l'essence de moutarde, de l'alcool propylique, de la stéarine, etc... Nous y avons en outre remarqué environ un litre d'alcool, obtenu par la combinaison de l'hydrogène bicarboné avec l'eau.

Parmi différents produits pharmaceutiques exposés par M. Berjot, nous avons été surpris de voir des flacons renfermant de superbes échantillons de plantes ou parties de plantes, conservées d'une manière si parfaite, que les couleurs étaient presque aussi brillantes que si ces plantes eussent été fraîches. Cet habile manipulateur arrive à ce résultat, au moyen d'un procédé qui lui est particulier, et qui est basé sur l'emploi du sable chaud stéariné.

Les sels de soude et les savons, produits si utiles, d'une si prodigieuse consommation, étaient dignement représentés par divers fabricants de Marseille, Lyon et Paris.

Les fabricants du Nord avaient envoyé de nombreux spécimens de sucre, d'alcool et de produits dérivés de l'alcool. Du reste, ces industries se sont pour ainsi dire localisées dans cette région, grâce, sans aucun doute, aux circonstances agricoles favorables à la culture de la betterave.

Les produits chimiques spécialement applicables à la teinture, étaient beaux et abondants. On sait, du reste, que nos fabricants, généralement très-habiles dans ces préparations, exportent une assez grande quantité de leurs productions. Citons, parmi ceux que nous avons remarqués, le lokao indigène ou indigo vert, l'azuline, la pourpre française, nouvelles matières colorantes découvertes par des Lyonnais. L'orseille en pâte, en poudre sèche ou cudbeard, et en extrait, de M. Pommier ; de beaux carmins d'indigo, des extraits de bois colorants, des carmins de safranum, et les cyanures jaune et rouge de M. Brunier, de Lyon, et de l'usine de Bouxvillers. Nous avons été heureux de voir à quel degré d'activité et de perfection étaient poussées ces fabrications, si indispensables à nos nombreuses maisons de teinture. A ce propos, nous mentionnerons le nouvel usage que M. Gelis fait du sulfure de carbone, pour la fabrication du cyanure jaune de potassium et de fer. Nous avons vu des échantillons de ce produit préparé par ce procédé, qui a l'avantage de n'exiger aucun emploi de matières animales azotées, l'azote du cyanogène qui se forme, provenant de l'ammoniaque qui se trouve dans certains résidus faciles à se procurer. Nous souhaitons vivement que la sanction de l'expérience couronne ce nouveau mode de fabrication, qui aurait pour avantage immédiat, de rendre à l'agriculture la très-grande quantité de matières organiques azotées que consomme l'ancien procédé de fabrication.

Depuis que l'application des couleurs dérivées de l'aniline a pris un aussi grand développement, les manipulations nécessaires à la préparation de ces produits exigent l'emploi d'une grande quantité d'acide acétique et d'alcool méthylique, ou esprit de bois, que les industriels nomment le plus souvent, d'une manière abrégée, méthylène. Aussi, les fabriques qui s'occupent de la distillation du bois se sont-elles multipliées ou agrandies, et nous avons pu examiner les produits d'un assez grand nombre d'entre elles. Nous citerons plus particulièrement les échantillons de M. Camus, de Paris, et ceux de MM. Rocques et Bourgeois, d'Ivry.

Classe III.

Nous avons pu voir avec orgueil que les produits si importants, mentionnés dans cette catégorie, étaient abondamment fournis par notre pays. Ainsi, de belles conserves alimentaires, végétales et animales, de nombreux échantillons de chanvre, de lin, de laines, de soie à différentes phases de fabrication, venaient hautement témoigner de la richesse de nos productions en matières premières, de destinations diverses. En même temps, l'exposition du jardin d'acclimatation de Paris et celle de M. Vilmorin-Andrieux, en nous montrant la soie de l'ailante et une série nombreuse de graines et de plantes, accompagnées des produits qu'on en retire, nous ont prouvé qu'à nos richesses naturelles, on cherchait à ajouter celles des autres pays. Enfin, nous avons retrouvé avec plaisir la remarquable collection de cocons, représentant les vers à soie de toutes les races et de tous les pays, recueillie, avec tant de persévérance, par M. Duseigneur, notre compatriote.

Classe IV.

Différentes expositions de caoutchouc nous ont montré les nombreuses applications que l'industrie a su faire de ce singulier produit. Nous regrettons d'être obligés de dire que les manufacturiers anglais et allemands semblent plus avancés que nous dans la fabrication et les applications de ce corps, à en juger du moins par leurs expositions, plus variées et plus importantes que les nôtres.

Cette classe nous a aussi présenté un grand nombre d'échantillons d'acide stéarique, en blocs et en bougies, de gélatines incolores ou diversement colorées.

Classe X.

Nous avons examiné avec soin des modèles de silos et de greniers conservateurs des grains.

Les instruments de précision présentent toujours cette élégante perfection, jointe à une exécution si parfaite, que nos constructeurs en ce genre ont acquis une juste renommée, qu'ils savent bien conserver.

Classes XXXIV et XXXV.

Enfin, et pour terminer ce que nous avons à dire sur les expositions françaises, nous avons à passer en revue les produits compris dans ces classes, sous les désignations d'« objets de verrerie » et d'« objets de céramique. »

De nombreux échantillons de verres à vitres, à bouteilles, de gobeletterie ordinaire, de vases pour la chimie, nous ont prouvé que ces fabrications occupent une place importante dans nos industries, et que d'habiles manufacturiers savaient bien profiter de toutes les indications de la science qui peuvent leur fournir l'occasion de progresser.

Dix exposants avaient envoyé de magnifiques verrières, aussi remarquables par la correction des dessins, que par l'éclat et la pureté des couleurs. Malheureusement, ces belles peintures étaient placées dans une partie de l'Exposition, où elles ne recevaient qu'une quantité insuffisante de lumière, ce qui nuisait beaucoup à leur véritable mérite.

Les porcelaines ordinaires et artistiques, les faïences blanches et décorées, se faisaient remarquer par une véritable profusion, qui n'excluait aucune des qualités nécessaires à ces produits. En première ligne, citons la Manufacture impériale de Sèvres, qui, comme toujours, étalait une abondante collection de créations féeriques, et des spécimens plus modestes, mais bien plus utiles, de vases de porcelaine destinés aux travaux de laboratoire.

Nous aurions voulu trouver une plus grande quantité d'objets céramiques en grès. Nos fabricants ne doivent pas oublier que les ustensiles de grès sont d'un puissant secours aux fabricants de produits chimiques, et que tous les perfectionnements qu'ils apporteront, en ce sens, à la confection de leurs produits seront largement adoptés par l'industrie. Nous citerons, à propos de l'exposition anglaise, de véritables chefs-d'œuvre en ce genre.

EXPOSITION ANGLAISE DES PRODUITS CHIMIQUES ET DES PRODUITS DES INDUSTRIES QUI SE RATTACHENT A LA CHIMIE.

Ainsi que nous l'avons déjà fait entrevoir, les expositions anglaises étaient remarquablement disposées pour le coup d'œil. Des exhibitions partielles, séparées de leurs analogues, formaient des trophées nombreux, placés çà et là, mais de manière, toutefois, à frapper le visiteur et à commander à son attention. Parmi ces trophées se trouvait une des nouveautés les plus intéressantes, les plus utiles de l'Exposition : nous voulons parler des échantillons se rapportant à la fabrication de l'acier par le procédé Bessemer. Ces produits comprenaient le minerai employé (hématite brune), de la fonte, du fer et enfin de l'acier, sous un grand nombre de formes. Quelques mots sur cette fabrication, feront comprendre son importance et l'immensité du progrès réalisé.

Deux procédés sont employés pour faire l'acier :

1° Carburation du fer, opération longue, et par conséquent coûteuse, qui donne de l'acier dit de cémentation, avec lequel on obtient l'acier fondu ;

2° Décarburation partielle de la fonte, dans les fours à pudler ou dans des foyers analogues à ceux des forges catalanes. Ce procédé donne de l'acier dit acier pudlé, et de l'acier naturel ou de forge.

Un des principaux inconvénients de ces procédés était de ne pouvoir fournir de grandes masses d'acier homogène, ce qui nuisait singulièrement à la confection par fusion des grosses pièces.

Le nouveau procédé est basé sur la décarburation partielle de la fonte par insufflation d'air, sous une certaine pression réalisée à l'aide d'appareils ingénieux, dont la description serait trop longue, et qui ont pour résultat l'obtention, en moins d'une demi-heure, de masses d'acier homogènes, de 3 à 4,000 kilogrammes.

Les industriels qui emploient l'acier attachent une grande importance à l'apparence de sa cassure, comme indice assez certain de ses qualités bonnes ou mauvaises. On sait que les objets d'acier abandonnés à l'air humide se recouvrent d'une couche de rouille qui en masque l'aspect. Une disposition ingénieuse, que nous nous plaisons à signaler, avait été prise pour obvier à cet inconvénient. Les blocs d'acier, dont on avait voulu conserver la cassure intacte, avaient été enfermés hermétiquement, sous des globes de verre mastiqués, contenant un petit vase à moitié rempli d'acide sulfurique concentré, destiné à maintenir l'atmosphère parfaitement sèche, et à prévenir ainsi les fâcheux effets de l'humidité.

Trois fabricants d'aluminium avaient exposé leurs produits. La plus remarquable de ces expositions était celle MM. Bel frères ; mais elle était évidemment inférieure à celle de M. Morin.

M. Mathew, de Londres, avait une splendide vitrine de platine et des métaux congénères du platine. Deux choses étaient de nature à frapper d'étonnement l'observateur : 1° un lingot de platine, pesant 100 kilog., fondu à Londres par M. Deville lui-même; 2° un alambic pour la concentration de l'acide sulfurique, construit d'une manière assez intelligente pour que, malgré la modicité de son prix (11,700 fr.), qui le met à la portée d'un plus grand nombre d'industriels, il puisse concentrer trois tonnes, soit 3,000 kilog. d'acide en vingt-quatre heures. M. Mathew est arrivé à ce résultat, par une ingénieuse répartition de l'épaisseur du platine, par la grande surface de la partie chauffée, par la réduction du chapiteau, qui évite des condensations allongeant inutilement l'opération, et enfin par la soudure autogène au platine.

Nous avons trouvé, ainsi que nous nous y attendions, de nombreuses expositions de productions minérales et métalliques. Ainsi des houilles, des minerais de fer, du fer, de la fonte, des aciers, du plomb, du cuivre, de l'étain, etc.... La nature a été prodigue envers l'Angleterre, de tous ces corps si utiles. Elle se montre digne de ces richesses par l'activité et l'intelligence avec lesquelles elle exploite ses gisements. — Nous citerons encore, parmi les productions minérales utilisées, de belles serpentines fournies par le riche comté de Cornwall, et employées pour la confection d'objets d'art et d'ornement; des quantités considérables de kaolin, que l'on exporte en grande proportion, pour les fabriques françaises de porcelaine et de papier.

De nombreux fabricants avaient envoyé d'importantes séries de produits chimiques, et avaient rivalisé de zèle pour que leurs exhibitions attirassent l'attention. C'est ainsi que nous avons remarqué d'énormes cristallisations d'alun, de sulfate de fer, de sulfate de cuivre, de chromates de potasse, de cyanures jaune et rouge de potassium et de fer, de sels soude.

La fabrication des matières colorantes dérivées de l'aniline est poussée à un immense degré de puissance et d'activité dans ce pays si richement doté pour cela. Parmi tous ceux qui avaient exposé des spécimens de cette fabrication, nous avons surtout remarqué MM. Simpson et M. Robert Rumney, qui montraient aux visiteurs des cristallisations de matières colorantes en beaux octaèdres, d'un centimètre de côté, qui n'avaient pu se déposer que dans des bains contenant sans doute pour 200,000 fr. de produits.

M. Peter avait une nombreuse et superbe série de cristallisations de matières neutres et d'alcaloïdes retirés des végétaux.

A côté de ces éblouissantes expositions industrielles, nous avons été heureux de trouver la belle exposition des produits chimiques de laboratoire, de M. Stenhouse, ce chimiste distingué, dont les nombreux travaux ont tant contribué aux progrès de la science.

Citons encore, parmi tant de produits, l'outremer, les dérivés de la distillation du bois: acide acétique, acétates, esprit de bois; les sels de soude, les savons, le phosphore ordinaire, le phosphore rouge, la benzine, la nitro-benzine, l'acide phénique, etc., etc.. présentés en beaux échantillons.

Une modeste exposition, qui nous paraît devoir être mentionnée particulièrement, comme application d'une idée professée depuis longtemps dans les cours, est celle de M. Wersmann, qui, par un mélange préalable de tungstate de soude avec l'amidon employé pour empeser le linge, prévient l'inflammation des tissus qui ont été enduits avec cet empois. Si cette préparation remplit complètement son but, nous nous plaisons à en signaler l'importance, en présence des nombreux accidents dont nous entendons trop souvent signaler les tristes conséquences.

La fabrication de la paraffine a pris un grand développement en Angleterre, à en juger par les nombreux spécimens que nous avons remarqués à l'Exposition. Les bougies fabriquées avec cette substance ont une apparence agréable. Plusieurs fabricants en ont exposé, qui sont colorées de diverses nuances, ce qui rehausse souvent la beauté de ces produits.

Les conserves alimentaires végétales ou animales étaient en grand nombre, et se faisaient admirer par leur belle apparence. Nous n'avons pas été surpris de trouver cette industrie aussi développée, en raison de l'importance de la marine anglaise, et par conséquent de la nécessité de pourvoir à ses approvisionnements.

Il paraît que les industries métallurgiques trouvent de notables avantages à l'emploi des creusets de plombagine ou graphite. Nous avons été conduits à cette réflexion par les nombreux spécimens de toutes grandeurs, de ces sortes de vases, que nous avons trouvés à l'Exposition.

Nous ne nous attendions pas à trouver l'industrie de la porcelaine aussi avancée, aussi parfaite. Nous avons pu admirer, dans l'exhibition de M. Minton, des porcelaines d'art et de luxe, excessivement remarquables sous le rapport de la beauté des émaux, de la vivacité des couleurs, du goût et de la correction du dessin. Le seul reproche que nous pourrions adresser aux produits de ce fabricant, c'est peut-être un peu de lourdeur dans les formes.

Enfin, pour terminer l'examen des produits anglais qui se rattachent à la chimie, il nous reste à nous occuper des objets céramiques en grès, et, pour éveiller l'attention de nos fabricants sur cet article important, nous n'avons qu'à donner les dimensions de divers appareils de grès destinés aux fabriques de produits chimiques.

Dans l'exposition de MM. Doulton et Watts :

1° Un serpentin de 2 mètres de hauteur et de $1^m,60$ de diamètre, à six spires ; diamètre des tuyaux, $0^m,15$;

2° Un alambic avec sa cucurbite et son serpentin ;

3° Des robinets de toutes grandeurs ; nous en avons remarqué un, entre autres, dont la clef avait $0^m,30$ de diamètre.

Dans l'exposition de MM. J^h Cliff et fils, des tuyaux de $0^m,70$ à

0^m,80 de diamètre, épaisseur 0^m,04 à 0^m,05 ; embranchements et raccords de toutes formes.

Enfin, dans diverses expositions, des bonbonnes pour condensation ou pour réservoirs d'acides, de dimensions vraiment colossales.

Les splendides vitrines d'or des colonies anglaises, étonnaient les visiteurs par leurs richesses. Nous avons vu de la malachite d'Australie rivalisant, pour la beauté et la grosseur de ses échantillons, avec celle de la Russie.

Nous terminerons la première partie de cette analyse, trop longue sans doute, mais cependant bien incomplète, en énumérant rapidement les produits exposés, dans cette splendide exhibition, par les industriels des autres nations, produits que nous avons admirés à plus d'un titre.

Produits naturels : de nombreux et beaux spécimens de houille, de sel gemme, de marbres, de malachite, de cryolithe, de gros morceaux d'ambre, de cinabre, des minerais de fer, de plomb, de zinc et de cuivre.

Produits métallurgiques, sous toutes les formes : des fers, fontes et aciers, de l'étain, du mercure, du cuivre, du plomb, du nickel, du cobalt, de l'argent.

Produits chimiques : de beaux échantillons d'iode, de soufre, de sodium, de potassium ; des acides ordinaires, de l'acide phosphorique vitreux, de l'acide acétique, des acétates, de l'esprit de bois, des alcools, des huiles essentielles ; des cristaux de divers sels de soude, d'alun, de sel ammoniac, de prussiates ; des savons, de l'acide stéarique, de la gélatine, du noir animal ; des extraits de bois tinctoriaux, des matières colorantes, de l'outremer.

Deux maisons de Leipsik, deux de Prusse, deux de Suisse, montraient les substances colorantes dérivées de l'aniline.

La magnifique collection de produits chimiques organiques de M. Merck, de Barmstad, celle de M. Moll, de Vienne, et l'exposition de caoutchouc de Hanovre, méritent une mention spéciale.

Produits manufacturés : les belles porcelaines de Saxe, les verres de Bohême, les deux superbes glaces de Belgique, les plus grandes de l'Exposition ; les porcelaines de la Chine et du Japon. Au milieu de ces dernières on voyait deux sphères de cristal de roche très-limpide, ayant deux décimètres de diamètre.

Ce simple exposé, rapproché de ce que nous avons dit ci-dessus, montre suffisamment que les efforts tentés par les industriels de tous les !pays sont couronnés d'un plein et éclatant succès, qui doit être pour tout fabricant un enseignement puissant et un stimulant énergique pour faire mieux encore.

MACHINES DIVERSES

Classes VII, VIII, IX.

Nous regrettons vivement que l'impossibilité dans laquelle nous nous trouvons de joindre des figures explicatives à nos descriptions, rende celles-ci nécessairement courtes et peu compréhensibles, et en fasse plutôt un mémento à notre usage, qu'un objet d'étude pour le lecteur.

Organes ou éléments de machines.

Les principaux objets de cette catégorie que nous avons remarqués sont les suivants :

Des exemples assez nombreux de l'application des engrenages à friction, dans lesquels les dents d'engrenage des roues ordinaires sont remplacées par des rainures circulaires en creux et en saillie, dont la section normale présente la forme d'un coin ; nous avons trouvé ce mode de transmission appliqué également au cas de l'engrenage droit et de l'engrenage d'angle. Ce système, breveté en Angleterre, sous le nom de Robertson, et qui paraît avoir pris définitivement sa place dans le domaine de l'industrie, avait déjà été présenté à l'Exposition de 1855, par M. Minotto, ingénieur italien. Nous avons vu fonctionner cet appareil de transmission dans une très-jolie machine des ateliers de MM. Penn et fils, que nous aurons occasion de décrire plus loin ;

Une presse dans laquelle l'écartement des plateaux résulte de la position plus ou moins inclinée de deux paires de bielles. Ces bielles sont reliées par un plateau intermédiaire qui reçoit son mouvement d'un levier horizontal. Cet appareil est une variété de la catégorie de presses qu'on a nommées presses anti-friction ;

Une transmission de mouvement consistant en une vis sans fin conduite par une roue ; on a évité le frottement considérable qui a lieu quand c'est la roue qui est conductrice, en substituant, aux dents d'engrenage ordinaire, des disques pivotant sur un axe en forme de galets ;

Une combinaison de deux mouvements circulaires simultanés dans des plans perpendiculaires entre eux, se rencontre dans une machine à laver, exposée par M. Lansdale, de Manchester. A cet effet, un cylindre mobile a son axe engagé, par ses deux extrémités, dans deux traverses opposées d'un cadre rectangulaire qui tourne autour d'un axe moyen parallèle à ces deux traverses, d'où il résulte un premier mouvement circulaire ; ce cylindre porte en outre une couronne dentée engrenant avec une roue d'angle fixe, qui l'oblige ainsi à tourner autour de son axe, en même temps qu'il exécute son premier mouvement ;

Un mouvement circulaire continu, transformé en mouvement circulaire alternatif, se rencontre dans une machine à polir les glaces. Cette transformation s'obtient au moyen d'un arbre brisé, auquel une manivelle donne un mouvement circulaire continu; cet arbre a son extrémité opposée à la manivelle, munie d'un pignon agissant sur un plateau circulaire armé de chevilles perpendiculaires à son plan, et avec lesquelles il engrène tantôt en dedans, tantôt en dehors, au moyen de deux arrêts ou guides, qui le font passer successivement d'un côté à l'autre de l'engrenage à chevilles ;

Un manomètre à air comprimé, dont on a augmenté la sensibilité pour les pressions élevées, en rétrécissant la section graduellement, depuis le bas jusqu'au haut, de telle sorte que, pour une même diminution du volume de l'air comprimé, l'ascension du liquide est d'autant plus visible qu'elle correspond à un plus petit diamètre ;

Un tambour à courroie, à diamètre variable. La jante de ce tambour se compose de plusieurs pièces articulées avec des bielles, qui convergent toutes sur un anneau pouvant glisser sur l'arbre. Le changement de diamètre du tambour résulte de l'obliquité plus ou moins grande des bielles par rapport à l'arbre; le jeu de ces bielles est de tout point semblable au mouvement des fourchettes d'un parapluie ;

Emploi du caoutchouc pour la confection d'un système particulier de soupape et de piston de pompe. Ces deux pièces, construites sur le même modèle, sont circulaires à leur base et se terminent, à la partie supérieure, par deux faces qui viennent se rencontrer suivant une ligne droite et forment ainsi deux lèvres en biseau, qui sont naturellement fermées, et s'ouvrent sous l'action d'une pression intérieure; entièrement en caoutchouc et s'adaptant à des corps de pompes en grès ou en verre, elles peuvent servir au transvasement des liquides qui agissent sur les garnitures métalliques ;

Un régulateur à force centrifuge, de Porter. Dans ce régulateur, on remarque un contrepoids ou un ressort, ayant pour but de rendre le mouvement du régulateur plus sensible et plus régulier, tout en diminuant le poids des boules et les dimensions des pièces qui les supportent ;

L'embrayage électrique, de M. Achard, appliqué soit à l'alimentation des chaudières, soit aux freins des chemins de fer; de longues et sérieuses expériences ont mis en évidence l'efficacité de ce système, que l'on rencontre déjà dans un assez grand nombre d'usines, et qui commence même à s'appliquer sur les chemins de fer;

L'injecteur Giffard, exposé par un assez grand nombre de concessionnaires. Une question de priorité assez importante a été soulevée par M. Bourdon, qui expose des appareils analogues.

Machines et appareils d'applications diverses.

L'appareil Carré, pour faire de la glace. Cet appareil se compose de deux vases communiquants, dont l'un, contenant une dissolution de gaz ammoniaque, est placé sur un foyer ; sous l'action de la chaleur, le gaz ammoniaque se sépare du liquide, et la pression qui résulte de son dégagement le fait liquéfier dans le deuxième vase ; après cette opération, on soustrait le premier vase à l'action du feu et on le plonge dans l'eau ; l'ammoniaque liquéfiée du deuxième vase se volatilise et vient se redissoudre dans le premier. Cette volatisation spontanée produit un très-grand abaissement de température, que l'on peut utiliser, non-seulement pour faire de la glace, mais aussi comme moyen réfrigérant dans un grand nombre d'applications industrielles.

Un autre appareil, destiné au même usage, figurait aussi à l'Exposition. Dans ce dernier, on employait l'éther au lieu de gaz ammoniaque ; les résultats obtenus sont inférieurs à ceux que donne l'appareil de M. Carré ; aussi, certaines grandes usines l'ont-elles déjà abandonné, pour lui substituer l'appareil à gaz ammoniaque.

La machine, dite magnéto-électrique, de M. Berlioz, destinée à produire la lumière électrique sans le secours de la pile. Ce système, fondé sur l'induction, se distingue par la suppression des commutateurs, au moyen d'une disposition particulière qui produit l'inversion des courants. Cette machine, où l'on supprime l'étincelle qui résulterait du jeu des commutateurs, se fait remarquer par la régularité de la lumière qu'elle produit et par le peu de force motrice qu'elle exige, si on la compare surtout, à une autre machine destinée au même usage, que nous avons vue aussi à l'Exposition, laquelle est d'une construction beaucoup plus compliquée, et dont les commutateurs, assez bien disposés du reste, donnent lieu à une déperdition de fluide électrique, par une série d'étincelles inutiles, que tout le monde a pu remarquer. Une petite machine à vapeur était destinée spécialement à faire fonctionner ce dernier appareil.

La machine à faire les formes pour la chaussure. Cette machine consiste en un tour, où l'outil est guidé par une touche avec laquelle il est rendu solidaire, et qui s'appuie constamment sur un modèle exact de la forme à obtenir : ce modèle a le même mouvement que l'objet qu'on veut façonner. Des machines basées sur les mêmes principes, sont employées à fabriquer des rayons de roues, des bois de fusils et autres objets de formes diverses.

Machines à vapeur fixes.

Presque toutes les nations ont exposé un assez grand nombre de machines, basées sur les principes généralement adoptés par les constructeurs actuels. et qui ne se font remarquer que par le fini de l'exécution. Parmi les machines françaises, nous citerons particulièrement celles de MM. Farcot, Lecouteux, Cail, etc.

Nous avons remarqué deux modifications qui ont été le but des efforts de plusieurs constructeurs.

L'une de ces modifications, qui est un véritable perfectionnement, se rencontre dans les machines du système Woolf, qui sont assez nombreuses à l'Exposition, et consiste dans le réchauffement de la vapeur pendant son passage du petit cylindre dans le grand; on remarque, parmi les machines présentant cette disposition, celle de MM. May et Cie, de Birmingham.

La deuxième modification a pour but de chercher à raccourcir les machines horizontales, par la suppression de la tige du piston, sur lequel la bielle est adaptée directement. Parmi les machines présentant cette disposition, on peut remarquer celles de MM. Rennie. Ces constructeurs ont exposé une machine à deux cylindres disposés symétriquement, et dans laquelle le piston moteur, ainsi que celui de la pompe à air, sont assemblés directement avec la bielle. Le fourreau dans lequel se meut la bielle, et qui est fixé au piston, exige un stuffenbox de grandes dimensions et diminue l'une des deux faces du piston sur lesquelles vient agir la vapeur.

Les belles machines de MM. Penn et fils, de Grennwich, présentent une disposition assez analogue à la précédente, avec cette différence cependant que le fourreau, toujours adhérent au piston, est prolongé de chaque côté et traverse le cylindre de part en part. Les deux surfaces du piston sont ainsi rendues égales; mais cette disposition exige un double stuffenbox, toujours de grandes dimensions.

Dans une machine exposée par M. Maudslay, il y a encore un fourreau, mais ce fourreau est fixe et sert uniquement de passage à la bielle, qui se trouve disposée en sens inverse de la tige du piston. Le piston est annulaire et muni de deux tiges, dont les stuffenbox rentrent dans les dimensions ordinaires; mais la disposition annulaire du piston exige une double garniture.

La machine exposée par MM. Burgh et Cowan, présente encore une disposition ayant quelque analogie avec les précédentes. Le piston est encore annulaire; mais, au lieu d'être directement en contact avec le fourreau qui, dans ce cas, sert simplement de guide à la bielle, il est muni lui-même d'un deuxième fourreau enveloppant le premier, tout en laissant un jeu assez grand entre deux. Par ce moyen, on évite la garniture intérieure du piston, et sa surface n'est plus réduite à une simple surface annulaire. Seulement, le cylindre doit être muni d'un appendice destiné à loger la partie supplémentaire du piston. On augmente par là, la longueur de la machine, mais en même temps, on évite la double garniture du piston, ainsi que les trop grands stuffenbox qu'exigent, en général, les systèmes indiqués précédemment.

Quelques spécimens de machines à air, et la machine à gaz de M. Lenoir, complètent la série des machines fixes.

Locomotives et locomobiles.

Un grand nombre de locomotives ordinaires, et de locomobiles principalement destinés aux travaux agricoles, se font remarquer par une excellente exécution et une heureuse disposition des organes; il serait trop long d'en donner une énumération détaillée; nous nous bornerons à signaler les suivantes, comme présentant certaines particularités, sans entrer dans aucune appréciation, quant à la valeur des modifications qui les distinguent des autres ;

La locomotive de Boidell, à patins ou semelles mobiles, pour les terrains présentant peu de consistance. Ces patins viennent se placer successivement au-devant des roues et leur servent de rails mobiles;

La locomotive d'Aveling, dont la jante des roues motrices est percée de trous, dans lesquels pénètrent des dents ou crampons, dont on peut faire varier la saillie au moyen d'un excentrique monté sur l'essieu. Elle porte en outre, à l'avant, une roue taillée en biseau, qui sert à la diriger sur les routes ordinaires ;

Le tender exposé par la compagnie du chemin de fer Nord-Ouest. Ce tender s'alimente de lui-même pendant la marche de la machine, au moyen d'un tube dont l'extrémité inférieure, recourbée en avant, vient plonger dans un canal creusé de distance en distance entre les rails; la manœuvre de ce tube est entre les mains du mécanicien ;

Le modèle de la locomotive de Neilson et Cⁱᵉ, de Glascow. Cette locomotive, destinée à voyager sur la glace, n'a que deux roues motrices armées de crampons, et porte à l'avant, un système de patins remplaçant les roues, et qui lui permettent de glisser sous l'impulsion des roues motrices.

Chaudières.

Parmi les chaudières présentant quelques caractères de nouveauté, on peut remarquer :

Les chaudières de MM. Thomas et Laurens, et celles de MM. Farcot père et fils, à foyer tubulaire amovible, pour faciliter le nettoyage extérieur des tubes ;

La chaudière tubulaire de M. Grimaldi, chaudière tournant sur son axe pour renouveler les surfaces et maintenir l'eau ainsi que les dépôts, dans un état de mouvement qui prévient l'incrustation ;

La chaudière à rivures en diagonales, de Wright. Le constructeur s'est proposé, en disposant ses feuilles de manière que les lignes de rivets suivent des hélices, au lieu de suivre les génératrices du cylindre, d'augmenter la résistance à la rupture. Cette disposition semble devoir remplir le but que le constructeur s'est proposé, mais doit présenter plus de difficultés à l'exécution.

La disposition adoptée par M. Clarke, pour les foyers des chaudières de l'Exposition, dans le but de brûler la fumée, paraît très-efficace. Elle consiste dans l'emploi d'un courant d'air, dirigé en sens inverse de la fumée, à l'extrémité de la grille, et déterminé par de minces jets de vapeur qui s'introduisent dans une série de tubes à orifice évasé, disposés au-dessus de l'autel, et dont l'effet, essentiellement mécanique, est analogue à celui de l'appareil soufflant connu sous le nom de trompe.

Quelques machines destinées à élever l'eau, attiraient les regards de nombreux spectateurs, ainsi qu'un grand nombre de précieuses machines-outils, qui, probablement, auraient présenté un vif intérêt à une étude suivie ; c'est avec regret que nous avons dû nous abstenir d'en analyser les détails, à cause du peu de temps dont nous pouvions disposer.

Il résulte de tout ce que nous venons de décrire, qu'en examinant attentivement les richesses de l'industrie, on ne peut se défendre de penser, avec un juste sentiment d'orgueil, que les palmes glorieuses décernées aux vainqueurs sont bien méritées. Mais il faut aussi que nous les engagions à ne pas s'endormir dans une sécurité trompeuse. Les succès d'un peuple excitent chez ses rivaux une louable émulation, et presque toujours ceux qui cherchent à égaler, cherchent ensuite à surpasser. Le vaste domaine de l'industrie peut être comparé à une mer dangereuse, sur laquelle le fabricant, en pilote habile, doit gouverner sans relâche, sans repos, jusqu'à ce qu'il ait atteint le port, c'est-à-dire la perfection, dans la limite, bien entendu, des forces humaines. Nous sommes heureux, fiers, d'avoir contemplé toutes les merveilles qui se sont offertes à nos yeux ; mais nous sommes intimement convaincus que, grâce aux travaux incessants de la science, aux labeurs intelligents des ouvriers de l'industrie, grâce aussi aux prodigieuses ressources de notre France, l'avenir réserve à nos descendants bien d'autres merveilles, bien d'autres chefs-d'œuvre.

ÉTABLISSEMENTS INDUSTRIELS.

Nous avons pu consacrer une partie de notre temps à visiter quelques ateliers, entre autres, ceux de MM. Penn et fils, et ceux de l'arsenal de Woollwich, mais avant d'entrer dans quelques explications sur les machines que nous avons pu y remarquer, nous nous faisons un devoir de recon_naître l'obligeance avec laquelle on s'est empressé de nous en faire les honneurs, et de nous en expliquer jusqu'aux plus menus détails, grâce à la bienveillante recommandation de M. Spiers, dont le zèle et le dévouement ont été si utiles à tous les délégués ; nous rendrons aussi un hommage bien sincère au remarquable esprit d'ordre et de propreté qui règne, indistinctement, dans ces sanctuaires du travail et de l'activité.

Nous avons remarqué principalement, dans les ateliers de M. Penn, de belles machines à river les boulons de chaudières, lesquelles fonctionnent avec une très-grande rapidité ; de puissantes machines à fabriquer les écrous ; des machines à raboter latéralement et verticalement de très-grandes pièces, que leurs dimensions ne permettraient pas de soumettre à l'action des machines ordinaires ; un système de tour, d'une disposition toute particulière, rendant l'outil mobile autour de la pièce qui, au contraire, reste fixe ; une très-jolie machine à percer, dans laquelle un disque horizontal, à engrenage à friction, conduit à la fois quatre pignons du même système, mais de diamètres différents, pouvant donner ainsi quatre vitesses plus ou moins grandes. Cette usine fabrique des chaudières d'une très-grande puissance, à retour de flamme, d'une disposition bien entendue.

L'arsenal de Woollwich présente une réunion considérable de machines-outils de toutes sortes, parmi lesquelles nous avons remarqué les machines destinées à la fabrication des barils. Cette fabrication, très-rapide d'ailleurs, se compose d'une série d'opérations qui se succèdent de la manière suivante :

Une scie sans fin débite les douves ; la pièce principale de cet appareil est un cylindre en acier, denté à sa circonférence, en forme de scie ; son diamètre est déterminé par la courbure à donner aux douves.

Une seconde machine est destinée à rétrécir les douves à leurs deux extrémités, pour donner la forme renflée ordinaire du tonneau, et en même temps à faire le biseau nécessaire pour leur assemblage. A cet effet, la douve se trouve emprisonnée entre deux plaques métalliques, qui la courbent dans le sens de sa longueur, et elle se présente, ainsi courbée, dans l'intérieur de l'angle que font entre elles deux scies circulaires convenablement inclinées, qui, tout en pratiquant le biseau de chaque côté,

rétrécissent davantage les extrémités de la douve, celles-ci étant, par suite
de la courbure, plus rapprochées du sommet de l'angle.

L'assemblage des douves pour former le baril, s'opère au moyen
d'une troisième machine, de la manière suivante : une espèce de boîte en
fer, dont la forme intérieure est celle d'un cône tronqué, et qui peut s'ouvrir en deux parties autour d'une de ses génératrices, présente, à la partie supérieure qui est la plus étroite, deux rainures circulaires, dans lesquelles peuvent se loger entièrement deux cerceaux de fer d'une forte
épaisseur, destinés à relier provisoirement les douves à l'une des extrémités ; ces cercles placés et la boîte fermée, on dispose les douves les unes
à côté des autres, sur le fond de la boîte que l'on commence à abaisser, ce
qui permet de placer les douves plus facilement, puisqu'elles se trouvent,
par suite de cet abaissement du fond, dans une partie du cône plus éva-
sée ; cela fait, au moyen d'une pression suffisante, on fait remonter le
fond, et les douves parviennent, en se rapprochant graduellement, jusque
dans la partie supérieure, où elles se trouvent ainsi, serrées et engagées
dans les deux cercles qui les relient provisoirement. Cette première opération étant effectuée, le baril, à moitié assemblé, est porté sur une espèce
de poêle chauffé au gaz, pour faciliter la courbure de la douve, puis re-
placé dans l'appareil précédent, pour être cerclé de la même manière, à son
autre extrémité.

Vient ensuite une quatrième opération ; le baril, ainsi assemblé provisoirement, est porté sur un tour, où un ouvrier le tourne extérieurement
pour en égaliser la surface, pratique le jable, et donne à l'extrémité des
douves le biseau ordinaire.

Enfin, le baril amené à ce point, est remis à un autre ouvrier qui
enlève les cercles provisoires, pour placer les fonds, et les remplace par
les cercles définitifs.

On estime que le nombre des barils fabriqués dans une journée correspond à peu près à un baril toutes les dix minutes.

Dans le même atelier, en examinant les machines employées à la fabrication des canons, nous avons remarqué l'extrême simplicité d'un appareil,
destiné à donner le mouvement de rotation à l'outil qui pratique la rai-
nure hélicoïdale intérieure des canons rayés. A cet effet, le foret est fixé
sur un porte-outil qui se meut sur un banc de tour, et dans le sens de la
longueur, le canon restant fixe. En même temps que le foret exécute son
mouvement longitudinal, il reçoit en outre un mouvement de rotation sur
lui-même, au moyen d'un pignon qui fait corps avec lui, et qui est commandé par une crémaillère. L'extrémité de cette crémaillère est engagée
dans un guide légèrement oblique par rapport au banc ; il résulte de là,
qu'à mesure que le porte-outil s'avance, la crémaillère reçoit un léger

mouvement dans un sens perpendiculaire à la marche de l'outil, et fait ainsi tourner lentement le pignon qui est fixé à l'arbre portant le foret.

Une machine du même genre, destinée à rayer les canons de fusils, figurait à l'Exposition.

Nous ne pouvons terminer cette partie de notre rapport, sans appeler l'attention sur un fait qui nous a frappés, dans les ateliers de M. Penn. Il y a, dans cet établissement, environ une soixantaine de jeunes gens appartenant à des familles riches, et devant être placés plus tard à la tête d'exploitations industrielles. Ces jeunes gens, munis probablement d'une instruction théorique préalable, font dans ces ateliers, un apprentissage pratique de trois ans, travaillant successivement, pendant ces trois années, aux diverses spécialités dont la connaissance constitue l'ouvrier mécanicien, et paient pour cet apprentissage une rétribution de 15 fr. par jour, soit 13 à 14,000 fr. pour les trois ans. Nous croyons pouvoir nous abstenir de commentaires en présence d'un fait qui n'a pas, que nous sachions, son analogue en France.

MUSÉE KENSINGTON.

La même raison qui nous a empêchés de profiter, comme nous l'aurions désiré, des nombreux éléments d'instruction réunis à l'Exposition, nous voulons dire un séjour trop peu prolongé, ne nous a pas permis non plus, de consacrer autant d'instants que nous aurions voulu, à l'étude approfondie du riche et remarquable établissement de Kensington.

Là, le public rencontre une multitude d'objets d'étude, sous les formes les plus attrayantes, les plus variées, et les plus propres à attirer son attention et à développer en lui le goût et le sentiment du beau.

Le public est libéralement admis à visiter toutes les richesses de cet établissement; mais, tout en obéissant aux vues les plus larges, l'administration a su distinguer deux catégories de visiteurs : pour le plus grand nombre, sont certains jours d'entrée gratuite; pour le nombre plus restreint des visiteurs sérieux, pour qui le musée est un lieu d'étude, sont les jours payants. La rétribution, soit journalière, soit par abonnement, est d'ailleurs minime; mais, si faible qu'elle soit, elle a toujours au moins pour effet d'éloigner le visiteur indifférent qui pourrait être une gêne pour celui qui étudie, et pour ce dernier, le léger sacrifice qu'il s'est imposé doit le porter, il nous semble, à en retirer le plus de fruit possible. Chez nous, les musées et les bibliothèques sont ouverts gratuitement, mais la gratuité a un fâcheux contrepoids, le travailleur étant forcé de renoncer à une partie de sa journée, pour profiter de la libéralité avec laquelle on lui prodigue les moyens d'instruction ; car, sauf de rares exceptions, ce n'est que dans le milieu du jour que ces établissements lui sont ouverts. Au musée Kensington, la question de temps a été tranchée d'une façon assez large, pour que l'ouvrier qui veut s'instruire puisse le faire sans aucun préjudice pour son travail quotidien ; l'établissement est ouvert jusqu'à dix heures du soir, malgré les frais énormes d'un éclairage splendide dont nous avons admiré les heureuses dispositions.

Nous pouvons énumérer et décrire de la manière suivante les différents départements de cette vaste institution.

Nous parlerons, en premier lieu, de l'enseignement de l'art industriel, auquel on a consacré une bibliothèque artistique et un musée. La bibliothèque renferme une riche collection de tout ce qui se publie dans les différents pays, sur l'architecture, l'ornement, et tout ce qui se rattache en général aux applications des beaux-arts à l'industrie ; le musée se compose d'une nombreuse collection d'objets divers d'une très-grande valeur, et dont une partie considérable est la propriété de collectionneurs ou de producteurs, qui, dans le but de venir en aide à l'enseignement des beaux-arts, mettent libéralement leurs richesses à la disposition de l'administration. Celle-ci les reçoit pour un an, les rend à l'expiration de ce terme, et alors les vides se comblent par de nouveaux prêts de même nature. Enfin, une école de dessin est encore annexée au même établissement.

L'administration de Kensington n'a pas voulu se borner à offrir aux seuls habitants de Londres les moyens d'instruction que nous venons de mentionner : elle a voulu étendre son action aussi largement que possible sur le sol anglais. Des écoles de dessin, en assez grand nombre, relèvent de celle de Kensington ; quelques-unes des riches collections que nous avons pu admirer, sont mises à la disposition des villes qui les réclament et qui veulent faire la dépense du transport. Ces objets forment le noyau d'expositions locales qui se complètent sur place, les possesseurs d'objets rares et curieux, de chaque localité, s'empressant de tirer de leurs propres collections tout ce qui peut augmenter l'importance ou l'intérêt de ces expositions. Les écoles disséminées dans les différentes villes de l'Angleterre, après avoir, par suite de concours isolés, désigné un ou plusieurs lauréats, viennent alors se relier à l'école mère de Kensington par un concours général entre tous ces lauréats ; les vainqueurs dans cette lutte générale reçoivent une double récompense, l'une leur est personnellement décernée, tandis que l'autre, s'adressant à l'école qui les a produits, est destinée à augmenter les ressources de son enseignement.

Nous ne nous croyons pas assez compétents pour nous prononcer sur l'efficacité des moyens que nous venons de signaler, et qui ont été l'objet des études d'hommes spéciaux. Toutefois, nous ne pouvons nous empêcher de consta er les efforts vraiment remarquables que fait l'Angleterre pour avancer, par tous les moyens qui sont en son pouvoir, dans une voie où, jusqu'à présent, nous semblions marcher incontestablement les premiers. Nous croyons qu'il n'est pas inutile d'appeler l'attention de nos compatriotes, sur cette tendance des esprits de l'autre côté de la Manche, afin, s'il se peut, de nous mettre en garde contre les dangers d'une trop grande sécurité.

En dehors de l'école purement artistique et des collections qui s'y rattachent, nous mentionnerons les quatre collections suivantes, toujours libéralement mises à la disposition du public, pour son instruction, mais dans un autre ordre d'idées :

1° Une collection de machines et d'instruments de physique ;
2° Une collection d'objets variés provenant de l'Exposition de 1851 ;
3° Une collection de substances alimentaires ;
4° La collection dite du règne animal.

Dans le musée de mécanique et de physique, à côté de quelques modèles réduits assez bien exécutés, mais dont l'ensemble ne présente pas une collection qu'on puisse appeler complète, le visiteur voit avec intérêt quelques types, précieusement conservés, de machines à vapeur déjà anciennes. Ces vénérables reliques d'un passé qui n'est cependant pas loin de l'époque actuelle, sont, il nous semble, d'un grand prix aux yeux de l'observateur attentif, par les remarques auxquelles elles donnent lieu, et sous le rapport de la conception, et sous le rapport de l'exécution. Celles sur lesquelles nous avons porté notre attention sont : d'abord une machine de Watt, dont la construction remonte à 1788 ; elle présente le type presque complet de la machine à épuisement dite de Cornouailles, sauf quelques petites modifications de détails. Si une période de près de quatre-vingts années n'a apporté aucun changement fondamental dans cette machine, ne doit-on pas admirer la puissance du génie qui a enfanté, pour ainsi dire d'un seul jet, un des types les plus appréciés encore de nos jours ? Une autre machine, construite par Forster, en 1813, qui présente le type de la machine à balancier articulé par l'une de ses extrémités, et que nous avons trouvé reproduit, en assez grand nombre, dans les ateliers de M. Penn, dont il a déjà été question et dans beaucoup d'autres usines. Enfin, une locomotive de Stephenson datant de 1829, dont le système, encore en usage de nos jours, nous présente les mêmes dispositions générales des organes, sauf la modification apportée plus tard par le même ingénieur, dans la manœuvre du changement de marche. Si nous ne pouvons pas constater un grand progrès, au point de vue de la conception créatrice, dans une succession d'années aussi longue, pour une époque essentiellement industrielle, nous sommes forcés de reconnaître qu'autant ce progrès a été faible, autant est grand celui que l'on remarque dans l'exécution ; telle est l'idée qui vient naturellement à l'esprit du plus superficiel observateur, quand il compare les machines anciennes dont nous venons de parler, et dont le plus méchant forgeron de nos jours ne voudrait pas s'attribuer l'exécution, avec les puissantes et gigantesques machines qui se pressent aujourd'hui dans les expositions, et qui rivalisent de luxe et de fini avec les instruments de précision les plus perfectionnés.

La collection provenant de l'Exposition de 1851, a été formée en vue de donner une idée assez complète de l'état de certaines industries à cette époque. Elle se compose d'objets donnés par les exposants, ou acquis à la suite de l'Exposition. On peut y remarquer, entre autres choses, une assez intéressante réunion de produits et de matériaux destinés à la construction.

La collection des substances alimentaires est organisée de la manière suivante : chaque substance, représentée en nature par une quantité déterminée, est accompagnée des divers principes immédiats extraits de cette quantité, et séparés par une analyse dont les résultats sont ainsi rendus visibles et palpables. Chacun sait que les objets comestibles, que l'intérêt de la santé publique aurait dû mettre à l'abri de toute tentative frauduleuse, n'ont pas échappé cependant à de coupables sophistications ; dans la collection dont nous parlons, on a placé en même temps, sous les yeux du public, l'aliment pur, l'aliment falsifié, la substance qui sert à produire cette falsification, et en dernier lieu, les moyens les plus simples de reconnaître la fraude.

Enfin, la collection dite du règne animal, met à la fois sous les yeux du visiteur, la matière à l'état primitif, accompagnée quelquefois d'un spécimen ou d'un dessin représentant l'animal qui la fournit, et cette même matière dans toutes les phases du travail industriel qui la transforme en objets à notre usage. Lorsque, pour quelques-unes de ces matières, il a été possible d'y joindre la représentation des manipulations successives auxquelles elles sont soumises et des outils qui servent à ces manipulations, il est alors permis de se faire une idée à peu près exacte de l'importance des différentes branches d'industrie, et des travaux nombreux auxquels plusieurs d'entre elles donnent lieu. Des collections organisées sur le même plan, pour le règne végétal et le règne minéral, existent dans d'autres musées.

Ce sont là de puissants et attrayants moyens d'instruction pour les masses, et l'établissement de musées semblables serait une heureuse fondation pour notre pays, où, croyons-nous, quelques tentatives ont déjà été faites dans cette voie.

Nous croyons devoir terminer là l'exposé, aussi précis que nous avons pu le faire, des impressions qui nous ont laissé les souvenirs les plus nets ; le fruit que nous avons retiré de notre excursion ne se borne cependant pas aux quelques aperçus que nous venons d'exposer ; seulement nous aurions eu besoin d'un séjour plus prolongé, pour pouvoir apprécier plus sainement une foule de choses intéressantes et instructives, qu'il ne nous a été possible que d'entrevoir, mais qui cependant, ne seront pas tout à fait sans fruit pour notre enseignement.

D. GIRARDON.   P. LORENTI.
G. FORTIER.   VANDEL.
A. LOIR.

TABLE DES MATIÈRES

*

FIN

Lyon, Impr. de veuve Mougin-Rusand.